中美水文与水资源工程专业创新人才综合能力培养对比与评估体系研究（13BZ09）、
西北农林科技大学研究生优质课程建设项目“水文随机过程”（YZKC1212）和
西北农林科技大学2015年教学改革研究项目（JY1503023）资助

中外水文与水资源工程专业创新教育

宋松柏　康艳　宋小燕　降亚楠　王小军　编著

中国水利水电出版社
www.waterpub.com.cn
·北京·

内容摘要

本书系统地阐述了中国、美国、加拿大、俄罗斯、澳大利亚和英国的水文水资源方向本科高等教育、创新培养和西北农林科技大学的水文与水资源工程专业办学历史。内容主要包括国内外代表性大学水文水资源方向培养方案、教学方法以及典型课程的教学大纲等，以期为我国水文与水资源工程本科专业教学提供参考。

本书可供水文与水资源工程、水利水电工程、农业水土工程、土木工程和环境工程等专业的高校师生和相关领域的教学管理人员、科技人员使用。

图书在版编目（CIP）数据

中外水文与水资源工程专业创新教育 / 宋松柏等编著.
—北京：中国水利水电出版社，2017.3

ISBN 978-7-5170-5303-3

Ⅰ.①中… Ⅱ.①宋… Ⅲ.①水文学－教学研究－高等学校②水资源开发－水利工程－教学研究－高等学校
Ⅳ.①P33②TV22

中国版本图书馆 CIP 数据核字(2017)第 074647 号

书　名	中外水文与水资源工程专业创新教育 ZHONG WAI SHUIWEN YU SHUIZIYUAN GONGCHENG ZHUANYE CHUANGXIN JIAOYU
作　者	宋松柏　康艳　宋小燕　降亚楠　王小军 编著
出版发行	中国水利水电出版社 （北京市海淀区玉渊潭南路 1 号 D 座　100038） 网址：www.waterpub.com.cn E-mail：sales@waterpub.com.cn 电话：（010）68367658（发行部）
经　售	北京科水图书销售中心（零售） 电话：（010）88383994、63202643、68545874 全国各地新华书店和相关出版物销售网点
排　版	北京三原色工作室
印　刷	北京瑞斯通印务发展有限公司
规　格	184mm×260mm　16 开本　13.5 印张　337 千字
版　次	2017 年 3 月第 1 版　2017 年 3 月第 1 次印刷
印　数	0001—1000 册
定　价	**56.00** 元

凡购买我社图书，如有缺页、倒页、脱页的，本社发行部负责调换

前　言

水是人类社会生存与发展的基本条件和不可替代的物质资源。世界各国由于气候和地理条件的差异，水资源短缺对社会经济的瓶颈约束作用正在趋于明显，各国政府高度重视水资源问题。2011 年中共中央一号文件《关于加快水利改革发展的决定》指出“水是生命之源、生产之要、生态之基”。这是新中国成立后我国政府第一个关于水利的综合性政策，也是第一次将水利发展提升到国家战略高度。《中国水利高等教育 100 年》认为“水利要发展，人才是根本，基础在教育”。中国水利教育协会高等教育分会主编的《“十二五”水利高等教育研究规划课题成果汇编》指出“兴水利、除水害，事关人类生存、经济发展、社会进步，历来是治国安邦的大事”。所有这些，均表明水资源在支撑人类社会经济发展中的重要性。

1674 年，Perrault 和 Mariotte 定量研究了降水形成的河流和地下水量大小，标志着水文学的产生。自那时起，人类在长期的生产活动中，不断地探索水文规律，开办水文水资源教育，为人类社会经济发展提供了坚强的人才保障和科技支撑。

在西方高等教育中，专业指范围大小不同的专门“领域”，《国际教育标准分类》称之为课程计划。水文与水资源工程专业涉及水文学和水资源学两个方面，要求学生学习水的形成、分布、演化规律，以及在水利水电工程规划和管理、防洪与抗旱减灾、水资源规划管理和利用、生态环境保护等方面应用的专业知识和技能。

在陕西省高等教育教学改革研究项目“中美水文与水资源工程专业创新人才综合能力培养对比与评估体系研究”（13BZ09）、“西北农林科技大学研究生优质课程建设项目‘水文随机过程’”（YZKC1212）和“西北农林科技大学 2015 年教学改革研究项目”（JY1503023）的资助下，西北农林科技大学和南京水利科学研究院课题研究小组通过查阅大量国内外文献、国外访学研究、实地调研、学术交流和网络通信等方法，深入系统地研究了中国、美国、加拿大、澳大利亚和英国的水文水资源方向本科高等教育和创新培养模式，包括教育理念、培养方案、教学方法等问题，以期为我国水文与水资源工程本科专业建设提供支撑。

本书共 8 章，由宋松柏统稿。第 1 章由宋松柏、王小军编写，第 2 章由宋松柏、康艳编写，第 3 章由康艳编写，第 4 章由宋小燕编写，第 5 章由宋松柏、王小军编写，第 6 章由降亚楠编写，第 7 章由宋松柏、康艳、宋小燕、降亚楠编写，第 8 章由宋松柏编写。

感谢西北农林科技大学水利与建筑工程学院的大力支持。书中参考了中国大陆及港澳台地区、美国、加拿大、俄罗斯、澳大利亚和英国开办水文水资源教育代表性大学的网站资料、培养方案和许多学者的文献，所有这些属于中外学者们的成果，大部分已在文中和参考文献中列出。在此一并表示深深的谢意。

由于本书涉及了许多国外大学，其有关教育文献均由课题研究小组进行翻译。虽然经过多次核对和修改，仍难免存在不足，敬请有关专家和读者批评指正。

作者

2016 年 5 月 30 日

目　录

第 1 章　中国水文与水资源工程专业教育

中国近代高等教育历史开始于 19 世纪下半叶，吸收了英国、德国、美国和苏联等国家的办学模式。目前，我国普通高等学校研究生教育和本科教育的学科划分为哲学、经济学、教育学、文学、历史学、理学、工学、农学、医学、管理学和军事学 11 个门类（洪世梅、方星，2006）。每大门类设若干个一级学科，一级学科下设若干个二级学科。教育部学科门类、一级学科和二级学科目录分别采用二位码、四位码和六位码表示。如 08 表示工学门类（0813 建筑学、0814 土木工程、0815 水利工程等一级学科）；0815 水利工程一级学科有 081501 水文学及水资源，081502 水力学及河流动力学，081503 水工结构工程，081504 水利水电工程，081505 港口、海岸及近海工程等二级学科。而国家标准《中华人民共和国学科分类与代码国家标准》（GB/T 13745—2009）则依据学科研究对象、研究特征、研究方法、学科的派生来源、研究目的和目标等五方面对学科进行分类，即自然科学、农业科学、医药科学、工程与技术科学、人文与社会科学。下设一级、二级和三级学科。专业主要按学科门类划分，由专业培养目标、课程体系和专业中的人组成。在西方高等教育中，专业指范围大小不同的专门“领域”，《国际教育标准分类》称之为课程计划（洪世梅、方星，2006）。中国现行的学位制实施国际一般通行的“学士、硕士、博士”三级学位制。学士学位 4 年制，硕士学位分为学术型学位（2.5~3 年）和专业学位（2~3 年），博士学位 3~6 年。我国的水文与水资源工程专业是在古代朴素的水利教育发展基础上，伴随着我国高等教育发展和国家经济建设的需求，在吸收西方和苏联水文水资源教育的基础上，从土木工程、水利工程、地球科学、环境科学与工程以及农业工程等学科分支和发展出来的专业化教育，因此，水文与水资源工程专业教育与上述学科的发展紧密联系在一起。本章引用了我国开办水文与水资源工程专业大学的资料，总结了水文与水资源工程专业的发展历史、办学规模、培养方案和创新教育。

1.1　专业发展历史与办学规模

虽然我国有悠久的治水历史，如尧舜时代的大禹治水，春秋时期孙叔敖修建的蓄水灌溉工程芍坡，战国时期李冰父子兴建的都江堰，浙江的海塘工程，新疆的坎儿井和京杭大运河等著名治水工程（姚纬明、谈小龙、朱宏亮等，2015），但是，我国水利教育时间并不久远。按照接受水文知识教育过程，可分为以下三个阶段。

1.1.1　新中国成立前一些高等学校开设有关水文课程

陆宏生（2001）、刘建华（2012）、宋孝忠（2013）、郭涛（2013）、程琳（2011）和朱晓鸿（2013）研究了中国古代朴素的水利教育和近代水利教育，本节参考了他们的文献叙述这一时期代表性的水文教育事件。

北宋王安石曾在太学中介绍水利工程，后随变法失败而终止。明代徐光启与外来传教士利玛窦合译《测量河工及测量地势法》之《水利说》，但没有作为科学知识进行教育，因而流传不广。康熙三十五年（1696 年），河北肥乡县颜习齐私立“漳南书院”，设文书、艺能等科课，其中，艺能课授水学、火学。后来，漳南书院毁于火灾，水学未能继续教育。但颜习齐被后人称为“水学一科，乃水利教育之创始”。鸦片战争后，我国逐步沦为半殖民地半封建社会，新中国成立初，国贫民穷，江河失修，洪旱灾害十分严重。清末民初，许多怀抱救国救民理想的志士力主学习西方科学技术，富国强民，纷纷兴办学校和教育，开民智，开始进行各种专业人才的实用教育。我国水利教育兴办于光绪三十四年（1908 年），当时永定河道吕佩芬培训专职河工人员，倡导并开办“河工研究所”，规定所有河工及候补人员除 40 岁以上对河务已较熟悉者外，一律分期进入河工研究所培训，每期为期一年，每年 30 名。宣统二年（1910 年），山东巡抚孙宝琦亦在山东设立了“河工研究所”，办学目的为“招集学员，讲求河务，原为养成治河人才，如设立厅汛，此项人员有毕业资格，即可分别试用”。1914 年，我国近代著名实业家、教育家张謇任北洋政府实业总长兼全国水利局总裁，奉行“实业救国”“教育救国”，力主培养人才，治水导淮。张謇先后聘请著名教育家、时任江苏省教育司司长的黄炎培和前都督府秘书沈恩孚为学校筹备正、副主任（开学后仍任评议），聘请留美归来的许肇南为校长，并聘任了李仪祉、杨孝述、沈祖伟、顾维精、刘梦锡、伏金门等一批教职员。这批教职员中大多为留学欧美大学的工科毕业生，后来成为蜚声我国教育界、科技界、水利界的前辈和知名专家。1915 年 3 月 15 日，河海工程专门学校隆重举行开学典礼，正式招生开学，学制 4 年。李仪祉（1882—1938 年）任教务长，并讲授水力学、水文测验（当时称水事测量）等课程。1924 年改名河海工科大学，学制改为 5 年，1928 年并入中央大学工学院。这是我国历史上第一所培养水利技术人才的高等学府。1925 年，李仪祉在陕西倡办了水利道路工程专门学校。继河海工科大学之后，水利高等教育开始在综合性大学中成为一个独立的系或专业。新中国成立前，我国设立水利及与水利相关的大学见表 1-1（沈百先，1979）。

表 1-1　新中国成立前我国设立水利及与其相关的大学

学校	校址	系、所	学校	校址	系、所
国立中央大学	江苏南京	水利、土木、机械与电机	国立同济大学	上海	土木、机械、电机
国立清华大学	北平	土木、机械与电机	国立北京大学	北平	土木、电机
国立重庆大学	四川重庆	电机	国立南开大学	天津	机械、电机
国立武汉大学	湖北武昌	土木与电机	安徽省立安徽学院	安徽芜湖	土木、电机
国立西北农学院	陕西武功	农业水利	新疆立新疆学院	新疆迪化	水利、土木、机械
国立中正理工学院	中国台湾桃园	机械与电机	江苏省立江苏学院	江苏徐州	机械
国立中山大学	广东广州	土木、机械、电机	湖南省立克强学院	湖南衡阳	水利
国立交通大学	上海	水利、土木、机械、电机	河北省立工学院	天津	水利、机械、电机
国立中正大学	江西南昌	土木、电机	私立金陵大学	江苏南京	农业工程
国立英士大学	浙江金华	土木、机械、电机	私立乡村建设学院	四川西川正县	农业水利
国立河南大学	河南开封	水利、土木、电机	私立广东国民大学	广东广州	土木、机械、电机
国立浙江大学	浙江杭州	土木、机械、电机	私立大同大学	上海	土木、机械、电机
国立湖南大学	湖南长沙	土木、机械、电机	私立之江大学	浙江杭州	土木、机械
国立四川大学	四川成都	土木、机械、电机	私立津沽大学	天津	土木、机械

续表

学校	校址	系、所	学校	校址	系、所
国立山东大学	山东青岛	土木、机械、电机	私立珠海大学	香港九龙	土木、机械
国立厦门大学	福建厦门	土木、机械、电机	私立震旦大学	上海	土木、机械
国立广西大学	广西桂林	土木、机械、电机	私立岭南大学	广东广州	土木
国立东北大学	辽宁沈阳	土木、机械、电机	私立大夏大学	上海	土木
国立长春大学	吉林长春	土木、机械、电机	私立广大学院	香港九龙	土木
国立云南大学	云南昆明	土木、机械	私立华侨大学	香港	土木
国立山西大学	山西太原	土木、电机	私立江南大学	江苏无锡	电机
国立贵州大学	贵州贵阳	土木、电机	私立明贤学院	四川金堂	机械
国立唐山工学院	河北唐山	土木	私立广州大学	广东广州	土木
国立复旦大学	上海	土木	私立光华大学	上海	土木

1.1.2 新中国成立后至 1998 年开设专业教育

新中国成立后，中国水利高等教育历经学习苏联办学经验和模式、大规模调整高校及其学科布局、开展淮河、黄河、长江、海河治理工程（1949—1966 年）、“文化大革命”期间水利高等教育停滞发展（1966—1976 年）、“文化大革命”后水利高等教育整顿和全面恢复发展（1976—1985 年）、改革与发展中的水利高等教育（1985—2000 年）、转变与跨越发展的水利高等教育（2000—2015 年）阶段（姚纬明、谈小龙、朱宏亮等，2015）。按照中国水文大事记总结，新中国成立后至 1998 年期间，我国开展水文教育的学校叙述如下。

1950 年 3 月，华东军政委员会水利部在南京举办水文讲习班和为期 6 个月的水文培训班（甲、乙班），结业后，部分学员分配到华东区江淮流域各省工作。1950 年 7 月，华东水利部在南京成立淮河水利专科学校，历经华东水利专科学校、南京水利学校、水电部扬州水利学校、江苏省扬州水利学校、江苏水利工程专科学校和扬州大学水利学院变迁。设水文、水利工程两个专业班。大专班学制二年，其中水文班改为一年毕业，以适应治淮的需要。1951 年，四川大学设立陆地水文专业，并开始招收第一届专科生。1953 年 8 月，第一届 125 名专科毕业，是新中国成立初期我国高等院校设置水文专业以后，毕业人数最多、分配面最广的一届。同年，黄河水利学校（1980 年成立黄河职工大学）开始设水文专科和水文中专班。1952 年，淮委成立淮河水利专科学校，经历了水利部怀远淮河水利学校、安徽水利电力学院、合肥工业大学水利系等变化，举办水文短期训练班。同年，华东水利学院（1985 年改为河海大学）在南京成立。著名水文学家刘光文教授创建新中国第一个水文系，设有陆地水文专业，开办两年制专科班。刘光文教授被人们公认为新中国水文高等教育的奠基人、水文学科的开拓者。1954 年华东水利学院开始招收水文专业本科生。与此同时，清华大学、天津大学、四川大学、成都水力发电学校（当时称西南水利学校）及北京水力发电学校等也都开办水文专科班。1955 年，水利部武汉长江水利学校（1958 年下放，改由湖北省水利厅管理）开始设置陆地水文专业中专班。同年，辽宁省水利学校开始设置水文专业中专班，学制三年。1956 年，水利部怀远淮河水利学校（原淮河水利专科学校）设置水文专业。与此同时，成都工学院（后改为成都科技大学，现为四川大学）、南京大学、中山大学、新疆大学等都先后开办陆地水文学专业或水文学专业，培养本科毕业生和研究生。南京水利学校（迁扬州后，改名为扬州水利学校）开始招收水文专业班，学制 3 ~ 4 年。1956 年，经教育部批准建立黑龙江水利学校，历经黑龙江水利电力学院、黑龙江水利工程学校和变迁，设置水文专业，学制三年。1957 年 8 月，华东水利学院于 1955 年 8 月招收全国第一届陆地水文专业研究生 4 人（朱元甡、吴正平两人分配在华东水利学院工作，林三益、张永平两人分配在成都工学院工作），由苏联水文专家参加指导，于 1957 年 8 月毕业。1958 年，华东水利学院增设海洋工程水文专业，开办两年制专科班。同年，黑龙江水利电力学院水文气象系设置陆地水文专业，学制四年，并附设水文中专专业。水电部复文同意南京大学地理系设立水文地理专业，归属理科专业。这是中国第一个从地学方面研究水文规律的专业。1959 年，辽宁省水利学校开办水文专业大学本科班，学制四年（1973 年改为三年）。1972 年后，新疆大学、中山大学地理系也开设了水文专业，归属理科类专业。1973 年，安徽水利电力学院（原水利部怀远淮河水利学校），分设中专和大学两部。1966—1970 年，水利高等学校完全停止了招生，20 世纪 70 年代初开始招收工农兵学员，学制 2~3 年，人数较少（水利部人事劳动教育司，2000）。“文化大革命”结束后，随着国家高考制度的恢复，一些高等院校陆续招收水文专业本科和专科学生。1982 年合肥工业大学水利系（原安徽水利电力学院并入）培养水文本科生、硕士研究生。1983 年，黑龙江水利专科学校设有水文专业（1991 年改为水资源水文专业）。1986 年，国家教委统一理科类专业的名称，把理科类与水文有关的专业改为水资源与环境专业。截至 1991 年统计，高校水文类专业设置情况见表 1-2（水利部水文司，1997）。

表 1-2　1991 年中国大陆地区高校水文类专业设置情况

学校	专业名称	学制/年	毕业生数/人	招生数/人	在校生数/人
河海大学	海洋水文	4	32		
	陆地水文	4	100	80	289
	水文地质与工程地质	4	70	81	268
	水质监测及管理	2	38	29	51
成都科技大学	陆地水文	4	28	30	30
华北水利水电学院	水文地质与工程地质	4	66	50	190
河北省水利专科学校	水文水资源	3		30	30
黑龙江省水利专科学校	水文水资源	3		30	30
江苏水利工程专科学校	水文水资源	3	30	41	95
山东水利专科学校	水文水资源	3	84	40	80
陕西机械学院	陆地水文	2			
新疆大学	陆地水文	4			23
武汉水运工程学院	海洋工程水文	4	26		20
哈尔滨船舶工程学院	海洋工程水文	4		19	118

这一时期出现了“陆地水文”“水文地质工程地质”“水文水资源”“水资源工程水资源与环境”“水资源规划及利用”“水文及水资源利用”等专业名称。而海洋水文专业主要开设海洋水文学、区域海洋学、海洋水文观测（调查），波浪、潮汐、海流、海洋物理（海洋声学、电学等）、海洋化学、海洋地质、海洋生物等课程。海洋水文专业历经海洋工程水文专

业和海岸及海洋工程专业改名，现归属海洋科学一级学科。

上述专业名称变化是在国家经济建设和对人才需求的背景下产生的（陈元芳，1999；梁忠民，2005；高等学校水利学科教学指导委员会，2006）。20 世纪 50—70 年代，防汛减灾问题突出，国家进行大规模的水利水电建设，急需从事“测、报、算”的工程水文专业人才和从事区域海洋学的专业人才。1954 年，国家设立陆地水文本科专业，1958 年，华东水利学院水文系开办海洋水文专业，满足国家从事工程水文和海洋开发人才的需求。另外，在这一时期，为了研究解决地下水探寻、地下水的利用、评估和地下水保护等问题，1952 年，设立水文地质工程地质专业。20 世纪 80 年代以后，水资源供需和保护问题日益突出，国家需要从事水资源科学规划、评价、开发利用和水环境保护的人才。1982 年设立水资源规划及利用本科专业。1993 年，陆地水文本科专业更名为水文及水资源利用本科专业。到 1998 年，从研究和解决水问题方面来说，有“水文及水资源利用、水文地质工程地质、水资源规划及利用”3 个水文水资源类专业，各专业各具特色和侧重点，专业面范围偏窄。1998 年，教育部将这 3 个水文水资源类专业整合为水文与水资源工程专业（陈元芳，1999；梁忠民，2005；高等学校水利学科教学指导委员会，2006）。

1.1.3 1999 年至今的专业教育

2012 年第四次修订专业目录后，水文与水资源工程专业名称一直沿用至今，分布在我国涉水本科专业的高等院校中。我国港澳台地区从事水利方向高等教育的学校有香港大学、香港科技大学、香港理工大学、澳门大学、台湾大学、台湾交通大学、台湾成功大学、台湾中央大学、台湾中兴大学、台湾淡江大学、台湾逢甲大学、台湾中原大学、台北科技大学、台湾高雄大学、台湾暨南国际大学、台湾宜兰大学、台湾中国科技大学、台湾中华大学、台湾国立屏东科技大学等。据统计（姚纬明、谈小龙、朱宏亮等，2015），至 2015 年，全国大陆地区招收涉水本科专业的高等院校共 127 所（见表 1-3），水利类高校本专科毕业生规模达到 5.4 万余人，招生规模 6 万余人，在校生约 22 万人（姚纬明、谈小龙、朱宏亮等，2015）。

表 1-3 中国大陆地区开设水利类本科专业的高等院校（姚纬明、谈小龙、朱宏亮等，2015）

序号	高校名称	序号	高校名称	序号	高校名称
1	清华大学	14	上海海事大学	27	山东农业大学
2	中国农业大学	15	东华大学	28	鲁东大学
3	北京工业大学	16	南京大学	29	华中科技大学
4	北京林业大学	17	东南大学	30	长江大学
5	华北电力大学（北京）	18	河海大学	31	中国地质大学（武汉）
6	天津大学	19	中国矿业大学（徐州）	32	长沙理工大学
7	天津农学院	20	江苏科技大学	33	湖南农业大学
8	河北工程大学	21	江西农业大学	34	中山大学
9	石家庄经济学院	22	福州大学	35	华南理工大学
10	河北农业大学	23	东华理工大学	36	华南农业大学
11	华北水利水电大学	24	福建农林大学	37	广东海洋大学
12	太原理工大学	25	山东科技大学	38	西昌学院
13	同济大学	26	济南大学	39	贵州大学

续表

序号	高校名称	序号	高校名称	序号	高校名称
40	安顺学院	70	沈阳农业大学	100	西藏大学农牧学院
41	铜仁学院	71	吉林大学	101	兰州大学
42	昆明理工大学	72	吉林农业大学	102	兰州理工大学
43	西安理工大学	73	哈尔滨工程大学	103	兰州交通大学
44	长安大学	74	黑龙江大学	104	甘肃农业大学
45	西北农林科技大学	75	东北农业大学	105	青海民族大学
46	河西学院	76	绥化学院	106	青海大学
47	宁夏大学	77	扬州大学	107	石河子大学
48	塔里木大学	78	浙江工业大学	108	中国地质大学（北京）
49	新疆农业大学	79	浙江海洋学院	109	长春工程学院
50	三峡大学	80	安徽理工大学	110	天津城建学院
51	南昌工程学院	81	合肥工业大学	111	蚌埠学院
52	沈阳工学院	82	安徽农业大学	112	厦门理工学院
53	浙江水利水电学院	83	南昌大学	113	淮海工学院
54	河套学院	84	山东大学	114	宁波大学
55	东华理工大学长江学院	85	中国海洋大学	115	昆明学院
56	湖南农业大学东方科技学院	86	郑州大学	116	吉林农业科技学院
57	三峡大学科技学院	87	河南理工大学	117	河南城建学院
58	太原理工大学现代科技学院	88	武汉大学	118	山东交通学院
59	新疆农业大学科学技术学院	89	中国民族大学	119	兰州交通大学博文学院
60	长沙理工大学城南学院	90	广西大学	120	兰州理工大学技术工程学院
61	青海大学昆仑学院	91	桂林理工大学	121	河北工程大学科信学院
62	扬州大学广陵学院	92	四川大学	122	河北农业大学现代科技学院
63	河海大学文天学院	93	四川农业大学	123	昆明理工大学津桥学院
64	中南民族大学	94	西南交通大学	124	贵州大学明德学院
65	内蒙古农业大学	95	西南大学	125	成都理工大学工程技术学院
66	大连理工大学	96	重庆交通大学	126	天津大学仁爱学院
67	大连海洋大学	97	西华大学	127	安徽建筑大学城市建设学院
68	辽宁工程技术大学	98	云南农业大学		
69	辽宁师范大学	99	西南林业大学		

目前，我国水文与水资源专业从业人员有 10 万人左右，是世界上从事本专业工作最多的国家。截至目前，包括 3 所独立学院（太原理工大学现代科技学院、东华理工大学长江学院、河海大学文天学院）在内，大陆地区共计有 51 所普通高等学校和独立学院开办水文与水资源工程专业教育，见表 1-4。

表 1-4 中国大陆地区开办水文与水资源工程专业的高校

序号	学校	省份	所在学院/系	学校级别
1	华北电力大学（北京）	北京	可再生能源学院	211
2	中国地质大学	北京/武汉	水资源与环境学院、环境学院	211
3	天津农学院	天津	水利工程学院	
4	河北工程大学	河北	水电学院	
5	石家庄经济学院	河北	水资源与环境学院	
6	太原理工大学	山西	水利科学与工程学院	211
7	内蒙古农业大学	内蒙古	水利与土木建筑工程学院	
8	大连海洋大学	辽宁	海洋与土木工程学院	
9	辽宁师范大学	辽宁	城市与环境学院	
10	长春工程学院	吉林	水利与环境工程学院	
11	吉林大学	吉林	环境与资源学院	211/985
12	东北农业大学	黑龙江	水利与建筑学院	211
13	黑龙江大学	黑龙江	水利电力学院	
14	河海大学	江苏	水文水资源学院	211
15	南京大学	江苏	地球科学与工程学院	211/985
16	扬州大学	江苏	水利与能源动力工程学院	
17	中国矿业大学（徐州）	江苏	资源与地球科学学院	211
18	浙江大学	浙江	建筑工程学院	211/985
19	安徽理工大学	安徽	地球与环境学院	
20	合肥工业大学	安徽	土木与水利工程学院	211
21	东华理工大学	江西	水资源与环境工程学院	211
22	南昌工程学院	江西	水利与生态工程学院	
23	济南大学	山东	资源与环境学院	
24	山东科技大学	山东	地球科学与工程学院	
25	山东农业大学	山东	水利土木工程学院	
26	河南城建学院	河南	市政与环境工程学院	
27	河南理工大学	河南	资源环境学院	
28	华北水利水电大学	河南	水利学院	
29	郑州大学	河南	水利与环境学院	211
30	长江大学	湖北	地球环境与水资源学院	
31	三峡大学	湖北	水利与环境学院	
32	武汉大学	湖北	水利水电学院	211/985
33	中南民族大学	湖北	化学与材料科学学院	
34	长沙理工大学	湖南	水利工程学院	
35	中山大学	广东	地理科学与规划学院	211/985
36	桂林理工大学	广西	环境科学与工程学院	
37	西南大学	重庆	资源环境学院	211
38	四川大学	四川	水利水电学院	211/985
39	贵州大学	贵州	资源与环境工程学院	211

续表

序号	学校	省份	所在学院/系	学校级别
40	昆明理工大学	云南	电力工程学院	
41	西藏大学	西藏	水利土木工程学院	211
42	长安大学	陕西	环境科学与工程学院	211
43	西安理工大学	陕西	水利水电学院	
44	西北农林科技大学	陕西	水利与建筑工程学院	211/985
45	甘肃农业大学	甘肃	工学院	
46	兰州大学	甘肃	资源环境学院	211/985
47	青海大学	青海	水利电力学院	211
48	新疆农业大学	新疆	水利与土木工程学院	
49	东华理工大学长江学院	江西	水文与水资源工程系	独立学院
50	河海大学文天学院	安徽	水利工程系	独立学院
51	太原理工大学现代科技学院	山西	水利科学与工程系	独立学院

上述 51 所普通高等学校和独立学院中，其中，“985 工程”大学有 8 所（武汉大学、中山大学、南京大学、浙江大学、吉林大学、四川大学、西北农林科技大学、兰州大学），“211 工程”大学 14 所[中国地质大学、华北电力大学（北京）、太原理工大学、郑州大学、广西大学、河海大学、中国矿业大学（徐州）、哈尔滨工程大学、东北农业大学、辽宁师范大学、西南大学、贵州大学、西藏大学、青海大学。“211 工程”以上大学 22 所，约占开办高校总数的 42%。具有水利工程一级国家重点学科的大学有 3 所，分别是河海大学、武汉大学和西安理工大学。通过“水文与水资源工程专业”工程教育认证的学校有 11 所，见表 1-5。

表 1-5　中国大陆地区通过“水文与水资源工程专业”工程教育认证的学校

序号	学校	认证年份	序号	学校	认证年份
1	河海大学	2007	7	南京大学	2010
2	武汉大学	2007	8	吉林大学	2010
3	中国地质大学（武汉）	2008	9	中国地质大学（北京）	2011
4	四川大学	2008	10	中山大学	2011
5	内蒙古农业大学	2009	11	西安理工大学	2012
6	西北农林科技大学	2009			

我国“十一五”期间将择优重点建一批特色专业建设点，依据国家需要，在优先发展、紧缺专门人才和艰苦行业中，选择相关若干专业领域的专业点进行重点建设，促进建成一批急需和紧缺人才培养基地，为同类型高校相关专业建设和改革起到示范和带动作用。截至目前，教育部完成七批高等学校特色专业建设点审批，涉及水相关专业的学校见表 1-6。获批教育部高等学校“水文与水资源工程”特色专业建设点的学校有 7 所，他们分别是：河海大学（2007 年）、南京大学（2007 年）、四川大学（2008 年）、东华理工大学（2008 年）、内蒙古农业大学（2009 年）、长安大学（2009 年）和中国地质大学（武汉）（2010 年）。

表 1-6　2007—2011 年度中国大陆地区高等学校特色专业（涉水相关专业）建设点名单

学校	专业	学科	批准批次
清华大学	水利水电工程	水利工程	第一批
天津大学	港口航道与海岸工程	水利工程	第一批
天津大学	水利水电工程	水利工程	第四批
内蒙古农业大学	农业水利工程	农业工程、林业工程类	第一批
内蒙古农业大学	水文与水资源工程	水利工程	第四批
大连理工大学	水利水电工程	水利工程	第一批
南京大学	水文与水资源工程	水利工程	第一批
河海大学	水利水电工程	水利工程	第一批
河海大学	港口航道与海岸工程	水利工程	第一批
河海大学	水文与水资源工程	水利工程	第一批
河海大学	农业水利工程	农业工程、林业工程类	第六批
郑州大学	水利水电工程	水利工程	第一批
武汉大学	水利水电工程	水利工程	第一批
四川大学	水利水电工程	水利工程	第一批
四川大学	水文与水资源工程	水利工程	第三批
西安理工大学	水利水电工程	水利工程	第一批
西北农林科技大学	农业水利工程	农业工程、林业工程类	第一批
西北农林科技大学	水土保持与荒漠化防治	森林资源类、草业科学类、环境生态类	第一批
三峡大学	水利水电工程	水利工程	第二批
东北农业大学	农业水利工程	农业工程、林业工程类	第二批
中国地质大学（北京）	地下水科学与工程		第三批
中国地质大学（武汉）	水文与水资源工程	水利工程	第四批
东华理工大学	水文与水资源工程	水利工程	第三批
吉林大学	地下水科学与工程		第四批
华北水利水电学院	水利水电工程	水利工程	第四批
华北水利水电学院	农业水利工程	农业工程、林业工程类	第六批
南昌工程学院	水利水电工程	水利工程	第四批
扬州大学	水利水电工程	水利工程	第四批
长安大学	水文与水资源工程	水利工程	第四批
石家庄经济学院	地下水科学与工程		第六批
昆明理工大学	水利水电工程	水利工程	第六批
塔里木大学	农业水利工程	农业工程、林业工程类	第六批
新疆农业大学	水利水电工程	水利工程	第六批

注： 第一批高等学校特色专业建设点（2007 年 8 月审批）；第二批高等学校特色专业建设点（2007 年 10 月审批）；第三批高等学校特色专业建设点（2008 年审批）；第四批高等学校特色专业建设点（2009 年审批）；第六批高等学校特色专业建设点（2010 年审批）；第五批高等学校特色专业建设点（2009 年审批）、第七批高等学校特色专业建设点（2011 年审批）均无水利类专业。

按照各省（自治区、直辖市）统计，开办水文与水资源工程专业的学校分布见表 1-7。

表 1-7　中国大陆地区各省份开办水文与水资源工程专业的高校统计

序号	省份	学校数	序号	省份	学校数	序号	省份	学校数
1	北京	2	13	福建		25	云南	1
2	天津	1	14	江西	3	26	西藏	1
3	河北	2	15	山东	3	27	陕西	3
4	山西	2	16	河南	4	28	甘肃	2
5	内蒙古	1	17	湖北	4	29	青海	1
6	辽宁	2	18	湖南	1	30	宁夏	
7	吉林	2	19	广东	1	31	新疆	1
8	黑龙江	2	20	广西	1	32		
9	上海		21	海南		33		
10	江苏	4	22	重庆	1	34		
11	浙江	1	23	四川	1			
12	安徽	3	24	贵州	1			

1.2　水文与水资源工程本科专业规范

河海大学主持完成的《水文与水资源本科专业规范》是我国许多院校培养水文与水资源工程专业本科的模板和指南，也反映我国水文与水资源工程专业本科培养的模式。各校根据自身特点和优势，水文与水资源工程专业本科培养方案略有差异。本节叙述河海大学主持完成的《水文与水资源本科专业规范》。

1.2.1　本专业的培养目标与规格

1.2.1.1　培养目标

培养适应社会主义现代化建设需要，德、智、体、美全面发展，具有扎实的自然科学、人文科学基础，具备计算机、外语的应用技能，获得工程师的基本训练，掌握水文水资源及水环境等方面的专业基本知识与技能，知识面宽、能力强、素质高，有创新精神的高级专门人才。

1.2.1.2　人才培养规格

本专业培养应用型人才，标准学制四年，实行学分制的学校可以适当延长或缩短学制。本专业要求总学分在 180~200 学分（含综合教育），其中理论教学 140 学分左右，实践性教学环节 30 学分左右，课外教学 10 学分。修满规定学分，成绩合格者，准予毕业，成绩优良者，授予工学学士学位。本专业人才培养应达到以下规格要求：

（1）具有良好的素质。包括：思想道德素质（政治素质、思想素质、道德素质、法律素质、诚信意识和团体意识等）；文化素质（文化素养、文学艺术修养、现代意识和人际交往意识等）；专业素质（科学思维方法、科学研究方法、求实创新意识以及工程意识、综合分析素养和价值效益意识等）；心理素质（身体素质和心理素质等）。

（2）具有合理的能力结构。包括：获取知识的能力（自学能力、表达能力、社交能力、计算机及信息技术应用能力）；应用知识能力（综合应用知识解决问题的能力、综合实验能力、工程实践能力等）；创新能力（创造性思维能力、初步科研能力等）。

（3）具有完整的知识结构。包括：工具性知识（外语、计算机、文献检索、科技方法、科技写作和科技演讲等）；人文社科知识（文学、历史、哲学、思想品德、政治、艺术和社会学等）；自然科学知识（数学、物理、化学、环境学和地球科学）；工程技术知识（测量、制图、工程原理、工程环境等）；专业知识（水信息采集与处理、水文预报与水文水利计算或水文地质勘察、水灾害评估与防治、水资源评价、规划与管理及水环境评价与保护的基本方法，国家相关的法规制度等）。

本专业培养的人才能在水利、水务、能源、交通、城市建设、农林、环境保护、地质矿产等部门从事水文、水资源及水环境方面勘测、评价、规划、设计、预测预报和管理等方面的工作以及教学和科学研究等工作。本专业相近专业有水利水电工程、环境工程、地理学、地质工程、水务工程。

1.2.2 本专业教育内容与知识体系

1.2.2.1 教育内容与知识结构总体框架

本专业教育内容和知识体系按照顶层设计的方法，由普通教育内容、专业教育内容和综合教育内容三大部分及 15 个知识体系构成，即①普通教育内容，包括人文社会科学、自然科学、经济管理、外语、计算机信息技术、体育和实践训练等；②专业教育内容，包括相关学科基础、本学科专业、专业实践训练等；③综合教育内容，包括思想教育、学术与科技活动、文体活动、社会实践活动、自选活动等。

以上知识结构总体框架及知识体系的建议学分数见表 1-8。

表 1-8 知识结构总体框架

教育内容	知识体系	学分
普通教育 80 学分	人文社会科学	16
	自然科学类	31
	经济管理	2
	语言	18
	计算机信息技术	6
	体育、艺术	4
	实践训练	3
专业教育 90~110 学分	相关学科基础	46~55
	本学科专业	16~21
	专业实践训练	28~34
综合教育 10 学分	思想教育、学术与科技活动，文体活动、社会实践活动和自选活动等	10
合计		180~200

1.2.2.2 知识体系

知识体系由知识领域、知识单元和知识点三个层次组成。本专业的知识领域包括应用水文与水灾害防治、水资源利用与管理、水环境与水生态保护等三个。一个知识领域可以分解成若干个知识单元；一个知识单元又包括若干个知识点。普通教育相关学科知识单元和本学科专业知识单元见表 1-8。

1.2.2.3　构建课程体系

业务培养要求：本专业学生主要学习水信息采集及处理、水灾害预测及防治、水资源评价规划与管理、水环境评价和保护、水污染控制、水利工程规划设计和运行管理中水文水利计算、地下水模拟等方面基本理论和基本知识，获得工程测量、科学运算、实验和测试等方面基本训练,具有应用所学专业分析解决实际问题、开展科学研究以及组织管理的基本能力。

主要课程开设如下：

（1）普通教育各知识单元的主要课程。包括马克思主义哲学原理、毛泽东思想概论、邓小平理论概论、法律基础、高等数学、大学物理、大学化学、大学语文、大学英语、计算机文化基础、计算机应用基础和体育等。

（2）相关学科基础和本学科专业各知识单元的主要课程。① 应选核心课程 8 门，见表 1-9, 它们是各个学校本专业的必修课程；② 可选核心课程 10 门，见表 1-10，各个学校本专业至少应选择其中的 5 门课程；③ 此外还宜开设工程管理课程、还应设立生态学基础或环境生态学等课程。

以上核心或应选课程的知识点见 1.2.4 节编制说明，各学校在制订其专业培养方案或计划时，其课程名称可以不同，但应涵盖以上课程所包含的知识点。

（3）外语教学要求。应按大学外语教学大纲的要求实施教学，学生在外语的读、写、听、说等方面达到较高水平。一般应设立若干门双语教学课程。

（4）计算机教学要求。学生课堂教学、上机训练应达到一定的时数，并具有熟练应用计算机进行计算和设计的能力。

表 1-9　水文与水资源工程专业应选核心课程情况表

<table>
<tr><th>序号</th><th>核心课程名称</th><th>建议学分数</th><th>备注</th></tr>
<tr><td>1</td><td>水力学</td><td>3~4</td><td>建议学分数不含实验部分</td></tr>
<tr><td>2</td><td>自然地理学</td><td>3~4</td><td rowspan="2">建议学分数不含实习部分</td></tr>
<tr><td>3</td><td>气象学</td><td>2~4</td></tr>
<tr><td>4</td><td>水文学原理</td><td>3~4</td><td></td></tr>
<tr><td>5</td><td>水文统计</td><td>3~4</td><td></td></tr>
<tr><td>6</td><td>地下水水文学</td><td>2~3</td><td></td></tr>
<tr><td>7</td><td>水资源利用</td><td>2~3</td><td rowspan="2">建议学分数不含课程设计部分</td></tr>
<tr><td>8</td><td>水环境保护</td><td>2~3</td></tr>
</table>

表 1-10　水文与水资源工程专业可选核心课程情况表

<table>
<tr><th>序号</th><th>核心课程名称</th><th>建议学分数</th><th>备注</th></tr>
<tr><td>1</td><td>水环境化学</td><td>2~3</td><td></td></tr>
<tr><td>2</td><td>河流动力学</td><td>2~3</td><td>建议学分数不含实验部分</td></tr>
<tr><td>3</td><td>地下水动力学</td><td>3~4</td><td></td></tr>
<tr><td>4</td><td>水文测验</td><td>2~3</td><td>建议学分数不含实习部分</td></tr>
<tr><td>5</td><td>水文预报</td><td>2~3</td><td rowspan="4">建议学分数不含课程设计部分</td></tr>
<tr><td>6</td><td>水文水利计算</td><td>3~4</td></tr>
<tr><td>7</td><td>水文地质勘察</td><td>2~4</td></tr>
<tr><td>8</td><td>水灾害防治</td><td>2~3</td></tr>
</table>

续表

序号	核心课程名称	建议学分数	备注
9	水利经济	2~3	
10	地理信息系统	2~3	

主要实践性教学环节包括课程实验、课程实习、专业实习、课程设计和毕业设计等，其中每个课程设计一般安排 1 ~ 2 周，毕业设计不少于 12 周。实践教学内容体系结构见表 1-11。

表 1-11 实践教学内容体系结构表

<table>
<tr><td rowspan="9">实践教学内容体系结构</td><td rowspan="4">课程实验与实习</td><td>普通教育类课程实验：物理、化学、计算机信息技术等</td></tr>
<tr><td>相关学科基础类课程实验：如水力学、自然地理等</td></tr>
<tr><td>本学科专业类课程实验：如河流动力学、水文测验、水文地质勘察等</td></tr>
<tr><td>课程实习：如测量、气象、自然地理、水文测验和军训等</td></tr>
<tr><td rowspan="3">实践教学主线</td><td>专业综合实习：包含防洪减灾、水资源管理和水环境保护等内容</td></tr>
<tr><td>课程设计：如水文水利计算、水资源利用、水环境保护、水文地质勘察等</td></tr>
<tr><td>毕业设计：结合科研生产或工程中水文水资源和水环境问题进行综合设计或研究</td></tr>
<tr><td rowspan="2">其他实践教学</td><td>科学研究：科技方法训练、课内外科技活动</td></tr>
<tr><td>实践训练：公益劳动、社会实践、认识实习等</td></tr>
</table>

1.2.2.4 毕业设计（论文）要求

毕业设计要求如下：

（1）毕业设计要反映一定阶段发展水平，遵循自然科学的理论基础，毕业设计自始至终坚持实事求是，一切从实际出发，设计方案要以充足的事实为依据。

（2）在设计过程中考虑社会生产力发展水平、政治环境和有关法律规定等客观因素，努力使设计方案成为可行。

（3）毕业设计可结合生产科研项目开展和进行综合训练，也提倡进行涉及本专业的有关研究热点进行专题研究。

1.2.3 本专业的基本教学条件

本专业的基本教学条件包括以下几个方面：

（1）师资力量。有一支年龄及知识结构合理、相对稳定、水平较高的从事普通教育与相关学科基础教育的师资队伍。有学术造诣较高的和具有教授职称担任本专业学科带头人，本学科专业的专任教师不少于 12 人，其中具有高级职称或具有硕士学位以上的教师比例应达到 60%。同时应有能满足教学要求的实验技术人员队伍。

（2）教材。教材选用须符合专业规范及课程教学大纲要求，必修课程采用正式出版的教材比例不少于 90%，专业核心课程宜采用全国统编教材。

（3）图书资料。学校图书馆中与本专业相关的图书数量不少于 80 册/生，并有一定数量与本专业相关的中外文期刊、资料与数字化资源，并有相关探索工具。

（4）基础课及专业课实验室。应设有满足基础课及专业基础课教学的物理实验、化学实验、水力学实验、自然地理、地质学和测量学等实验室。

（5）校外教学实习基地。至少有一个相对稳定的校外实习基地。有条件的学校，宜建立满足认识实习、生产实习要求的校外教学实习基地若干个。

（6）教学经费。新设本专业的开办经费（不包括固定资产）一般不低于 50 万元，并要有必要的固定资金投资，保证开办专业 3 年内建立起本专业必要的实验设施；老专业每年的正常教学经费视学生人数而定，一般情况下应保证学生实验、实习等费用，生均不应低于收取学费 20%。

1.2.4　编制说明

1.2.4.1　专业规范的主要参考指标

（1）本科学制。基本学制四年，实行学分制的学校可在 3~6 年内适当浮动。

（2）本专业教育要求总学分为 180~200 学分，其中普通教育与专业教育为 170~190 学分，综合教育为 10 学分。各学校可根据自身办学条件与人才培养特点适当减少学分数，但不应低于 170 学分。

（3）学时与学分的折算方法：建议课程教学按 16 学时折算为 1 学分，实践性环节按每周折算为 1 学分，课程实验按 16~24 学时折算为 1 学分，个别课程的学时与学分折算方法可根据课程特点自行调整。

（4）修满规定学分，成绩优良者授予工学学士学位。成绩优良的具体标准由各学校按照国务院学位条例有关规定自行制定。

1.2.4.2　水文与水资源工程专业知识单元

1．应选专业核心课程知识单元

（1）水力学。

1）概述：水力学是本专业的一门主要技术基础课。通过本课程的学习，使学生掌握液体运动的一般规律和有关的基本概念与基本理论，学会必要的分析计算方法和一定的实验技术，为专业课的学习、解决工程中水力学问题、获取新知识和进行科学研究打下必要的基础。

2）先修课程：高等数学、大学物理。

3）涵盖知识点：水力学的定义和任务，液体的主要物理性质，水静力学，液体运动的基本原理和基本理论，液体总流的基本原理，液体三元运动的基本原理，液体的层流运动和紊流运动，水流阻力和水头损失。有压管道水流，明渠恒定均匀流，明渠恒定非均匀流，堰流与闸孔出流，泄水建筑物下游的水流衔接和消能，渗流，水力模型试验基本原理。恒定流和非恒定流，均匀流和非均匀流，渐变流和急变流，一元流、二元流和三元流，层流和紊流，有旋运动与无旋运动，急流、缓流和临界流，水跃和水跌等。液体质点，连续介质，黏滞性，牛顿流体与非牛顿流体；等压面，绝对压强，相对压强，真空度，水头；过水断面，流量，断面平均流速，湿周，水力半径，动能校正系数，动量校正系数；弗劳德数，雷诺数；瞬时值，时均值和脉动值，黏性底层，水力光滑和水力粗糙，糙率；正常水深，临界水深，临界底坡；流速系数，收缩系数，流量系数，淹没系数等。水流运动的总流分析法，恒定总流的连续方程，能量方程。

说明：本课程要用到较多的数学、物理、力学知识，因此，要注意处理好本课程与相关课程之间的衔接。水力学是一门技术基础课，应当理论联系实际，以分析水流现象，揭示水流规律，加强水力学的基本概念、基本原理的理解为主，而不宜过分强调专业需要，以致削弱水力学的理论基础。

（2）自然地理学。

1）概述：该课程为本专业重要的基础课。其作用是学习地学知识，掌握地学基本工作方法。教学目标是培养学生认识自然地理现象、理解自然发育过程的能力与意识。教学内容主要是解析自然地理知识点，内容包括普通地质学、地貌学、气候学和环境生态学和自然综合等，指导学生构建自然地理知识体系。

2）先修课程：不限。

3）涵盖知识点：地球圈层、圈层特征、圈层作用和地理环境。普通地质部分：矿物包括地球化学组成，矿物鉴别特征、主要造岩矿物特征。岩石包括岩浆岩、沉积岩、变质岩形成、主要岩石种类及特征，主要岩石鉴别；地史地层包括地史划分、地史表，地层概念，地层柱状图；地壳运动包括火山、地震、运动方式、板块；地质构造包括褶皱（背斜、向斜）、断裂、断层；还包括工程、水文、灾害等相关地质问题简述。地貌部分：地貌学、地貌发育。内动力：板块构造与全球地貌框架形成，岩性与地貌发育，地质构造与地貌发育；外动力：侵蚀、搬运、沉积与地貌发育过程。山原：山地、高原与平原的形成，山原地貌类型与特性，山地开发利用与保护。冰川与冻土：冰川发育，主要冰川类型，主要冰川地貌发育与类型，冰川与全球环境变化。冻土发育与类型，冻土地貌，冻土与水利交通工程建设问题。河流：水系与流域，河流地貌发育与类型、流域地貌时空演变，洪涝灾害与水利建设。海岸与海洋：海洋地质、海底地貌，海洋水文特征，海岸概念、海岸地貌发育与类型，海岸开发利用问题。岩溶：岩溶发育四个基本条件，岩溶作用与主要地貌发育类型，岩溶水文与水资源，岩溶开发利用问题。风沙与黄土：干旱与风沙、沙尘暴，风沙地貌发育与类型，黄土形成与特性，黄土地貌发育与类型，荒漠化及水土保持。生态环境部分包括四个方面，即①土壤：土壤形成，土壤物理化学性质、土壤剖面、土壤类型，土壤地带性；②植被：植被概念、主要植被类型与特征，植被地带性，植被与地理环境；③湖泊与湿地：湖泊与湿地发育及主要类型，湖泊与湿地的水文特征、环境生态效应，湖泊与湿地演化及开发利用问题；④生态环境保护：水土保持、退耕还林、退田还湖。地理系统部分包括自然地理关系、地域分异，地理系统、自然区划，保护与利用。

4）实践环节内容与要求。实践环节包括实验标本识别与鉴定，地质地形读图与解图和野外自然地理实习。室内实验：主要造岩矿物鉴别，岩浆岩、沉积岩、变质岩三大类岩石鉴别，地形读图与解图，地质图判读。编写实验报告。野外实习：野外工作方法，如线路布置、定位、定向、观测、记录、采样；应掌握实习地的岩性、地层、构造，实习区主要地貌类型、土壤、植被类型，能综合分析区域地质、地貌、土壤、植被、气候、水文之间的主要地理关系。编写野外实习报告。

说明：气象、气候、水文是自然地理学重要内容。水文与水资源工程专业这方面内容要求更多更深，故不在本课程介绍。对部分专业专门开设地质学基础课程，本课程的地质部分也不必重复。自然地理学的重点应是分类掌握各种自然地理对象类型的特征与发育过程，如岩石、构造、地貌、土壤、植被等主要类型与特征；理解地质、地貌、气候和生态环境的相互作用及地理关系。其难点首先是主要地理对象类型的识别与辨异，如岩石、地质构造、地貌、土壤、植被等；其次是各种地学理论概念与野外实际相结合；综合各种自然现象，形成时空一体化的自然地理概念。自然地理学许多内容还属于解释性科学。典型自然地理现象、结构、发育过程、地学关系等均需采用多媒体手段展现与剖析，多媒体手段可贯穿整个课堂教学过程。

（3）气象学。

1）概述：本课程为重要的专业基础课。本课程内容与现代水文科学发展关系密切，在水资源开发、利用和管理过程中应用广泛。通过学习，学生能够掌握本课程的基本理论和基本技能。具备运用气象学的理论，解决与之紧密相关水文科学问题的能力。提高对水文过程和水灾害成因的认识，加深对水资源的分布特征的了解。为今后从事水文实际工作和水科学方面的研究工作打下坚实的基础。

2）先修课程：高等数学、大学物理、自然地理学、水力学。

3）涵盖知识点：气象学的定义、性质、任务及与专业课的关系。大气的组成、大气的结构、大气的状态方程、大气静力学、气象要素。有关辐散的基本知识、地球大气顶上太阳辐散随季节和纬度的分布、大气中太阳辐散的减弱、到达地面的太阳辐散、地面有效辐散、地面与大气上界的辐散差额、地面热量平衡与地气系统热量收支、计算辐散各分量的经验公式、土温、水温和气温的变化。热力学第一定律、干空气的绝热过程、湿绝热过程、假绝热过程、热量图简介和部分应用、大气层结的稳定度、物理量的变化。绝对运动和相对运动、作用于空气块上的外力、非牛顿参考系和“视示力”、大气运动方程及其简化、P 坐标系、自然坐标系中的运动方程、地转风、梯度风、热成风、地转偏差、摩擦层中的风、连续方程、地面风的季节性变化和年变化。水循环、水分方程、大气可降水量及水汽输送、大气中的水汽凝结、云中微滴的增长、降水。蒸发过程的物理实质、水面蒸发量的观测、用经验公式确定蒸发量。

（4）水文学原理。

1）概述：该课程是本专业主要的专业基础课。课程以基本的物理定律为理论基础，阐述水文循环的物理过程、水文循环各要素形成的物理机制、各种大陆水体的水文现象及特征、水文要素的时空分布规律及数学物理模拟方法。目的是使学生掌握水资源水文学及水环境科学的基本概念、基本理论、基本研究方法，为本专业后继课程的学习及未来从事水文水资源及水环境科学的研究打下坚实的理论基础。

2）先修课程：高等数学、大学物理、测量学、自然地理学及气象学等课程。

3）涵盖知识点：水文学的定义、研究内容、发展过程及其在国民经济中的重要意义；水文循环及其水量平衡、能量平衡原理；流域和水系的基本概念、水系的拓扑学特征和几何学特征、流域的形状特征和结构特征；降水、下渗、蒸散发等物理过程及基本定量计算方法；土壤水的存在形态、土壤水的能量状态、土壤水运动的控制方程；单点产流的基本物理条件及基本产流模式，流域产流的特征、产流面积及产流面积发展过程的分析方法，产流计算模型；河道洪水波运动的数学物理描述，洪水波类型及其特征，槽蓄原理及槽蓄方程；线性扩散波演算、线性运动波演算、线性特征河长连续演算等洪水演算方法；流域汇流的物理过程，流域汇流的系统分析方法，流域汇流计算方法；地下水运动规律及研究方法、冰川及湖泊水库等水体的水文特征及分析研究方法、水文循环过程中化学物质输送的物理规律及研究方法等。

说明：地下水运动规律及研究方法、冰川及湖泊水库等水体的水文特征及分析研究方法、水文循环过程中化学物质输送的物理规律及研究方法等内容可以单独开设相应的必修课和选修课。

（5）水文统计。

1）概述：本课程是水文与水资源工程专业重要的专业基础课，是本科学生的必修课程。它不仅要为水文测验，水文预报，水文水利计算等专业课奠定坚实的水文统计理论基础，它本身也是从事水文实践和科学研究的有效方法和重要途径。通过本课程的学习，学生应较系统地掌握水文统计理论，熟练运用水文统计方法从事水文水资源实际工作和科学研究。

2）先修课程：高等数学。

3）涵盖知识点：事件与概率、条件概率与事件独立性、离散型随机变量的概率分布；连续型随机变量与分布密度、随机变量函数的分布、多元随机变量与联合分布、边际分布、条件分布、随机变量的独立性、多元随机变量函数的分布、二元正态分布；数学期望、方差、离势系数、矩、偏态系数及峰度系数、多元随机变量的数字特征、特征函数；随机变量的两种收敛性、大数定律、中心极限定理；简单随机抽样、样本分布、抽样分布的概念、几种统计量的抽样分布、顺序统计量及其分布；参数估计的矩法和极大似然法、P-Ⅲ型分布参数的估计、估计量好坏的评选标准、参数的区间估计；正态总体均值的假设检验、正态总体方差的假设检验、零相关检验、非参数假设检验；一元线性回归、多元线性回归、非线性回归。

说明：本课程的重点在于介绍与水文学有关的概率统计知识，作为一门专业基础课，主要目的是要求学生掌握和理解概率论、数理统计、回归分析等基本概念、原理和方法，特别着重结合本专业的需要、强调数理统计方法在水文学中的应用。

（6）地下水水文学。

1）概述：地下水水文学是本专业一门重要的专业基础必修课。本课程能够使学生掌握和了解与地下水资源有关的基本知识，为学习专业课及今后从事实际的地下水资源评价与管理工作打下基础。

2）先修课程：高等数学、大学物理、自然地理学、水力学、水环境化学、水文学原理、水文统计等课程。

3）涵盖知识点：地下水及其赋存包括自然界水的分布、循环与均衡、地下水的赋存、不同埋藏条件下和不同含水介质中的地下水等；地下水运动，包括地下水运动的基本规律、地下水向河渠的运动、地下水向完整井的稳定运动、地下水向完整井的非稳定运动等；地下水的物理性质和化学成分；地下水的补给与排泄；地下水的动态与水均衡；含水层参数的确定包括常用各种含水层参数的经验值、利用试验资料确定含水层参数等；地下水资源量的计算与评价包括地下水资源的特点及分类、计算地下水可开采量的主要方法（水均衡法、数值法、概率统计分析法）、地下水资源评价以及我国地下水资源的特征等；地下水水质评价主要包括饮用水与工业用水水质评价、农田灌溉用水水质评价和地下水污染程度的评价；地下水资源管理。

说明：在讲述本课程之前，学生必须具备自然地理学、测量学、水力学、工程数学等课程的基本知识。地下水水文学目的在于培养学生掌握从水文循环的基本原理出发，在水文科学完整体系内了解地下水的形成、储存、运动、补给、消耗等特征的变化规律，是一门综合性和实践性较强的课程。有关地下水资源开发利用等内容将在地下水资源开发利用课程中讲述。

（7）水资源利用。

1）概述：本课程是本专业的必修主干专业课。通过本课程教学和课程设计，使学生掌握水资源评价、管理、开发利用的基本理论与方法。具备从事水资源开发、评价、管理、供需分析和优化配置等方面工作的基础知识与基本技能。

2）先修课程：水文水利计算、运筹学、水文统计、水利经济。

3）涵盖知识点：水资源概念与分类；水资源的自然属性、社会属性；水资源管理内容、程序与发展趋势。地表、土壤、地下水资源水量、水质评价内容、指标、模型与方法；特种水资源的评价内容与方法；水资源综合评价方法；水资源评价信息系统的内涵、构建方法与程序。工业、农业、生活与生态需水量的计算、预测理论与方法；综合需水量的计算方法。供需分析概念及类型；单项工程可供水量计算方法和水利系统可供水量计算方法；区域水资源供需平衡计算方法；区域水资源合理配置及调度的原理。灌溉系统、供水系统、水能利用航运规划等专业规划的原则、原理、方法和工作程序；水资源综合规划的原则、原理、方法和工作程序。灌溉系统、供水系统、水能系统、航运系统运行管理的任务；水资源系统综合运行管理原理与方法。水资源管理的目标和内容；水资源管理的组织体系；水资源管理的政策法规体系；水权、水价与水市场。水资源利用的效益计算方法；水资源开发的费用计算原理与方法；水资源开发利用的经济分析；资金筹措与效益分摊。节水理论与技术，建设项目水资源论证基本内容与要求。可持续发展的概念及其在水资源领域的意义；水资源系统承载能力分析与计算；水资源可持续利用评价方法与指标体系；水资源一体化管理。

说明：本课程应注重培养学生对实用方法的应用，每章应有简单案例分析，课程结束最好能安排不少于一周的课程设计。

（8）水环境保护。

1）概述：水环境保护是本专业的专业必修课程，它以水环境系统为研究对象，以可持续发展为基本思想，探索人类活动对水环境质量的影响以及保护水环境质量的方法、途径。本门课程着重讲授水环境保护、水环境质量评价的基本理论、基本方法，以解决我国面临的水环境保护问题。它是水资源科学的核心组成部分。

2）先修课程：大学化学、水环境化学。

3）涵盖知识点：水环境保护基本概念、水环境保护基本方法、环境质量评价基本概念、环境评价基础知识、水环境质量评价。水环境保护基本概念。主要介绍水资源开发利用现状、水污染、水环境保护的概念、中国水环境保护的发展历程、中国水环境保护工作中存在的主要问题。水环境保护基本方法主要介绍水环境保护的目标与任务、水环境保护的原则、水体中主要污染物指标及危害、废水处理技术、水污染综合防治。环境质量评价基本概念主要介绍环境质量与环境评价、环境影响评价的目的、分类和意义、环境影响评价制度、中国环境影响评价程序、世界银行贷款项目的环境影响评价程序。环境评价基础知识主要介绍环境标准、我国的环境标准体系、污染源调查与评价、环境评价数学模型、非指数评价模型。水环境质量评价。水环境质量评价概述、水环境质量现状评价、水环境质量影响评价、应用实例。

说明：该课程的重点是水环境保护基本方法、污染源的调查与评价、环境评价数学模型、水环境质量现状评价和水环境质量影响评价。难点是环境评价数学模型、水环境质量影响评价。

2．可选专业核心课程知识单元

（1）水环境化学。

1）概述：水环境化学是研究化学污染物质在天然水体中的存在形态、反应机制、迁移转化规律及其生态效应的一门学科。环境问题已经成为全球人类共同面对的严重挑战，世界上大多数生态环境问题都与化学污染物质直接有关。通过对这门课程的学习，将使学生了解当代水环境问题，熟悉和掌握水环境中潜在有毒有害化学物质在环境中的存在和分布，以及它们在环境中的形态变化、迁移转化、积累、归宿和生物、生态影响等，并掌握相关的化学理论和方法。培养学生把理论知识与水环境问题的实践紧密结合起来的能力，以及分析问题和解决问题的能力，增强学生的水环境保护意识和素质，为将来从事水文水资源工程专业工作打下良好的基础。

2）先修课程：大学化学。

3）涵盖知识点：水环境化学学科的形成、特点、研究对象、研究内容和发展趋势。天然水的组成、性质和分类。掌握亨利定律、碳酸平衡计算、开放体系与封闭体系碳酸平衡的特点、天然水的酸碱度和硬度、天然水的缓冲原理以及天然水的分类方法等。了解河水、湖泊水与水库水、地下水和海水等天然水的主要化学特征。水环境污染和污染物。水体的污染，水体污染源，水污染指标，水体污染类型与危害，水体的自净和水质标准。水环境中的溶解和沉淀作用。掌握溶解-沉淀平衡、水中各类固体溶解度和水的稳定性计算，初步运用溶解和沉淀平衡理论解决相应的水环境问题。水环境中的配合作用。掌握配合平衡及水中各类配合物稳定性计算，羟基、螯合剂 NTA 和腐殖质的配合作用，有机配位体对重金属迁移的影响。天然水中的氧化-还原平衡。掌握水中氧化还原平衡理论及其计算，电子活度和氧化还原电位的概念、意义及影响因素，天然水的 pE-pH 图，天然水中污染物的氧化还原转化。水环境中固液界面的相互作用。水体中各相间的相互作用，天然水体中的胶体物质，水环境中颗粒物的吸附作用，吸附作用对重金属和有机物迁移转化的影响。水体中重金属污染。掌握水中主要重金属污染物的来源和毒性，水环境中重金属的迁移与分布，沉积物中的重金属。水体的氮、磷污染和富营养化。掌握引起富营养化的物质，氮和磷在水体中的存在及其形态，氮和磷的发生源，富营养化的防治。有机毒物的环境行为和归趋模式。掌握水体中常见的有毒有机污染物的环境行为和归趋模式，掌握分配系数、挥发速率、水解速率、光解速率和生物降解速率等内容，并能对归趋模式进行具体应用。

（2）河流动力学。

1）概述：河流动力学是本专业的一门重要的专业基础课，它的作用是使该专业学生了解冲积河流在自然状态下以及受人工建筑物影响以后所发生变化的基本特性。流域上产生的泥沙进入支流、干流河道后，对河道的水流运动、河道演变及沿河的工业、农业、生活取排水工程有重要影响。领会学习处理复杂问题的思路及方法，能初步掌握河流泥沙运动的基本规律，分析水流泥沙运动与河道演变对环境的影响，从河流泥沙工程实践的意义来说，它也是一门专业课。通过本课程的学习，让本专业的学生掌握泥沙运动的观测、采集、分析、计算方法，运用所学知识去分析工程中遇到的泥沙问题。

2）先修课程：高等数学、水力学、水利工程概论等。

3）涵盖知识点：河道水流包括河道水流的一般特性、河道水流的运动结构、紊流一般特性和明渠水流沿垂线的流速分布。河流泥沙基本特性包括河流泥沙的来源及组成、河流泥沙的几何特性、细颗粒泥沙表面的物理化学性质、泥沙的重力特性。河流泥沙运动包括河流泥沙的运动形式、泥沙的起动、推移质泥沙输沙率、沙波运动及动床阻力、悬移质运动的基本概念、水流挟沙能力、悬移质运动的质量平衡及含沙量沿垂线分布等。河床演变包括河床演变的基本原理、河床演变的分析方法、河相关系、弯曲型河道的河床演变、分汊型河道的河床演变、游荡型河道的河床演变等。泥沙理论的实践与应用包括流域泥沙问题、水库泥沙问题、河道泥沙问题、水利枢纽下游的泥沙问题、引水工程中的泥沙问题、港口及航道泥沙问题、泥沙的环境效应等。

说明：本课程的知识点相对分散，公式较多，难度较大，因此，在本课程教学中应该以泥沙运动作为主线，以泥沙起动、推移质运动和悬移质运动的运动规律分析理解作为重点，进而对理解泥沙运动对水流阻力、水流运动加以理解掌握；河床演变应与水流泥沙运动相联系；最后应该结合工程实例介绍泥沙理论的实践与应用。对于本课程中的众多经验和半经验公式，在了解公式推导过程后，注意力放在弄清其物理概念，分析影响因素，注意其建立条件和适用范围等方面，并通过一定的作业来帮助课程内容掌握。

（3）地下水动力学。

1）概述：该课程是本专业一门重要的专业基础课程。学习本课程目的在于掌握地下水运动的基本理论，能初步应用这些基本理论分析水文地质问题，并能建立相应的数学模型和提出适当的计算方法或模拟方法，对地下水进行定量评价。同时对一些地下水运动的专门问题，如海水入侵，裂隙介质中的地下水运动，非饱和带地下水的运动，水动力学弥散理论等有一定的认识，了解基本原理及基本研究方法。本课程要求学生重点掌握各种条件下地下水稳定流和非稳定流的解析求解原理和方法，深刻理解其适用条件。

2）先修课程：高等数学、大学物理、水力学、普通水文地质学等。

3）涵盖知识点：主要分渗流理论基础、地下水向河渠运动、地下水向井运动，地下水运动中若干问题等。渗流理论基础：渗流基本概念、基本定律、岩层透水特征分类和渗流系数张量、实变界面的水流折射和等效渗流系数、流网、渗流的连续性方程、承压水运动的基本微分方程、越流含水层中地下水非稳定运动的基本微分方程、研究潜水运动的基本微分方程、定解条件、描述地下水运动的数学模型及其解法等。地下水向河渠运动：包括河渠间地下水稳定运动，河渠间地下水非稳定运动等。地下水向井运动：包括地下水向承压水井和潜水井的稳定运动、越流含水层中地下水向完整井的稳定运动、非线性流情况下地下水向完整井的稳定运动、流量和水位降深关系的经验公式、补给井（注水井）、叠加原理、地下水向完整井群的稳定运动、均匀流中的井、井损与有效井半径的确定方法、承压含水层中的完整井非稳定流、有越流补给的完整井非稳定流、有弱透水层弹性释水补给和越流补给的完整井非稳定流、潜水完整井非稳定流、镜像法原理及直线边界附近的井流、扇形含水层中的井流、条形含水层中的井流、地下水向不完整井运动的特点、地下水向不完整井的稳定运动、地下水向承压水不完整井的非稳定运动等。地下水运动中的若干问题，包括非饱和带的地下水运动、裂隙介质中的地下水运动、多孔介质中溶质与热量运移基础理论、海岸带含水层中的咸淡水界面、研究地下水运动的模拟法等几个专门问题的基础知识。

说明：本课程的知识点相对分散，内容较多，因此，教学中应以地下水运动为主线，以各种条件下地下水稳定流和非稳定流运动规律的分析理解为重点。对于本课程中众多公式的推导过程，仅要求基本了解，注意力应放在弄清其物理概念，分析影响因素，注意其建立条件和适用范围等方面。

（4）水文测验。

1）概述：本课程是本专业重要的技术基础课，内容包括水文数据收集、资料整编和水文调查。通过学习本课程使学生掌握水文数据收集、资料整编和水文调查的基本概念、基本理论、基本方法以及进行基本技能的训练，并为学生更好地学习后续专业课以及今后从事水文工作打下基础。

2）先修课程：测量学、水力学、水文学原理、水文统计。

3）涵盖知识点：水文站网、测站和测站控制概念；水位观测及水位资料整编，基面、保证率水位概念； 断面测量，测深垂线布设的原则及测距误差的分析；流量测验，流速脉动和流量模概念，流速分布规律，流速仪测流方法及流量计算；测流新方法；泥沙测验；潮水河水文测验；水质信息采集；误差分析，流速面积法测流的误差，测流方法的精简分析；稳定的水位流量关系分析，受各种因素影响的水位流量关系分析；河道站流量推求，单一线法，连时序法，校正因数法，抵偿河长法，落差法；利用水工建筑物推算流量；流量资料的插补延长及合理性检查；泥沙资料整编；水文调查概念；流域调查；水文专门调查；水文站定位观测的补充调查。

说明：本课程是一门实践性很强的课程，因此需安排实验、课程设计和野外实习。实验目的包括了解各种水信息采集仪器的结构、性能，掌握各种仪器的使用、操作方法，增加感性认识和培养学生的操作能力。课程设计目的包括使学生对水文数据处理有一次全面和系统的实践，培养学生的基本技能和分析问题、解决问题的能力。野外生产实习目的包括初步掌握测站的主要测验业务和技能，提高学生的操作实践能力，加强基本技能的训练，加深对课程理论的理解。

（5）水文预报。

1）概述：该课程既是一门主干专业课，又是其他专业课的基础。一方面通过课程学习，可以掌握水文预报方法的基本原理和建模技术，培养学生联系实际、分析问题与解决问题的初步能力；另一方面为其他专业课程提供水流规律研究工具。

2）先修课程：水力学、气象学、水文学原理、水文统计、计算机应用基础。

3）涵盖知识点：流域产流计算与预报主要包括流域蒸散发计算、实测径流分析、蓄满产流计算、超渗产流计算方法、混合产流计算方法、经验相关方法等；流域汇流方法主要包括单位线汇流方法与单位线综合、等流时线法、地貌瞬时单位线法、地下径流汇流计算和流域汇流的非线性问题讨论；河道流量演算与洪水预报方法主要包括特征河长法、马斯京根法、有支流河段的流量演算、相应水位（流量）法、水力学的河道洪水演算方法；流域水文模型介绍主要包括新安江模型、萨克拉门托（Sacramento）模型、水箱（Tank）模型、陕北模型、混合产流模型、CLS 模型、分布式水文模型及水文模型分析与检验；实时洪水预报系统主要包括实时洪水预报建模方法、实时洪水预报误差修正方法（自回归方法、递推最小二乘法、卡尔门滤波误差修正）、实时洪水预报问题处理；其他还有枯季径流与干旱预报、农业旱情分析与预报、城市旱情分析、水库水文预报、水库施工期的水文预报、高寒流域水文预报和水文预报结果评定。

（6）水文水利计算。

1）概述：该课程是本专业的主干专业课，它包括水文分析计算和水利计算两部分。通过本课程的学习，学生将了解和掌握工程水文设计的理论和具体技术方法，径流及洪水调节计算、水能计算的原理与方法。所授知识可用于水利水电工程的规划、施工和运行管理阶段的工程设计问题，以及水资源规划、水库运行管理等方面的工作。

2）先修课程：水力学、水文学原理、水文统计、气象学、水文测验、水文预报、水利经济、河流动力学。

3）涵盖知识点：水文分析计算部分包括由流量资料推求设计洪水方法，包括洪水资料的分析处理方法，特别是历史洪水的调查与处理，水文频率计算方法、设计成果合理性分析和安全修正值，设计洪水过程线计算、地区组成分析，以及入库洪水与分期设计洪水；由暴雨资料推求设计洪水，包括暴雨特征描述、点暴雨频率计算、面暴雨频率计算及设计暴雨时空分配，设计暴雨前期土壤含水量计算，设计条件下产汇流方案确定，小流域设计洪水计算；设计年径流分析与计算，包括：年径流影响因素分析、具有长（短）期及无期资料条件下分析计算、流量历时曲线等问题；　设计枯水径流分析与计算，包括长、短期及无资料条件下资料的分析及频率分析方法。水利计算部分：水资源特点，水库特征库容及设计保证率概念；径流（或水量）的调节计算，包括径流调节计算的各种分类的特点，径流调节计算原理及基本方法；水电站的水能计算，含水能计算基本方程和主要方法（数值计算法，列表试算法，图解法）；水库洪水调节计算，包括水库的调洪作用，设计标准，调洪计算基本原理和方法，可以以区分为无闸门控制及有闸门控制两种调洪计算类型具体计算方法的异同比较，短期洪水预报对水库防洪的作用，防洪补偿调节。

（7）水文地质勘察。

1）概述：通过本课程学习，可以使学生熟悉和了解水文地质调查方法、供水水文地质及矿床水文地质的有关知识，掌握分析解决实际问题，培养学生具有完成水文地质生产和科研任务的能力。本课程综合性和实践性很强。

2）先修课程：地下水动力学、水环境化学、自然地理学、水力学、水文学原理、水文统计、测量学等课程。

3）涵盖知识点：主要分为水文地质调查方法、供水水文地质、矿床水文地质三部分。水文地质调查方法部分：包括水文地质调查手段、水文地质测绘、水文地质钻探、水文地质物探、水文地质试验（抽水试验、渗水试验、注水试验、示踪试验等）、地下水动态与均衡研究以及水文地质调查成果（水文地质图件和文字报告）等。供水水文地质部分：包括供水水文地质勘探工作要求、供水水质评价（饮用水、工业用水、农田灌溉用水、矿泉水等）、地下水资源量的计算与评价、地下水资源的开发保护与管理等。矿床水文地质学部分：包括有关矿床及采矿的基本知识、矿床充水条件与矿床水文地质类型、矿坑涌水量预测、矿床疏干、矿井突水、矿区环境地质问题、矿床水文地质调查的特点等。学生学完这三部分内容，即可掌握水文地质调查的基本内容和方法、地下水资源量的计算与评价常用方法、矿坑涌水量预测方法等内容，完成与生产项目有关的水文地质工作。

（8）水灾害防治。

1）概述：该课程是本专业重要的专业课，主要分析我国水灾害的影响因素、形成条件和基本规律，提出关于防灾减灾的措施和方法，包括水灾害模拟和分析，水灾害防治工程的规划与管理、防汛减灾决策系统等。通过本课程的学习，可使学生对水灾害的形成和防治有基本的了解和认识，掌握水灾害防治科学方法。

2）先修课程：水文统计、水文预报、水文水利计算。

3）涵盖知识点：水灾害的属性，洪涝渍潮灾害、干旱灾害及城市水灾害，水灾害模拟，水灾害风险分析与风险管理，防灾减灾决策支持系统，防灾体系的规划设计与管理。我国旱涝的长期变化及区域分布、我国历史上的重大水灾害、水利建设与水灾害的防治、环境变化与水灾害的关系。洪涝渍潮灾害成因、主要江河的洪水特性、涝渍形成条件与易涝易渍农田的分布、风暴潮灾害形成条件、洪涝潮遭遇组合、防灾减灾对策措施。干旱灾害成因、农业干旱特征指标、农村人畜饮水困难成因、牧区干旱灾害成因、抗旱减灾对策措施。城市洪涝灾害成因、城市缺水及其危害、城市水灾害对策措施。洪泛区水流模拟原理与方法、城市化地区雨洪模拟、旱灾灾情模拟原理与方法、灾情评估方法。灾害风险分析原理、灾害防治的风险决策、水灾害防治的风险管理。灾情信息采集和传输、灾情预测与预报、防洪预报调度模型、雨洪排涝分析模型、风暴潮和风浪预报模型、灾情评估系统、决策支持系统的总控管理。防灾减灾安全设计标准、安全保障体系的综合规划与设计、水灾害防治的管理体制。

说明：本课程野外实践性强，授课时尽可能采用多媒体教学，以增强学生的感性认识，重要章节应组织学生观看教学录像。课程的重点是各类水灾害的成因、灾情模拟及防灾减灾对策措施。本课程难点主要是水灾害模拟、水灾害风险分析与管理。

（9）水利经济。

1）概述：该课程为本专业的一门重要的技术基础课。其主要任务是使学生掌握水利工程经济分析的一般原理与评价方法，熟悉水利工程效益与费用的计算，并能将所学方法应用到水利水电工程的分析和评价中，为进一步学习水资源规划与管理方面的课程打下基础。

2）专业先修课程：高等数学，概率论与数理统计等。

3）涵盖知识点：水利工程经济分析的作用；水利工程经济分析的基本内容；水利经济的基本参数：工程投资和固定资产、折旧费、运行管理费、工程年限、折现率、工程效益、影子价格等。资金时间价值、等值的基本概念；现金流和现金流程图；六种复利折算基本公式；特殊的复利计算；名义利率与实际利率。

水利工程投资和年费用的内容；现行投资分摊方法；对各种分摊方法的分析评价。水利工程效益及其特点；水利工程效益的计算途径；灌溉、防洪、治涝和水土保持等效益的计算。项目经济评价指标；现值与年值的基本概念；效益费用比、内部回收率、投资回收年限的概念；现值、年值、效益费用比、内部回收率分析方法及其应用；投资回收年限分析及其应用。不确定性分析的意义；盈亏平衡分析；敏感性分析的步骤、单因素敏感性风险及多因素敏感性分析；概率分析方法；风险分析方法；决策树。折旧的意义；折旧基本方法及其应用；折旧与税金分析。财务分析与经济分析的区别；财务分析的内容；投资项目盈利能力和清偿能力分析。

（10）地理信息系统。

1）概述：该课程以空间数据为基础，介绍了地理信息系统（GIS）的原理、方法和应用等知识，是本专业学生的一门专业基础课。课程内容主要包括 GIS 的基本概念和发展、GIS 系统组成和功能；GIS 的地理基础、空间数据的特征和编码、空间数据采集与处理、空间数据组织与结构；空间数据管理与空间数据分析；三维 GIS 的数据结构及模型、DEM 数据的处理与应用，以及 GIS 的设计与开发等。本课程在课堂教学的同时，运用桌面地理信息系统为实验平台进行实际操作与训练。通过课程学习，使学生系统地掌握地理信息系统的理论与应用方法，培养学生应用 GIS 手段和工具进行专题应用和分析，解决实际问题的能力。

2）先修课程：自然地理学、计算机文化基础、计算机应用基础、数据库等。

3）涵盖知识点：地理信息系统基础包括 GIS 的基础，GIS 的概念、发展过程、GIS 的组成、功能和应用概述，GIS 的地理数学基础，坐标系统与地图投影。空间数据结构和组织包括 GIS 数据模型和编码，空间数据的基本特性、空间数据的类型、空间数据的矢量、栅格结构编码，元数据。GIS 空间数据的输入和组织包括 GIS 数据源、空间数据采集方法和数据编辑、空间数据组织、空间数据的地理属性编码，数据的规范化与标准化，以及数据质量。GIS 数据库概念、模型和管理包括 GIS 数据库概念、数据模型，数据库管理系统，GIS 属性数据库及其操作。GIS 空间数据处理、分析包括 GIS 空间数据的基本处理（数字化坐标变换和投影变换、空间数据的压缩、格式转换、数据的内插），GIS 的基本空间分析操作，矢量数据的空间分析（包含分析、叠置分析、缓冲分析、网络分析等）；栅格数据的空间分析，GIS 与遥感多源信息复合分析应用。GIS 三维空间数据模型及其 DEM 应用包括三维空间数据模型，TIN、DTM 和 DEM 概念，高程数据的获取和 DEM 的建立、DEM 派生的地形因子以及 DTM 的应用。GIS 应用模型包括一般模型（统计分析模型、回归分析模型等）和专业模型（包括水文模型、选址模型、土地评价模型等）；GIS 数据可视化与制图输出包括 GIS 数据及其产品的制图输出，含 GIS 数据产品及其表达、GIS 的主要输出设备，GIS 图形输出设计、制图内容及其表示方法、GIS 数据的制图综合等。通用 GIS 桌面软件介绍与 GIS 应用软件的开发包括 MapInfo、ArcGIS 软件介绍，软件工程的基本原理概述，以及应用 GIS 软件二次开发的实现；GIS 发展前沿介绍。GIS 发展方向和前沿技术包括 WebGIS、ComGIS、OpenGIS，3S 集成，虚拟地理环境；数字地球技术等。

说明：地理信息系统是一门实践性很强的课程。除在课堂上讲授和介绍相关应用软件以外，还应结合本课程相关教学内容，以地理信息系统桌面软件为平台进行相应的 GIS 练习和实践。

1.3　中国大陆地区代表性学校专业培养方案

中国是世界上水文与水资源工程专业教育规模最大的国家，各校由于办学历史和地域不同，水文与水资源工程专业分布在水利类、地质类、电力类、农业类和综合类大学，形成各自办学教育特色。本章引用大陆地区河海大学、南京大学、四川大学、武汉大学、吉林大学、西安理工大学、长安大学、中山大学等水文与水资源工程专业所在学院网站资料，以及他们一些在实际中采用的培养方案，介绍这些大学的专业培养方案。

1.3.1　河海大学

1.3.1.1　培养目标

本专业培养具备扎实的自然科学和人文科学素养，掌握水文水资源、水环境和水生态方面的专业基础理论和基本技能，能力强，素质高，敢于创新，善于合作，能在水利、水务、能源、交通、城建、农林、环保、国土资源、教育等部门从事与水文、水资源、水环境和水生态有关的勘测评价、规划设计、预测预报与管理、教学与科学研究等工作的高级专门人才。

1.3.1.2 培养要求

本专业学生主要学习水文、水资源、水环境和水生态等方面的基本知识和基本理论，接受工程测量、科学运算、实验和测试等方面的基本训练，掌握运用水文、水资源、水环境和水生态方面的基础理论和基本技能分析解决实际问题，开展科学研究和从事管理工作的基本能力。

毕业生应获得以下几方面的知识和能力：

（1）掌握数学、物理、化学和地学等自然科学知识，掌握外语、计算机、文献检索、科技方法和科技写作等工具性知识，掌握测量、制图、工程、环境等技术知识。

（2）掌握水文学及水资源学科的基本理论，包括水文信息采集与处理、水文预报、水文水利计算、水灾害评估与防治、水资源评价规划与管理、水环境评价与保护的基本理论和方法。

（3）具有从事水文、水资源、水环境方面勘测评价、规划设计、预测预报、管理决策的基本能力。

（4）熟悉国家和地方涉水的有关方针、政策和法律法规。

（5）了解水文水资源、水环境和水生态领域的行业需求和发展动态。

（6）具有初步的科学研究能力，具有一定的批判性思维能力。

（7）具有较好的人文社会科学素养、较强的社会责任感和职业道德。

（8）具有终身学习、团队合作的能力和适应发展的能力。

（9）具有国际视野和国际交流合作的能力。

1.3.1.3 主干学科

水文学及水资源、水利水电工程、市政工程、环境工程。

1.3.1.4 主要课程

自然地理学、测量学、水力学、水利经济、水文学原理、水文统计、气象学、水文测验学、地下水水文学、水环境化学、水质模型、水文预报、水文分析与计算、水利计算、水资源利用、水环境保护。其中，全英文课程：包括地下水水文学、水文测验学、水文学原理、水环境化学、地下水资源开发利用。研讨课程：包括水文学原理、水文统计。专业核心课程：包括水文学原理、水文统计、水文预报、水文计算、水利计算、水资源利用。

1.3.1.5 实践教学

本专业的实践教学除了思政类和军事类等公共实践教学外，还包括专业课程实习（测量学、水利工程、水文测验学、气象学、自然地理学、地理信息系统与遥感应用课程实习），基础专业课程实验（物理、化学、水力学、自然地理学、水文测验学、水环境化学课程实验），专业课程设计（水文预报、水资源利用、水文分析与计算、水利计算、水环境保护课程设计），专业综合实习和毕业设计（论文）。

1.3.1.6 所含专业方向及特色

根据专业涉及面及知识口径，本专业人才培养不设置专业方向。

1.3.1.7 课程框架及学分要求

课程框架及学分要求见表 1-12。

表 1-12　课程框架及学分要求

<table>
<tr><th colspan="4">课程体系</th><th>课程性质</th><th>学分</th><th>比例/%</th></tr>
<tr><td rowspan="11">理论课程</td><td rowspan="5">通识课程</td><td colspan="2">公共必修课</td><td>必修</td><td>28</td><td>16.4</td></tr>
<tr><td rowspan="4">通识选修课</td><td>自然科学类</td><td rowspan="4">选修</td><td>1</td><td>0.6</td></tr>
<tr><td>人文社科类</td><td>4</td><td>2.3</td></tr>
<tr><td>经济管理类</td><td>2</td><td>1.2</td></tr>
<tr><td>艺术类</td><td>1</td><td>0.6</td></tr>
<tr><td rowspan="2">专业课程</td><td colspan="2">学科基础课</td><td rowspan="2">必修</td><td>39.5（含 1.5 课内实验）</td><td>23.2</td></tr>
<tr><td colspan="2">专业主干课</td><td>38.5（含 1 课内实验）</td><td>22.6</td></tr>
<tr><td rowspan="4">个性课程</td><td colspan="2">专业内选修课</td><td rowspan="4">选修</td><td>13</td><td>7.6</td></tr>
<tr><td rowspan="3">专业外选修课</td><td>跨学科/专业课程</td><td rowspan="3">4</td><td rowspan="3">2.3</td></tr>
<tr><td>国际交流学习</td></tr>
<tr><td>辅修专业</td></tr>
<tr><td colspan="4">实践课程</td><td>必修</td><td>39.5（不含 3.5 课内实验）</td><td>23.2</td></tr>
<tr><td colspan="5">总学分（不含素质拓展学分）</td><td colspan="2">170.5</td></tr>
<tr><td colspan="2" rowspan="6">素质拓展</td><td colspan="2">创新创业</td><td rowspan="3">必修</td><td colspan="2" rowspan="6">共 10 学分，详见《河海大学素质拓展实施办法》</td></tr>
<tr><td colspan="2">社会实践</td></tr>
<tr><td colspan="2">公益活动</td></tr>
<tr><td colspan="2">文艺体育</td><td rowspan="3">选修</td></tr>
<tr><td colspan="2">社会工作</td></tr>
<tr><td colspan="2">其他活动</td></tr>
</table>

1.3.1.8　毕业条件

修完人才培养方案中要求的通识课程、专业课程、个性课程及实践课程，成绩合格，且各部分所得学分均不少于相应规定学分数，累计获得不少于 170.5 学分，同时素质拓展学分获得不少于 10 学分方可毕业；符合河海大学学位授予条件者，可申请授予学士学位。

1.3.2　南京大学

1.3.2.1　课程结构与学分分配

课程结构与学分分配如图 1-1 所示。设有“地下水科学与工程专业”和“水文与水资源工程专业”两个专业。

Ⅰ通识通修课程模块 59 学分 通识教育课、思想政治理论课、军事技能课、分层次通修课	+	Ⅱ学科专业课程模块 45 学分 学科平台课 24 学分 专业核心课 21 学分	+	Ⅲ开放选修课程模块 46 学分 专业选修课，一级学科选修课，跨学科选修课，公共选修课

图 1-1　课程结构与学分分配

（1）通识通修课程模块。包括通识选修课、通识必修课和分层次选修课，共计 59 学分。通识选修素质课 14 学分，包括人文-社科类 8 学分，自然方法类 6 学分。通识必修课 19 学分，包括政治思想课 16 学分，军事理论与技能 3 学分。通识通修课 26 学分，包括大学数学 10 学分，大学外语 8 学分，计算机基础 I 3 学分，计算机基础 II 1 学分，大学体育 4 学分。

（2）学科专业课程模块。

1）学科平台课 24 学分：包括大学化学 8 学分，大学物理 8 学分，普通地质学 4 学分，构造地质学 4 学分。

2）专业核心课 21 学分：地下水科学与工程专业方向：包括水文地质学基础 4 学分，地下水动力学 4 学分，水文地球化学 3 学分，地下水资源勘查与评价 3 学分，土质学与土力学 3 学分，工程地质学 4 学分。

水文与水资源工程专业方向：水力学 3 学分，地下水水文学（水文地质学基础） 4 学分，水文学原理 2 学分，水文预报 2 学分，水环境保护 2 学分，水文统计 2 学分，自然地理学概论 2 学分，气象学概论 2 学分，水资源利用 2 学分。

（3）开放选修课程模块。

1）一级学科选修 22 学分：包括普通地质学实习（指选）3 学分，区域地质测量实习（指选）3 学分，C 语言与程序设计 3 学分，遥感与地理信息系统 3 学分，地球物理基础 3 学分，经济地质学 3 学分，地球化学导论 2 学分，水文地质与工程地质概论 2 学分。

2）专业选修课：地下水科学与工程专业方向：包括数学物理方法（指选）3 学分，概率论与数理统计（指选）3 学分，水力学（指选）3 学分，水环境化学（指选）2 学分，水资源利用 2 学分，水环境保护 3 学分，FORTRAN 语言程序设计 2 学分，地下水数值模拟技术 2 学分，水资源系统 2 学分，环境水文地质学 2 学分，水文地球物理方法 2 学分，包气带水文学 2 学分，水资源规划与管理 2 学分，地质统计学 2 学分，水环境监测 2 学分，污染水文学地质概论 2 学分，水生生态毒理学 2 学分。

水文与水资源工程专业方向：包括数学物理方法（指选） 3 学分，概率论与数理统计（指选） 3 学分，地下水动力学（指选） 3 学分，水文测验与水文水利计算（指选） 3 学分，水环境化学（指选） 2 学分，地下水资源勘查与评价 4 学分，河流动力学 2 学分，水灾害防治 2 学分，工程经济 2 学分，水环境监测 2 学分，FORTRAN 语言程序设计 2 学分，包气带水文学 2 学分，水生生态毒理学 2 学分，随机水文学 2 学分，水资源系统分析 2 学分，水资源规划与管理 2 学分。

3）跨学科选修课程。包括地球系统科学 2 学分，大气科学概论 2 学分，实用地理信息系统 3 学分。

1.3.2.2　课程设置

课程设置见表 1-13 和表 1-14。

表 1-13　课程设置

课程模块	课程分类	课程名称	课程学分
通识通修	通识教育		14
	新生研讨		
	思想政治	马克思主义基本原理概论	3
		思想道德修养与法律基础	3
		毛泽东思想和中国有特色社会主义理论体系概论	6
		中国近现代史纲要	2
		形势与政策	2
	军事理论	军事理论	2
		军训	1

续表

课程模块	课程分类	课程名称	课程学分
通识通修	分层次通修	大学英语	8
		大学数学（层次一）	10
		大学计算机信息技术	2
		大学计算机应用	2
		大学体育	2
	本专业必修/指选学分总数		59

表 1-14　课程设置

课程模块	课程分类	课程名称	课程学分
学科专业	学科平台	大学化学	4
		大学化学实验	2
		大学物理	4
		大学物理实验	2
		C 语言程序设计	5
		普通地质学	4
		构造地质学	4
	专业核心	水力学	3
		水文地质学基础	4
		水文学原理	2
		水文预报	2
		水环境保护	2
		水文统计	2
		自然地理学概论	2
		气象学概论	2
		水资源利用	2
	本专业必修/指选学分总数		53
选修	专业选修	数学物理方法	3
		概率论与数理统计	3
		地下水动力学	5
		水文测验与水文水利计算	3
		水环境化学	2
		地下水资源勘查与评价	4
		河流动力学	2
		水灾害防治	2
		工程经济	2
		遥感与地理信息系统	3
		包气带水文学	2
		水文地球化学	3
		专业英语	2

续表

课程模块	课程分类	课程名称	课程学分
选修	专业选修	随机水文学	2
		水资源系统分析	2
		水资源规划与管理	2
		水环境监测	2
		水生生态毒理学	2
		FORTRAN 语言程序设计	2
		地下水数值模拟技术	2
		水文地球物理方法	2
		地下水污染与防治	2
		同位素水文地质学	2
		地貌及第四纪地质学	3
		地质统计学	2
		环境水文地质学	2
		土质学与土力学	4
		工程地质学	4
		普地实习	3
		区测实习	3
其他	毕业论文设计	毕业实习	2
		毕业论文/设计	4
学分总计		150	

1.3.3 四川大学

课程结构与设置见表 1-15 和表 1-16。

表 1-15 课程结构

学分课程类别	校级平台课程	类级平台课程	专业课程	实践教学环节	选修课	总学分
学分	41	47	24	20	50	182
比例	22.5%	25.8%	13.2%	11.0%	27.5%	100%
必修课总学时		1931	集中实践教学环节		27.5 周	

注：1.在校学生每学期均有“形势与政策”课程，每期合格，毕业时共计 2 学分，届时认定。

2.《中华文化》课程分为《中华文化（文学篇）》《中华文化（历史篇）》《中华文化（哲学篇）》三门课程，学生任选其中一门课程修读合格即可。

表 1-16 专业课程设置

课程类别		课程代码	课程名称	学分	总学时	实验与实践	教学方式	考核方式
必修课	校级平台课程	10731330	思想道德修养与法律基础	3	48		讲授	考试
		10731420	中国近现代史纲要	2	32		讲授	考试
		10731530	马克思主义基本原理	3	48		讲授	考试
		10731660	毛泽东思想、邓小平理论和“三个代表”重要思想概论	6	96	48	讲/习	考试

续表

课程类别		课程代码	课程名称	学分	总学时	实验与实践	教学方式	考核方式
必修课	校级平台课程	90000110	军事理论	1	16	1 周	讲授	考试
		90000210	军训	1	32	2 周	实践	考查
		10547240	大学英语-1	4	64		讲授	考试
		10547340	大学英语-2	4	64		讲授	考试
		10510340	大学英语-3	4	64		讲授	考试
		10510440	大学英语-4	4	64		讲授	考试
		88842810	体育-1	1	32		实践	考查
		88842910	体育-2	1	32		实践	考查
		88801710	体育-4	1	32		实践	考查
		30410920	大学计算机基础	2	36	8	讲/习	考试
		99905220	中华文化（文学篇）	3	48	16	讲授	考试
		99905320	中华文化（历史篇）	3	48	16	讲授	考试
		99905420	中华文化（哲学篇）	3	48	16	讲授	考试
	类级平台课程	20113740	大学数学（Ⅰ）微积分-1	4	80	16	讲/习	考试
		20112630	大学数学（Ⅰ）微积分-2	5	96	16	讲/习	考试
		20128230	大学数学（理工）线性代数	3	58	10	讲/习	考试
		20128430	大学数学（理工）概率统计	3	58	10	讲/习	考试
		20216440	大学物理（Ⅲ）-1	4	64		讲授	考试
		20216530	大学物理（Ⅲ）-2	3	48		讲授	考试
		30210125	现代水利制图（Ⅱ）-1	3	42		讲授	考试
		30210025	现代水利制图（Ⅱ）-2	2	32		讲授	考试
		30538240	理论力学（Ⅲ）	4	64		讲授	考试
		30646820	工程测量	2	36		讲授	考试
		30501035	材料力学（Ⅲ）	4	64		讲授	考试
		30619450	水力学	5	85	10	讲/习	考试
		30646930	工程地质及水文地质	3	48	4	讲/习	考试
		30655620	工程水文	2	32		讲授	考试
	专业课程	30655330	气象学与气候学	3	48		讲授	考试
		30655820	自然地理	2	32		讲授	考试
		30605930	水文学原理	3	48	6	讲/习	考试
		30619520	水文统计	2	32		讲授	考试
		30605730	水文信息与采集处理	3	48	6	讲/习	考试
		30606030	水文预报	3	48	6	讲/习	考试
		30619630	地理信息系统	3	48		讲/习	考试
		30651220	水环境保护	2	32		讲授	考试
		30651320	水资源评价	2	32		讲授	考试
		30651520	水文分析与计算	2	32		讲授	考试
		30651620	水利和水能计算	2	32		讲授	考试

续表

课程类别		课程代码	课程名称	学分	总学时	实验与实践	教学方式	考核方式
必修课	实践环节	20231520	大学物理实验III-1	2	32	32	实验	考查
		30612310	工程测量综合实习	1	24	1.5 周	实践	考查
		30507610	基础力学实验	1	16	16	实验	考查
		30653110	工程地质及水文地质实习	1	16	1 周	实践	考查
		30652510	水文信息采集处理课程设计	1	16	1 周（上机 0.5 周）	实践	考查
		30611510	水文分析与计算课程设计	1	16	1 周（上机 0.5 周）	实践	考查
		30651710	水利和水能计算课程设计	1	16	1 周（上机 0.5 周）	实践	考查
		30611410	水文预报课程设计	1	16	1 周（上机 0.5 周）	实践	考查
		30652610	水资源评价课程设计	1	16	1 周	实践	考查
		30651820	毕业实习	2	48	3 周	实践	考查
		30654180	毕业设计	8	224	14 周（上机 13 周）	实践	考查
选修课	建议选修课	30612010	认识实习	1	16	1 周	实践	考查
		30411120	C 程序设计	2	48	16	讲/习	考查
		30655730	水资源规划与利用	3	48		讲授	考查
		30648010	工程环境影响概论	1	16		讲授	考查
		30647910	水利土木工程概论	1	22		讲授	考查
		20231610	大学物理实验III-2	1	16	16	实验	考查
		20121930	运筹学	3	48		讲授	考试
		30613630	遥感概论	3	48		讲授	考试
		30655730	水资源规划与管理	2	32		讲授	考试
		30604830	水利水电工程基础	3	48		讲授	考查
		30652720	水灾害防治	2	32		讲授	考查
		30649120	地下水水文学	2	32		讲授	考查
		30649520	环境水力学及水质模型	2	32		讲授	考查
		30606320	随机水文学	2	32	上机 8 学时	讲/习	考查
	任意选修课	30801130	大学化学 （Ⅱ）	3	48	12	讲/习	考试
		30611610	水文信息系统综合实验	1	16	16	讲/习	考查
		30647630	水电站建筑物	3	48		讲/习	考查
		30611310	水电站建筑物课程设计	1	16	上机 8 学时	实践	考查
		30609120	科技外语	2	32		讲授	考查
		30620120	工程项目管理（中/英）	2	32		双语讲授	考查
		30610610	现代水动力学实验技术	1	16	16	实验	考查
		30613620	专业外语（Ⅳ）	2	32		讲授	考查
		90204220	信息检索与利用•理工类	2	32	22	讲/习	考查
		30649620	水文流域模型及实时预报	2	32	上机 4 学时	讲/习	考查
		30651420	水文水资源信息系统	2	32		讲授	考查

续表

课程类别		课程代码	课程名称	学分	总学时	实验与实践	教学方式	考核方式
选修课	任意选修课	30601330	工程环境影响评价	3	48		讲授	考查
		30601520	工程经济	2	32		讲授	考查
		30601820	合同管理（中/英）	2	32		双语讲授	考查
		30656330	水土保持学	3	48		讲授	考查
		30655420	环境化学	2	32		讲授	考查
		30529130	环境生态学	3	48		讲授	考查
	素质教育课程		文化素质教育选修课程	4				
	创新教育学分		学校认可的创新教育活动	2				

1.3.4　武汉大学

1.3.4.1　专业培养目标

培养适应经济和社会发展需要的德、智、体等全面发展，具备水文水资源学科的基本理论和基本知识，能力强，素质高，富有创新精神，能在水利、电力、城市水务、交通、环境保护等部门从事水文、水资源及环境保护方面测验、规划、设计、预报、调度及科学研究的高级工程技术和管理人才。

1.3.4.2　专业特色和培养要求

本专业强调水文水资源信息采集与分析计算结合、理论方法与技术应用并重。学生主要学习水文采集及处理、水旱灾害预测及防治、水资源（水电能源）规划、水环境保护、水利水电工程调度与管理及水资源、水环境管理方面的基础理论、专业知识，接受必要的规划、设计、管理和科学研究方法的基础训练，具有分析解决水文、水资源和水环境领域实际问题的基本能力。

毕业生应获得以下几个方面的知识和能力：

（1）掌握数学、力学、计算机科学等方面的基本理论和基本知识。

（2）掌握水文学及水资源学科的基本理论、基本知识和基本实验技能。

（3）具有从事水文信息采集处理、水文分析与预报、水利水能计算、水资源开发利用与水环境保护的规划、设计和科学研究的能力。

（4）了解国家水资源开发利用与保护、水利水电工程建设与管理的有关方针、政策和法规；了解国内外水文水资源学科及相关学科的学科前沿、应用前景和发展趋势。

（5）掌握文献检索、资料查询的基本方法；具有一定的实验设计和实施能力，具有归纳、整理、分析实验结果，撰写报告能力，具有参与学术交流的能力；具有较强计算机应用能力。

（6）较好地掌握一门外语。

1.3.4.3　学制和学分要求

（1）学制：实行弹性学制，基本学习年限为 4 年，最长学习年限为 6 年。学生提前达到毕业要求，可以申请提前毕业。

（2）学分要求：总学分 150。

1.3.4.4 学位授予

授予工学学士学位。

1.3.4.5 专业主干（核心）课程

学科基础课程包括：高等数学、大学物理、普通化学、工程数学、工程制图、工程测量学、理论力学、水力学、工程地质、电工学及电气设备。

专业主干课程包括：材料力学、结构力学、建筑材料、工程水文及水利计算、河流动力学、气象与气候学、水文学原理、地下水、水文信息学、数学规划、水利工程经济、水文预报、水文分析及计算、水资源规划及管理、水资源系统调度、水环境规划及管理等。

1.3.4.6 主要实验及实践性教学要求

主要实验包括：水力学实验、水文测验实验、气象实验、自然地理实验、水质实验等。集中实践性教学环节包括：测量实习、水文实习、认识实习、生产实习、课程设计、毕业设计和社会实践等，其中每门课程设计一般安排 1～2 周，毕业设计一般安排 12 周。

1.3.4.7 毕业生条件及其他必要的说明

修完教学计划规定的课程，德、智、体等各方面达到毕业要求，准予毕业，发给毕业证书。符合武汉大学授予学位要求的，授予工学学士学位。

毕业学分要求：总学分达到 150，其中必修课学分达到 108。选修课学分中，专业基础课选修 23 个学分，专业课选修学分至少达到 7.0，全校通识教育选修课学分不少于 12 个学分。

1.3.4.8 教学计划

教学计划见表 1-17 至表 1-20。全校通识课程见表 1-21 至表 1-25。

表 1-17 主修专业教学计划表（一）

<table>
<tr><th colspan="2" rowspan="2">课程类别</th><th rowspan="2">课程编号</th><th rowspan="2">课 程 名 称</th><th rowspan="2">学分数</th><th rowspan="2">总学时</th><th colspan="4">学时类型</th></tr>
<tr><th>讲课</th><th>实验</th><th>实践</th><th>上机</th></tr>
<tr><td rowspan="9">通识教育课通识</td><td rowspan="8">必修</td><td>0300181</td><td>思想道德修养和法律基础</td><td>3</td><td>54</td><td>54</td><td></td><td></td><td></td></tr>
<tr><td>0300182</td><td>马克思主义基本原理</td><td>3</td><td>54</td><td>54</td><td></td><td></td><td></td></tr>
<tr><td>0600120</td><td>中国近现代史纲要</td><td>2</td><td>36</td><td>36</td><td></td><td></td><td></td></tr>
<tr><td>0100002</td><td>毛泽东思想、邓小平理论和“三个代表”重要思想概论</td><td>6</td><td>108</td><td>108</td><td></td><td></td><td></td></tr>
<tr><td>1200001</td><td>体育</td><td>4</td><td>144</td><td>144</td><td></td><td></td><td></td></tr>
<tr><td>1200005</td><td>军事理论</td><td>1</td><td>18</td><td>18</td><td></td><td></td><td></td></tr>
<tr><td>0500001</td><td>大学英语</td><td>12</td><td>216</td><td>216</td><td></td><td></td><td></td></tr>
<tr><td>0700034</td><td>计算机基础与应用</td><td>4</td><td>72</td><td>72</td><td></td><td></td><td>72</td></tr>
<tr><td>选修</td><td colspan="8">见全校通识教育选修课总表（分为人文科学、社会科学、数学与自然科学、中华文明与外国文化、跨学科领域五大类，学生在每个领域至少选修 2 个学分，总共最低修满 12 个学分。其中人文科学与社会科学类至少修 4 学分。学生选修与本专业重复或相近的课程，不计入通识教育学分。跨领域的课程承认学分。）</td></tr>
<tr><td rowspan="3">专业基础课 I</td><td rowspan="3">必修</td><td>0700667</td><td>大学物理 B （工科类）</td><td>6</td><td>108</td><td>108</td><td></td><td></td><td></td></tr>
<tr><td>0700006</td><td>高等数学 B</td><td>10</td><td>180</td><td>180</td><td></td><td></td><td></td></tr>
<tr><td>0800257</td><td>工程制图</td><td>3.5</td><td>64</td><td>64</td><td></td><td></td><td></td></tr>
</table>

续表

课程类别		课程编号	课　程　名　称	学分数	总学时	学时类型			
						讲课	实验	实践	上机
专业基础课I	必修	0800577	工程测量学	2	36	36			
		0801386	理论力学 A	4	72	72			
		0800267	材料力学	3.5	64	64			
		0800430	水力学	5	90	90			6
	选修8学分	0800317	环境学基础	2	36	36			
		0800286	水利科学技术史	1	18				
		0801421	水利水电概论	1	18				
		0700763	线性代数 D	2	36	36			
		0700019	计算方法	2	36	36			
		0700001	概率论与数理统计 C	3	54	54			
		0700346	微分方程	1.5	28				
		0700522	复变函数与拉氏变换	2.0	36	36			
		0800284	信息系统与数据库	1.5	28	28			6
		0800303	计算机辅助设计	2	36	36			6

表1-18　主修教学计划表（二）

课程类别		课程编号	课　程　名　称	学分数	总学时	学时类型			
						讲课	实验	实践	上机
专业基础课II	必修课	0800310	数学规划	3	54	54			6
		0800309	水文信息学	2	36	36			
		0800311	水文学原理	2	36	36			6
		0800321	气象与气候学	2	36	32	4		
		0801412	水文学（水文预报）	2.5	46	46			
		0801414	水资源学（水利水能计算）	2	36	36			
		0801416	水环境学（水环境模型）	2	36	36			
	选修课	0800347	工程地质及水文地质	2	36	30	6		
		0801419	水质监测与分析	1.5	28	18	10		
		0800287	结构力学	2	36	36			
		0800290	钢筋混凝土结构	2	36	36			
		0800292	水工建筑物	2	36	36			
		08001185	电工学及电气设备	2	36	36			
		0800795	工程经济	2	36	36			
		0800319	河流动力学	2	36	36			
		08001184	地下水文学	2	36	36			
		0801420	水文统计*	2	36	36			
		0500446	专业英语	1.5	28	28			
专业课	必修课	0801413	水文学（水文分析与计算）	2	36	36			
		0801415	水资源学（水资源规划与管理）	3	54	54			
		0801417	水环境学（水环境评价与规划）	3	54	54			
		08001265	水资源系统运行调度	2	36	36			
	选修7学分	0801155	流域水文模型	1	18	18			6
		0801156	中长期水文预报	1	18	18			
		08001267	随机水文学	2	36	36			6
		0800316	水灾害学	2	36	36			
		0801103	软件开发技术	1.5	28	28			6

续表

课程类别		课程编号	课　程　名　称	学分数	总学时	学时类型			
						讲课	实验	实践	上机
专业课	选修7学分	08001183	地理信息系统	2	36	36			6
		0801583	水库调度自动化	1.5	28	28			
		0800355	水利工程管理	1.5	28	28			
		0801584	水电站与水轮机	1.5	28	28			

表 1-19　主修教学计划表（三）

课程类别	课程编号	课　程　名　称	学分数	总学时	学时类型			
					讲课	实验	实践	上机
集中实践教学	0801422	大学物理实验	1.5	54		54		
	0800283	水力学实验	0.5	12				12
	08001205	工程测量学实验	1	36		36		
	0800283	水力学实验	0.5	18		18		
	1300037	生产劳动		2 周				
	0801476	能力训练	0.5	2 周				
	1300320	测量实习	0.5	1 周				
	1300079	认识实习	0.5	1 周				
	1300115	水文测验实习	0.5	1 周				
	1300480	工程地质及水文地质	0.5	1 周				
	1300390	水文预报课设	0.5	15周				
	1300481	水能水利计算课设	0.5	1 周				
	1300312	水文分析与计算课程设计	0.5	1 周				
	1300033	水利工程经济课程设计	0.5	1 周				
	1300482	水资源规划与管理课设	0.5	15周				
	1300483	水环境评价与规划课设	0.5	15周				
	1300327	水资源系统调度课设	0.5	1周				
	1300066	生产实习	1	2 周				
	1300400	毕业论文或设计	4	≥12 周				

毕业应取得总学分 150 其中必修课程学分 109	
	通识教育课程必修学分 35，占总学分 23%
	专业基础（院级平台）课程 I 必修学分 34，占总学分 23%
	专业基础课程 II 必修学分 15.5，占总学分 10%
	专业课程必修学分 10，占总学分 7%
	累计实践教学环节 19 学分，其中毕业设计或毕业论文 4 学分
	选修课程学分≥42，占总学分 28%，其中通识教育课程学分≥12，专业基础课程选修学分≥23，专业课程选修学分≥7

注：1.军事理论课 18 学时，实践内容归入军事训练；2.计算机基础与应用上机 72 学时统一安排在课外。

2.通识教育选修课 12 个学分，建议在第一至第五学期完成，大致每个学期 2—3 个学分。推荐第一学期选修大学语文（或应用写作）、第二学期选修普通化学。

3.学科基础选修课中，至少选修 8 个学分。其中概率论与数理统计为水文与水资源工程专业学生应该修习的课程。第四学期选修水利水电概论，对于了解和选择专业有帮助。

4.力学实验：包括理论力学实验 4 学时，材料力学实验 6 学时，结构力学实验 2 学时。对于水文与水资源工程专业学生，如果未选修结构力学，完成理论力学实验和材料力学实验，即可取得相应学分。

5.能力训练：包括社会实践，大学生业余科研、创新训练，相关竞赛，及其他学院开设的电工训练、工程训练。学生需提交调查报告、科研报告、总结报告。学院审核后，登录相应学分。

6.如果没有选修概率论与数理统计，则必须修习水文统计。

7.根据第 8 学期周数，毕设周数按实际周数算，但不得少于 12 周，也可以将第 7 学期的课程设计安排在第 8 学期。

表 1-20　辅修与双学位培养方案

课程名称	学分	
	辅修专业教学计划	双学位教学计划
水文信息学	2	2
水力学	5	5
数学规划	3	3
水文学原理	2	2
水文预报	2.5	2.5
水文分析及计算	2	2
水利水能计算	2	2
水资源规划及管理	3	3
水环境模型	2	2
水环境评价与规划	3	3
工程经济		2
工程地质与水文地质		2
工程制图		3.5
工程测量学		2
河流动力学		2
气候与气象学		2
地下水文学		2
水资源系统运行调度		2
毕业论文		必作，无学分
总　计	学生必须修满 25 学分	学生必须修满 45 学分

注：辅修或攻读本专业双学位须完成以下先导课程：高等数学（工科）、理论力学。

表 1-21　全校通识课程-人文科学领域

序号	课程名称	学时/学分	序号	课程名称	学时/学分
1	大学语文	36/2	18	后现代主义文化思潮	18/1
2	写作	36/2	19	逻辑学导论	36/2
3	佛教与中国文学	18/1	20	人文科学概论	36/2
4	涉外秘书	18/1	21	美学概论	36/2
5	文学原理	18/1	22	伦理学	36/2
6	普通话正音	18/1	23	实用商务英语	18/1
7	现代汉语研究	18/1	24	英语演讲艺术	18/1
8	当代大众文化	18/1	25	英美语言与文化	18/1
9	20 世纪中外文学名著鉴赏	18/1	26	学术英语写作	18/1
10	中国新诗鉴赏	18/1	27	电视节目导论	18/1
11	小说美学六讲	18/1	28	摄影艺术与摄影流派	18/1
12	文化研究导论	18/1	29	音乐欣赏	36/2
13	中国现当代文学名著欣赏	18/1	30	东方电影	18/1
14	简明中国史	36/2	31	中外舞蹈名作欣赏	18/1
15	简明世界史	36/2	32	舞蹈形体与气质培养	18/1
16	西方当代人文主义哲学主流	18/1	33	世界经典电影欣赏	18/1
17	宗教学导论	18/1	34	中国历代禁书概览	36/2

续表

序号	课程名称	学时/学分	序号	课程名称	学时/学分
35	书法赏析	36/2	40	中国教育名著导读	18/1
36	文化遗产与旅游	18/1	41	书法知识	18/1
37	国际商务函电	18/1	42	中外大学史话	18/1
38	体育欣赏	18/1	43	古籍鉴赏	18/1
39	孙子兵法研究与应用	36/2	44	武汉大学校史	18/1

表 1-22　全校通识课程-社会科学领域

序号	课程名称	学时/学分	序号	课程名称	学时/学分
45	演讲与口才	36/2	65	社会转型与转型社会	36/2
46	表达与沟通	18/1	66	法律理念与法律意识	36/2
47	社会心理学	36/2	67	环境与资源保护	18/1
48	马克思主义与当代西方社会思潮	18/1	68	宪法基本原理	18/1
49	交流技巧	18/1	69	劳动权利保护法	18/1
50	电子商务与电子政务	36/2	70	当代环境法的理论与实践	18/1
51	网络信息检索	18/1	71	知识产权法	18/1
52	知识经济与知识产权	18/1	72	文化人类学	36/2
53	国家公务员与公务员录用制度	18/1	73	城市与城市社会	18/1
54	企业竞争情报	18/1	74	公共行政理论与实务	36/2
55	项目管理	18/1	75	当代国际关系与中国外交	36/2
56	经济学原理	18/1	76	当代中国社会问题透视	36/2
57	现代实用会计	18/1	77	西方政治制度	36/2
58	管理沟通	18/1	78	当代中国政治制度	36/2
59	市场经济模式概览	18/1	79	公共经济学	18/1
60	管理学原理	36/2	80	循环经济的理论与实践	18/1
61	中国经济改革与发展	36/2	81	赔偿医学	18/1
62	管理科学理论与方法	18/1	82	司法实践	18/1
63	水资源经济	18/1	83	国际商务规则与实战技巧	18/1
64	国际法与国际组织	36/2	84	中国教育发展史	18/1

表 1-23　全校通识课程-数学与自然科学领域

序号	课程名称	学时/学分	序号	课程名称	学时/学分
86	网站设计与开发	18/1	95	化学与社会	36/2
87	博弈论	36/2	96	大学化学实验	18/1
88	科学技术史	36/2	97	生命科学导论	36/2
89	数学精神与方法	36/2	98	病毒与生命	18/1
90	材料科学	36/2	99	生物技术导论	18/1
91	20 世纪物理学	36/2	100	生物多样性与保护生物学	18/1
92	激光原理与应用	18/1	101	遗传与遗传工程	18/1
93	纳米科技的基础和应用	18/1	102	多媒体电子地图技术与应用	18/1
94	人类生存发展与核科学	18/1	103	遥感影像的多学科应用	18/1

续表

序号	课程名称	学时/学分	序号	课程名称	学时/学分
104	趣谈地图	18/1	126	恶意软件（病毒）的分析与防范	18/1
105	产业生态学	18/1	127	自然计算方法导论	18/1
106	水能利用概论	18/1	128	信息安全概论	18/1
107	工程项目管理	18/1	129	上网安全与信息安全意识	18/1
108	水安全与水管理	18/1	130	计算机网络工程设计与实践	18/1
109	水务管理	18/1	131	智能问题求解方法	18/1
110	人居环境与绿色建材	18/1	132	宇宙新概念	36/2
111	地下空间的开发和利用	18/1	133	光信息科学与技术	18/1
112	水利工程现代化技术	18/1	134	数字媒体传播基础	18/1
113	水力发电工程	18/1	135	机器人概论	18/1
114	绿色电力	18/1	136	生殖健康	18/1
115	电与电能	18/1	137	常见疾病防治	18/1
116	实验设计与数据处理	18/1	138	食源性寄生虫病	18/1
117	土木工程概论	18/1	139	急救医学	18/1
118	交通运输与区域经济	18/1	140	急救知识	18/1
119	核电站与环境安全	18/1	141	饮食营养与慢性疾病	18/1
120	地下空间与未来世界	18/1	142	生物恐怖与生物安全	18/1
121	工程建设与环境协调	18/1	143	谈医论药	18/1
122	安全工程基础	18/1	144	口腔保健	18/1
123	材料防护与资源效益	18/1	145	多媒体应用与开发基础	18/1
124	人机工程学基础及应用	18/1	146	计算机常用工具软件的使用	18/1
125	Internet 应用及安全	18/1			

表 1-24　全校通识课程-中华文明与外国文明领域

序号	课程名称	学时/学分	序号	课程名称	学时/学分
147	中国文化概论	36/2	161	康德黑格尔哲学	18/1
148	中国文学简史	36/2	162	日本文化与日本民族	18/1
149	汉字与中国文化	18/1	163	世界文学名著导读	36/2
150	中国山水文化	18/1	164	圣经与西方艺术（双语教学）	18/1
151	德国现代化	18/1	165	俄罗斯社会与文化	18/1
152	阿拉伯世界的历史、现状与前景	18/1	166	唐诗宋词欣赏	36/2
153	世界文化与自然遗产	18/1	167	中外戏剧文化精粹	18/1
154	美国历史与文化	18/1	168	中华民间文艺与戏曲民俗	18/1
155	英国文化	18/1	169	戏剧艺术鉴赏与校园戏剧导论	18/1
156	中国古代数术文化	18/1	170	民族文化与中国民族民间舞蹈	18/1
157	西方美术鉴赏	36/2	171	《四库全书》与中国文化	18/1
158	中国哲学智慧	36/2	172	中国艺术精神	18/1
159	西方文化概论	36/2	173	中国的世界遗产赏析	18/1
160	西方哲学史	36/2	174	世界著名大坝赏析	18/1

续表

序号	课程名称	学时/学分	序号	课程名称	学时/学分
175	中国美术鉴赏	36/2	179	现代奥林匹克文化	18/1
176	中外名城赏析	18/1	180	原始儒家精义	18/1
177	建筑与音乐	18/1	181	战争史	18/1
178	中国乡土建筑赏析	18/1	182	易经与中国文化	18/1

表 1-25 全校通识课程-跨学科领域

序号	课程名称	学时/学分	序号	课程名称	学时/学分
183	社交礼仪	36/2	209	全球气候变化与水资源	18/1
184	科技革命与世界发展	36/2	210	水与人类生存	18/1
185	人类生存环境与考古	18/1	211	大学生专利设计与实践	18/1
186	女大学生形象设计	18/1	212	房地产概论	18/1
187	现代标准化与质量管理	18/1	213	建筑美学	36/2
188	创业学	36/2	214	趣味素描	18/1
189	性与社会	36/2	215	产品设计	18/1
190	公共关系学	36/2	216	水质与社会发展	18/1
191	领导学	36/2	217	能源与可持续发展	18/1
192	创新思维技巧训练	18/1	218	动漫画基础	18/1
193	大学生求职方法与技巧	18/1	219	艾滋病防治	18/1
194	领导心理学	18/1	220	人体生理学与心身健康	18/1
195	健康教育学	18/1	221	生命科学与人类文明	18/1
196	人文化学	18/1	222	健康心理学	18/1
197	生态设计与技术	18/1	223	大学生心理健康	18/1
198	资源环境与可持续发展	36/2	224	大学生健康	36/2
199	地图历史与文化	18/1	225	现代生活方式与健康	18/1
200	全球变化与环境导论	18/1	226	食品安全与人体健康	18/1
201	能源与环境	18/1	227	大学生健康与保健	18/1
202	自然灾害与防灾减灾	18/1	228	专利信息与发明创新	18/1
203	围棋思维与文化	18/1	229	大学生学习方法	18/1
204	西北地区水资源与生态环境	18/1	230	大学生与大学发展	18/1
205	水资源保护与可持续发展	18/1	231	大学文化与大学精神	18/1
206	装饰材料与居住文化	18/1	232	教育社会学	18/1
207	河流概论	18/1	233	大学生职业规划与就业指导	18/1
208	水土流失与水土保持	18/1	234	KAB 创业基础	36/2

1.3.5 吉林大学

1.3.5.1 培养目标

培养适应经济社会发展需求，全面掌握水资源和水环境方面的知识和技能，实践能力强、综合素质高，敢于创新、善于合作，能在水利、水务、能源、交通、城建、农林、环保、国土等部门从事与水资源有关的勘测、评价、规划、设计、预测预报、科研和管理等方面的高级专门人才。

1.3.5.2　培养要求

本专业学生主要学习水文学、水资源及水环境等方面的基本理论和基本知识，接受科学测量、科学运算、实验和测试等方面的基本训练，掌握水文学、水资源及水环境等方面的专业基础知识与基本技能，并具备运用所学知识与技能分析解决实际问题、开展科学研究和从事管理工作的基本能力。

毕业生应获得以下几方面的知识和能力：

（1）掌握数学、物理、化学、地学、水文学及水资源学科的基本知识，具备外语、计算机、文献检索、科研方法和科技论文写作等工具性知识。

（2）掌握水文信息采集与处理、水文预报、水文水利计算、水灾害评估与防治、水资源评价规划与管理、水环境评价与保护的基本方法，掌握测量、制图等基本技能。

（3）具有从事水资源与水环境方面勘测、评价、规划、设计、预测预报、管理决策的基本能力。

（4）熟悉国家和地方涉水的有关方针、政策和法律法规。

（5）了解水文水资源、水环境和水生态领域的行业需求和发展动态。

（6）具有初步的科学研究能力。

（7）具有较好的人文社会科学素养、较强的社会责任感和工程职业道德。

（8）具有团队合作精神、终身学习和适应发展的能力。

（9）具有一定的国际视野和国际合作交流能力。

1.3.5.3　主干学科及主要课程

主干学科：水利工程、地球科学。

核心知识领域：包括水资源评价、开发利用与管理，水环境保护。

核心课程：包括水力学、水文学原理、水文预报、水文统计学、水文测验与调查、水文水利计算、水文地质学基础、地下水动力学。

主要实践性教学环节：包括课程实习、课程设计、认识实习、教学实习、生产实习和毕业设计（论文）。

主要专业实验：包括水力学实验、水文学实验、水分析化学实验、水文地质学基础实验、地下水动力学实验等。

1.3.5.4　毕业合格标准

（1）具备良好的思想道德和身体素质，符合学校规定的德育和体育标准。

（2）通过培养方案规定的全部教学环节，达到本专业要求的总学分及各环节所要求的学分：总学分达到不低于203学分。其中理论教学159学分，实践教学36学分，课外培养计划8学分。

1.3.5.5　课程设置

课程结构见表1-26，课程设置见表1-27和表1-28，实践教学环节安排见表1-29。

表1-26　课程结构

纵向结构	学时	百分比/%	学分	百分比/%	横向结构	学时	百分比/%	学分	百分比/%
普通教育课程	1464	53.5	79.5	50	必修课	1368	50	73.5	46.2
					其中含实验	214	15.6		

续表

纵向结构	学时	百分比/%	学分	百分比/%	横向结构	学时	百分比/%	学分	百分比/%
普通教育课程	1464	53.5	79.5	50	选修课	96	3.5	6	3.8
					其中含实验				
学科基础课程	728	26.6	45.5	28.6	必修课	488	17.8	30.5	19.2
					其中含实验	88	18.0		
					选修课	360		15	9.4
					其中含实验	38	10.6		
专业课	480	17.5	30	18.9	必修课	272	9.9	17	10.7
					其中含实验	34	12.5		
					选修课	424		13	8.2
					其中含实验	54	12.7		
专业拓展课	64	2.4	4	2.5	选修课	64	2.4	4	2.5
小计	2736	100	159	100	合 计	2736	100	159	100
					必修课	2128	77.7	121	76.1
					其中含实验	340	16		
					选修课	944		38	23.9
					其中含实验	92	9.7		
实践教学环节	36 学分				课外培养计划	8 学分		合计	203 学分

注：实验课包括：课间实习、实验、课程设计等教学内容。学科基础课及专业教育课选修课统计开课能力。普通教育课程模块选修课程实验学时未作计算。

表 1-27　教学计划及其进程表（一）

课程类别	课程性质	课程代码	课程名称	学分	考核性质	总学时	实验学时	建议修读学期及学分分配								备注
								1	2	3	4	5	6	7	8	
普通教育课	必修课	251001	思想道德修养与法律基础	2.5	考试	36		2.5								课外 12
		251002	马克思主义基本原理概论	2.5	考试	40			2.5							课外 8
		251003	中国近现代史纲要	2	考试	30			2							课外 2
		251004	毛泽东思想与中国特色社会主义理论体系概论	4	考试	60				4						课外 36
		251005	形势与政策Ⅰ	1	考查	16		1								课外 16
		251006	形势与政策Ⅱ	1	考查	16					1					课外 16
		911001-4	体育Ⅰ-Ⅳ	4	考查	120		1	1	1	1					
		162007-10	大学英语 BⅠ-Ⅳ	12	考试	246	64	3	3	3	3					
		922001	大学计算机基础	3.5	考试	64	16	3.5								
		922002	C 语言程序设计基础	3.5	考试	64	16		3.5							
		931004	高等数学 BⅠ	5	考试	88		5								+习题 16
		931005	高等数学 BⅡ	5	考试	88			5							+习题 16
		933037	数学实验Ⅰ	0.5	考查	14	14	0.5								
		933038	数学实验Ⅱ	0.5	考查	14	14		0.5							
		933039	数学实验Ⅲ	0.5	考查	10	10		0.5							
		933040	数学实验Ⅳ	0.5	考查	10	10			0.5						
		931011	线性代数 B	3	考试	54			3							+习题 12
		931014	概率与数理统计 B	4	考试	64				4						+习题 12

续表

课程类别	课程性质	课程代码	课程名称	学分	考核性质	总学时	实验学时	建议修读学期及学分分配								备注
								1	2	3	4	5	6	7	8	
普通教育课	必修课	941005	大学物理 B Ⅰ	4	考试	64			4							加习题 8
		941006	大学物理 BⅡ	4	考试	64				4						加习题 8
		943007	大学物理实验 B Ⅰ	1	考查	28	28			1						
		943008	大学物理实验 BⅡ	0.5	考查	26	26				0.5					
		931027	数学物理方法 A	5	考试	80					5					
		952002	普通化学及实验 B	3	考试	48	8	3								
		901001	军事理论	1	考试	16		1								+16 分散进行
			小计	73.5		1368	214	17	25	21	10.5					
	选修课	要求在 7 大类普通教育公选课中选修 6 学分（大学生职业发展与就业创业指导Ⅰ.Ⅱ列为方法与技术类核心课，必选）														

表 1-28　教学计划及其进程表（二）

课程类别	课程性质	课程代码	课程名称	学分	考核性质	总学时	实验学时	建议修读学期及学分分配								备注
								1	2	3	4	5	6	7	8	
学科基础课	必修课	612018	地质学基础 AI	5	考试	80	24	5								
		612019	地质学基础 AII	3	考试	48	8		3							
		612051	地貌学与第四纪地质学 B	2	考试	32	6				2					
		642015	水力学	4	考试	64	10			4						
		642016	水文学原理	3.5	考试	56	8					3.5				
		642003	水文地质学基础 A	3	考试	48	8				3					
		641016	河流动力学	2	考试	32						2				
		642004	地下水动力学 A	4	考试	64	14					4				
		642017	水环境化学	4	考试	64	10					4				
			小计	30.5		488	88	5	3	4	5	13.5				
	选修课	641010	水文统计学*	2	考试	32						2				需修读 15 学分
		642007	水分析化学与实验*	3	考试	48	16				3					
		641015	水利水电工程概论*	2	考试	32							2			
		622005	工程测量学 B*	2.5	考试	40	10				2.5					
		632001	工程制图 B*	2.5	考试	40	8					2.5				
		641009	环境学导论	2.5	考试	40		2.5								
		641017	自然地理学 C	2	考试	32			2							
		641008	水资源概论	2	考试	32		2								
		641018	水文气象学	2	考试	32					2					
		642006	地下水溶质运移理论	2	考试	32	4						2			
			小计	225		360	38	45	2		75	45	4			
专业教育课	必修课	641019	水文水利计算	4	考试	64							4			
		642042	专门水文地质学	4	考试	64	6							4		
		641020	水文测验与调查	3	考试	48							3			
		642012	水文预报	3	考查	48	24							3		
		642010	水环境监测与评价	3	考试	48	4						3			
			小计	17		272	34						10	7		

续表

课程类别	课程性质	课程代码	课程名称	学分	考核性质	总学时	实验学时	建议修读学期及学分分配								备注
								1	2	3	4	5	6	7	8	
专业教育课	选修课	642008	地下水数值模拟*	3	考查	48	16								3	需修读13学分
		641014	水资源专业英语*	3	考试	48							3			
		641021	水文与水利计算课程设计*	1	考查	16									1	
		642018	水环境污染修复	3	考试	48	16						3			
		631003	工程地质学 A	3	考试	48						3				
		642019	水资源规划与管理	2	考试	32	4							2		
		641022	水土保持	1.5	考试	24								1.5		
		641023	湖泊湿地水文学	2	考试	32							2			
		642044	环境同位素水文地质	3	考试	48	4						3			
		642013	地理信息系统 B	2	考查	32	10							2		
		622007	遥感地质学 B	2	考试	32	4					2				
		645001	水资源专题讲座	1	考查	16									1	
			小计	26.5		424	54					5	11	5.5	5	
专业拓展课		地学部专业拓展课修读 4 学分														

表 1-29　实践教学环节安排表

实践环节类别	实践环节编号	实 践 环 节 名 称	学分	周数	建议修读学期
大类共同环节	906001	入学教育	0	1	1
	906002	军事训练	3	3	1
	906003	公益劳动	1	1	1~6
	906004	毕业教育	0	1	8
	648001	环境与资源学院课外实践	8		1~8
专业实践环节	644021	水资源认识实习	2	2	2
	614074	地质学基础教学实习 A	6	6	4
	644023	水资源生产实习	8	8	6
	644024	水资源毕业设计（论文）	16	16	7~8
小计			44	38	

1.3.6　西安理工大学

1.3.6.1　培养方案

（1）业务培养目标。培养适应社会主义现代化建设需要，德、智、体、美全面发展，具有扎实的自然科学、人文科学基础，具备计算机、外语的应用技能，掌握水文、水资源及水环境等方面专业基本知识与技能的高级专门人才。能在水利、水务、能源、交通、城市建设、农林、环境保护、地质矿产等部门从事水文、水资源及水环境方面勘测、评价、规划、设计、预测预报和管理等工作以及相应的教学和科学研究。

（2）业务培养要求。本专业学生主要学习水文测验、水旱灾害预测及防治、水资源利用、水环境评价和保护、水污染控制、水利工程规划设计和运行管理中水文水利计算、水生态等方面基本理论和基本知识，获得工程测量、科学运算、实验和测试等方面基本训练，具有应用所学专业知识分析解决实际问题、科学研究、组织管理的基本能力。

毕业生应获得以下几方面的知识和能力：

1）掌握数学、物理、化学、自然地理学、水力学、气象学、水文学等方面基础理论和基础知识。

2）掌握水文分析与计算、水文测验、水资源利用、水资源规划与管理、水文预报及水环境评价与保护的基本方法。

3）具有从事水资源工程规划、勘测、设计和管理的基本能力。

4）熟悉国家相关的方针、政策和法规制度。

5）了解水文学、水资源及水环境的发展动态。

6）掌握文献检索、资料查询的基本方法，具有初步的科学研究和实际工作能力。

（3）主干学科。水利工程、地球科学、环境科学与技术。

（4）主要课程。主要课程：包括水力学、自然地理学、气象学、水文学原理、水文统计、地下水水文学、水资源利用、水环境保护、河流动力学、水环境化学、水文测验、水文预报、工程经济、水文水利计算等。主要实践性教学环节：包括工程制图、课程实验、课程实习（工程测量、水文实习、水文测验、水文气象）、专业实习（认识实习、生产实习）、课程设计、毕业设计等。主要专业实验：包括水力学实验、气象学实验、水文学原理实验、地下水水文学实验、水文地质及工程地质实验。相近专业：包括水利水电工程、环境工程、水务工程、地理学专业。

（5）学制与学位。学制：四年，修业年限为 3 ~ 6 年。学位：工学学士学位。

（6）毕业学分要求。本专业学生毕业最低学分要求为：192.5 分，其中包括：①必修课 162.5 个学分；②院级选修课 18 个学分；③校级选修课 12 个学分，其中非英语专业的学生须至少选择 3 个学分的大学英语系列课程，工学类专业学生至少应修满 6 个学分的 A（人文社科）类课程。

必修课中有 12.5 个学分为不计费学分，不收学费，但必须完成。包括思政课 6 个课外学分，创新学分 2 学分，入学教育、社会实践、公益劳动、毕业鉴定四门课共 4.5 学分。

1.3.6.2　课程设置

课程设置见表 1-30。

表 1-30　课程设置

课程分类	课程代码	课 程 名 称	学分	学 时 数				
				共计	讲课	上机	实验	实践周数
必修课程								
公共基础课	11110250	思想道德修养和法律基础	2.5	56	56			
	07100310	中国近现代史纲要	1	32	32			
	07100430	马克思主义基本原理	2	48	48			
	07100850	毛泽东思想和中国特色社会主义理论体系概论*	3	72	72			
	11100030	军事理论	0.5	16	16			
	10100010	体育（1）	1	30	30			
	10100020	体育（2）	1	30	30			
	10100030	体育（3）	1	30	30			

续表

课程分类	课程代码	课程名称	学分	学时数				
				共计	讲课	上机	实验	实践周数
公共基础课	10100040	体育（4）	1	30	30			
	07100980	英语A（1）	4	64	64			
	07100990	英语A（2）	4	64	64			
	07101000	英语A（3）	4	64	64			
	07101010	英语A（4）	4	64	64			
	08100012	高等数学B（上）	5.5	88	88			
	08100022	高等数学B（下）	6	96	96			
	08100030	线性代数	2.5	40	40			
	08100052	概率论与数理统计B	3	48	48			
	08100541	大学物理A（上）	3.5	56	56			
	08100551	大学物理A（下）	4	64	64			
	08112690	物理实验（一）	1	30			30	
	08112700	物理实验（二）	1	30			30	
	09100020	C语言程序设计	3.5	56	36	20		
	12110054	工程训练D	2					2周
	11100040	入学教育	0.5					0.5周
	11100350	军训	0.5					2.5周
	11100060	公益劳动	1					1周
	11100070	社会实践	2					2周
	11100080	毕业鉴定	1					1周
	11110180	创新学分	2					
	11110190	安全教育		6				
	11110200	形势与政策		32				
	11100031	军事理论课外学时		10				
	11100251	思想道德修养和法律基础课外学时	1	8				
	07100311	中国近现代史纲要	1	8				
	07100431	马克思主义基本原理	1	8				
	07100301	毛泽东思想和中国特色社会主义理论体系概论	3	32				
	公共基础课小计		74	1212	1028	20	60	9周
专业基础课	08100560	工程图学基础（工）	2.5	40	40			
	08100640	水利工程制图及CAD	3	48	38	10		
	06114800	自然地理学	3	48	48			
	06114810	自然地理学实习（水文）	1					1周

续表

课程分类	课程代码	课 程 名 称	学分	学 时 数				
				共计	讲课	上机	实验	实践周数
专业基础课	08100190	工程力学	5	80	76		4	
	06110802	水力学 B	4.5	72	64		8	
	06114060	工程测量学	2.5	40	18	6	16	
	06114070	工程测量学实习	2					2 周
	06112390	气象学	2	32	28		4	
	06112400	水文学原理	3	48	44		4	
	06110980	水文学原理课程设计	1					1 周
	06110092	水利工程概论 B	2	32	32			
	06114820	水文统计	3	48	48			
	06115290	认识实习（水文）	2					2 周
	06114830	地下水水文学	2.5	40	36		4	
	06114840	运筹学	2	32	28	4		
	06114850	水环境保护	2	32	32			
	06112430	水文测验	2	32	24		8	
	06112440	水文测验教学实习	1					1 周
	06112450	水文预报	2	32	32			
	水院	水文预报课程设计	2					2 周
	专业基础课小计		50	656	588	20	48	9 周
专业课	06110940	河流动力学	2	32	26		6	
	06113070	工程地质及水文地质	2	32	28		4	
	06112470	水资源利用	3	48	48			
	水院	水资源利用课程设计	2			6		2 周
	06112490	水文水利计算	3	48	44	4		
	06114870	水文水利计算课程设计	2					2 周
	水院 d	水环境化学	2.5	40	34		6	
	水院	水电能源利用与管理	2	32	32			
	06114890	生产实习（水文）	3					3 周
	06112540	毕业设计（水文）	17			150		17 周
	专业课小计		38.5	232	212	160	16	24 周
选课课程								
院级选修课	06191410	地理信息系统▲	2	32	28	4		
	06192040	水灾害防治▲	2	32	32			
	06192050	水利经济▲	2	32	32			
	水院	水利经济课程设计▲	2			4		2 周
	06190410	环境影响评价▲	2	32	32			
	水院 a	环境影响评价课程设计▲	1					1 周
	水院 e	节水管理与技术	2	32	32			
	06190600	水利类专业英语	2	32	32			

续表

课程分类	课程代码	课程名称	学分	学时数				
				共计	讲课	上机	实验	实践周数
院级选修课	06191130	水土保持概论▲	2	32	32			
	06191140	水政与水法	1.5	24	24			
	水院 b	生态学基础	2	32	32			
	水院 c	工程造价	2	32	28	4		
	06190090	科技英语	1.5	24	24			
	06190650	监理概论	1.5	24	24			
	06192330	电工学及电气设备	2.5	40	36		4	
	06190610	建设项目管理	2	32	32			
	院级选修课小计		30	432	420	12	4	3 周
注：院级选修课应至少选够 18 个学分。以上所列课程中标▲的为本专业推荐的院级选修课。选修本学院其他专业的专业课及专业基础课，也可作为自己院级选修课的学分								
校级选修课	09100221/09100222	大学计算机基础（A 或 B）	2.5	40	20	20		
	08100600	工程化学▲	2	32	32			
	08100610	大学化学基础实验▲	0.5	15			15	
	11100330	大学生职业生涯规划与就业指导▲	1.5	24	24			
	11100110	计算机信息检索▲	1.5	24	16	8		
注：校级选修课应从校管选修课平台至少选够 12 个学分，以上所列课程中标▲的为本专业推荐的校级选修课。其中至少 6 个学分为 A（人文社科）类。以上所列课程为本专业推荐的校级选修课。选修其他学院的课程，也可作为自己校级选修课的学分								
学分学时统计								
必修课			162.5	2100	1828	200	124	42 周
院级选修课			18	288				
校级选修课			12	240				
总计			192.5	2628				

1.3.7 长安大学

1.3.7.1 培养目标

本专业培养适应我国社会主义现代化建设需要，德智体全面发展、具有良好科学素养、基础扎实、计算机应用能力强，能够在水利、能源、地矿、交通、城市建设、农林、环境保护等部门从事地下水与地表水资源的勘测、规划、设计、施工、管理等方面工作，并具有从事本专业教学和科研能力的高级工程技术人才。

1.3.7.2 培养要求

（1）热爱社会主义祖国，拥护中国共产党的领导，具有为国富强而艰苦奋斗的精神；具有实事求是、独立思考、勇于创新的科学精神；具有共产主义道德品质，服从组织分配，积极为社会主义现代化建设服务。

（2）具有扎实的数学、物理、水力学、工程水文学、水文地质学、环境科学及计算机应用方面基础，能够从事水资源的勘测、评价、开发利用、水利工程规划、设计、施工与管理、水环境监测及水环境保护等方面的实际工作，并具有较强的独立工作能力。

（3）较熟练地掌握一门外语，具有阅读和翻译本专业外文资料的能力，并在技术文件书写、听力和口语方面得到基本训练。

（4）具有较强的自学能力和严谨的治学态度，具有初步的科学研究、科技开发能力和组织管理能力，具有较强的计算机应用能力。

（5）了解体育运动的基本知识，初步掌握锻炼身体的基本技能，养成科学锻炼身体的习惯，身体健康，达到大学生体育合格标准。

1.3.7.3　主干学科

水利工程、环境科学与技术。

1.3.7.4　主要课程

主要课程包括水力学、工程水文学、气象学与气候学、水质分析、环境生态学、地下水动力学、流域水资源信息系统、水文地质学基础、水资源勘察与评价、水利水能规划、城镇供排水、水资源系统分析、水资源工程经济、工程地质学、水资源综合利用。

1.3.7.5　主要实践性教学环节

水利水能规划课程设计：安排在第七学期，时间为 1 周。要求学生能够掌握确定水库的兴利库容、防洪库容、总库容及相应的水位和大坝高度的方法，并能够确定不同泄洪方式下泄水建筑物的主要尺寸和位置。水资源勘察与评价课程设计：安排在第七学期，时间为 1 周。通过该课程设计的锻炼，要求学生掌握水资源勘察的基本手段和方法，并且能够根据具体条件，针对不同的实际问题，采取适宜的方法对水资源进行合理的评价，从而对学生的实际工作能力进行初步的锻炼。水污染控制课程设计：安排在第七学期，时间为 1 周。通过该课程设计的锻炼，要求学生掌握水污染防治的基本方法和工程设计技术，从而对学生的实际工作能力进行初步锻炼。

教学实习：安排在第六学期，时间为 8 周，主要内容如下：

（1）水文水资源工程认识实习。

（2）地质、地貌及综合水文地质工程地质测绘。

（3）水处理工程与工艺认识实习。

通过以上实习，使学生对实习的内容有较为深刻的认识，初步掌握本专业的野外实际工作方法，了解水文水资源专业在国家经济建设中的作用，树立热爱和献身本专业的信念，为学好后续课程打下好基础。

毕业设计（论文）：时间为 13 周。通过该教学环节，要求学生在教师的指导下，能够综合运用四年中所学知识，解决水文水资源专业中的某一具体问题，使学生的动手能力和从事本专业技术工作的能力得到明显提高，达到培养规格中的对本专业毕业生的要求。

1.3.7.6　主要实验

水力学实验、水质分析实验、工程地质原位测试。

1.3.7.7　毕业条件

最低毕业总学分：187 学分+12 分（毕业学分还应包括 12 个综合素质培养学分，其中第二课堂 8 学分，公共选修课 4 学分）。

1.3.7.8　专业课程设置

基础课程设置见表 1-31，专业课程设置见表 1-32 和表 1-33。

表 1-31 基础课程设置

课类	序号	课程编号	课程名称	学分	学时数		
					总学时	实验	上机
公共基础课	1	1113010	思想道德修养	3	51	17	
	2	1113020	法律基础	2	34	6	
	3	1110010	马克思主义哲学原理	3	54	18	
	4	1110020	马克思主义政治经济学	2	40	14	
	5	1112020	毛泽东思想概论	2	36	12	
	6	1112030	邓小平理论和“三个代表”重要思想概论	4	70	24	
	7	1610010	军事理论	2	36		
	8	1400011/12/13/14	体育	2/2/2/2	36/32/32/32		
	9	1310011/12/13/14	大学英语	4/4/4/3	64/76/72/60		
	10	1212011	高等数学	5/5	90/90		
	11	2420010	计算机应用基础	2	30		30
	12	2420020	C 语言（理工科）	3	48		48
	13	1220011/12	大学物理	3/3	60/50		
	14	1220021/22	大学物理实验	1.5/1.5	30/20	30/20	
	15	1230010	普通化学	3	56	6	
	16	1213010	线性代数	2	40		
	17	1214010	概率论数理统计	3	50		
	18	1211010	复变函数	2	32		
	19	1211030	积分变换	1	18		
	20	1250060	工程制图	3	54		
		小计		72	1343	97	78

注：1.请按学科及专业性质选择、增删课程。

2.上机、实验学时包括在总课时之中。

3.括号内为前后衔接课程。

4.两课学时在小计时只计课内学时。

表 1-32 专业课程设置（一）

课类	序号	课程编号	课程名称	学分	学时数		
					总学时	实验	上机
专业基础课	1	1240020	理论力学	3	60		
	2	1240120	材料力学	3	60	6	
	3	2410021	电工与电子技术	2	40	6	
	4	2950110	气象学与气候学	2	40		
	5	266230	普通测量学	2	40	8	
	6	2950120	工程水文学	3	50		
	7	2950130	水力学	3	60	4	
	8	2950140	地下水动力学	3	50		
	9	2950150	水文地质学基础	3	50	4	
	10	294870	物理化学	3	60		
	11	2950160	地质学基础	3	50		
	12	2950170	地貌与第四纪地质	2	40		
	13	2950180	水文地球化学	3	50	4	
		小计		35	650	32	

续表

课类		序号	课程编号	课程名称	学分	学时数		
						总学时	实验	上机
选修课	专业课	1	2950190	水资源勘察与评价	3	50		
		2	2950200	水利水能规划	2	40		
		3	2950210	城镇供排水	2	40		
		4	2950220	工程地质学原理	3	50		
		6	2950230	水污染控制工程	3	50	6	
			小计		13	230		

注：第 5 学期课时分配栏中的上标标记上课周。

表 1-33　专业课程设置（二）

课类		序号	课程编号	课程名称	学分	学时数		
						总学时	实验	上机
	限定选修课	1	122020	数理方程	2	30		
		2	2950240	专业外语	2	36		
		3	2950250	水资源系统分析	2	40		
		4	2950260	专门工程地质学	2	40		
		5	2950270	流域水资源信息系统	3	50		20
		6	2950280	水质分析	2	36	16	
			小计		13	232		
	任意选修课	7	2950290	水资源工程经济	2	40		
		8	2950300	水资源综合利用	2	30		
		9	2950310	环境水文地质学	2	40		
		10	2950320	地下水与环境	2	40		
		11	2950330	环境同位素水文学	2	40		
		12	2950340	地下水流数值模拟	2	40		
		13	2950350	水资源开发利用与保护	2	40		
	任意选修课	14	2950360	环境工程地质学	2	30		
		15	2950370	水土保持概论	2	30		
		16	2950380	环境水力学	2	30		
		17	2950390	环境生态学	2	30		
实践环节		1	290002S	入学教育	0.5	0.5 周		
		2	150001S	军　训	3	3 周		
		3	290004S	公益劳动	1	1 周		
		4	11306S	“两课”实践	—	93 学时		
		5	290011S	测量实习	1	1 周		
		6	2950400S	专业教学实习	8	8 周		
		7	2950410S	水利水能规划课程设计	1	1 周		
		8	2950420S	水资源勘察与评价课程设计	1	1 周		
		9	2950430S	水污染控制工程课程设计	1	1 周		
		10	2950440S	毕业实习与设计	13	13 周		
			小计		29.5	35.5 周		

1.3.8 中山大学

中山大学水文与水资源工程主修专业与副修专业课程设置分别见表 1-34 至表 1-36，公共必修选课计划表见表 1-37。

表 1-34 主修专业课程设置（一）

课程类别	课程名称/英文名称	总学分	总学时	开课学期/周学时
专业必修课	人文地理学	3	54	1/3
	自然地理学	3	54	2/3
	测量与地图学	3	54	2/3
	线性代数	3	54	4/3
	气象与气候学	2.5	45	4/2.5
	气象与气候学实验	0.5	18	4/1
	概率统计	3	54	4/3
	地质与地貌学（含课程实习）	4	72	5/4
	遥感与地理信息系统	3	54	5/3
	水力学	3	54	5/3
	水力学实验	1	18	5/1
	水文学原理	3	54	5/3
	地下水资源与环境	3	54	7/3
	水文统计	2	36	7/2
	水文预报	2	36	7/3
	水文预报课程设计	1	1 周	7/1 周
	水文水利计算	2	36	8/2
	水文水利计算课程设计	1	1 周	8/1 周
	水文测验（含课程实习）	3	54（1 周）	8/3+1 周
	水灾害防治	2	36	8/2
	水灾害防治课程设计	1	1 周	8/1 周
	水环境保护（含课程实习）	3	54（1 周）	10/3+1 周

表 1-35 主修专业课程设置（二）

课程类别	课程名称/英文名称	总学分	总学时	开课学期/周学时
专业必修课	区域水资源规划与评价	3	54	10/3
	生产实习	2	4 周	11/4 周
	毕业论文（设计）	6	10 周	11/10 周
专业选修课	水污染与水质分析	2	36	1/2
	水污染与水质分析实验	1	36	1/2
	生态学概论	2	36	4/3
	工程制图	3	54	4/3
	运筹学	3	54	5/3
	水利水电工程概论（含课程实习）	2	36（1 周）	7/2+1 周
	水处理技术（含课程实习）	3	54（1 周）	7/3+1 周
	河流动力学	3	54	7/3
	水务管理	3	54	7/3
	海岸工程水文	3	54	8/3
	水信息学导论	2.5	45	8/2.5

续表

课程类别	课程名称/英文名称	总学分	总学时	开课学期/周学时
专业选修课	水信息学实验	0.5	18	8/1
	环境水文学	3	54	8/3
	水利法规	2	36	8/2
	水利经济	3	54	8/3
	水文水资源综合实习	1	1周	9/1周
	计算方法与计算机应用（上机）	3	54	10/3

注：公共必修课、公共选修课课程设置及教学进程计划表由学校另行制定，本专业选高等数学（理工一）；课程实习原则上安排在每学年的第三学期。

表1-36　副修专业课程设置

课程类别	课程名称/英文名称	总学分	总学时	开课学期/周学时
必修课	自然地理学	3	54	2/3
	水力学（含实验）	4	72	5/4
	水文学原理	3	54	7/3
	地下水资源与环境	3	54	7/3
	水环境保护（含课程实习）	3	54	10/3
	区域水资源规划与评价	3	54	10/3
选修课	水处理技术（含课程实习）	3（1周）	54+1周	7/3（1周）
	环境水文学	3	54	8/3
	水信息学导论（含实验）	3	54	8/3
	水利经济	3	54	8/3

表1-37　公共必修选课计划表

课程名称/英文名称	总学分	总学时	开课学期/周学时
大学英语（1~4级）	12	204	1、2、4、5/4
体育	4	136	1、2、4、5/2
思想道德修养与法律基础	3	42	1/3
中国近代史纲要	2	36	2/2
毛泽东思想和中国特色社会主义理论体系概论	6	72	4/4
马克思主义基本原理	3	54	5/3
计算机应用基础	4	90	2（理）/4
高等数学（理工Ⅰ）	10	85	1、2/5
大学语文	2	36	1/2
军事教育	2	4周	3/
形势与政策	2		1~12/
就业指导	1	20	10/

1.4　中国港澳台地区水文水资源方向本科教育

中国香港、澳门和台湾地区一般在土木工程、环境工程和其他专业下设置水文与水资源方向教育。本节引用香港中文大学、淡江大学、中兴大学、成功大学专业所在系网站资料，叙述这些学校的水文与水资源方向教育情况。

1.4.1　中国港澳地区水文与水资源方向教育

香港特别行政区的高等教育发展已有一百多年历史，由于特殊的地理位置、文化环境和政治体制，其高等教育主要继承了英国的传统，同时又具有浓厚的中西交融特色（李建超，2006；吴巨慧，2007；祝宗泰，1998）。目前，香港特别行政区拥有30多所高等学校，其中政府资助香港大学、香港中文大学、香港科技大学、香港理工大学、香港城市大学、香港浸会大学、香港岭南学院和香港教育学院8所。香港特别行政区高校管理方面享有高度的自主权，是相对独立的自治团体。课程内容、学术研究与要求水准、选录学生和经费分配都完全由学校自主决定。高校国际化程度较高，实行开放办学，借鉴国际办学模式、运作机制、管理方式、治校方略，面向世界进行科学研究、学术交流、学生交换、课程建设、合作办学、信息沟通、图书资料和公开招聘教师（李建超，2006；吴巨慧，2007；祝宗泰，1998）。香港特别行政区高校的许多领导、教师是外国高校的知名专家和学者。他们掌握和熟悉世界最新科技成果，并带来最新版本的教学材料，使得高校与国际学术组织保持联系、相互交流，以保证自己的学术水准获国际承认，为香港特别行政区的高等教育增添了国际性色彩。现代化和信息化程度高，学校办学经费充裕，拥有先进的基础设施、仪器设备和企业最新的产品赠送，为学生实验实习提供了良好条件。图书资料充足，信息渠道畅通，计算机应用普及，大学已实现电脑网络化（李建超，2006；吴巨慧，2007；祝宗泰，1998）。香港特别行政区高校一般都用双语教学，选用英语原版教材，注重学生英语应用能力的培养。课程教学灵活，重视基础和启发。课程一般都没有统一的教材讲义，教师授课时注重启发，只讲基本概念，指导学生阅读有关文献，撰写论文和从事实验研究。学生参与小组导修课，在导师的带领下，讨论课题，交流思想。各学院普遍采用学分制和选修制，让学生修读广泛的科目，包括文化、社会、文学、哲学等课程（李建超，2006；吴巨慧，2007；祝宗泰，1998）。香港特别行政区开办水利方向高等教育的高校有（姚纬明、谈小龙、朱宏亮等，2015）：香港大学工程学院土木工程系、香港科技大学工学院土木工程系、香港城市大学科学及工程学院土木及建筑工程系、香港理工大学建设及环境学院土木及环境工程学系、岭南大学工学院。

澳门特别行政区高等教育起步较晚，是从20世纪80年代开始起步和发展起来的，建于1981年3月的澳门东亚大学是澳门特别行政区现代高等教育的开始（高淑贤，2000）。1988年澳门政府收购了东亚大学，1991年正式改名为澳门大学，成为澳门历史上第一所正规大学。高等教育机构中，公立的有15所，私立的有10所。澳门特别行政区举办水利高等教育的高校有澳门大学科技学院土木及环境工程系（姚纬明、谈小龙、朱宏亮等，2015）。

澳门和香港特别行政区地区虽然没有专门的本专业教育，但是，澳门大学土木工程系，香港中文大学地理与资源管理学系、香港大学工学院土木工程系和香港理工大学土木工程系等开展水资源、水环境方向或有关课程教育。以下列出香港中文大学地理与资源管理学系地理与资源管理学本科专业开设的课程框架与主要课程。

本专业融合自然地理与人文地理，设立四个方向：①地理信息与分析；②全球变化与资源管理；③自然与环境系统；④城市与区域发展。课程学习顺序为：第一年，基础课程（必修）、野外考察Ⅰ（本地野外考察）、学院课程科目；第一至四年，主修课程必修科目、主修课程选修科目、野外考察Ⅱ和Ⅲ（非本地野外考察）；第四年，毕业论文。教学模式包括课堂教学、小组讨论、学生报告、实验、案例分析、海内外实地考察。自然与环境系统方向课程有：环境管理、环境规划与评估、地貌学、水文与水资源、生态修复及管理。

1.4.2　中国台湾地区水文与水资源方向教育

中国台湾地区降水量较多，洪水、台风和泥石流频频发生，与我国大陆地区不同，干旱研究较少，更多地偏重于洪水、台风和泥石流等灾害与防灾研究，其教育模式完全吸收了美国教育模式。台湾大学工程科学及海洋工程学系、成功大学水利及海洋工程学系、中山大学海洋环境及工程学系、中兴大学水土保持学系、台湾海洋大学河海工程学系、嘉义大学土木与水资源工程系也开设水文、水资源方向课程。台湾地区大学土木水利相关系（所）开设水利类的课程可以分为：大学基本课程、工学院基本课程、土木（水利）基本课程、土木（水利）核心课程、相关专业技术或跨领域课程，见表 1-38（陈明仁、郑惠儀、颜清连，2014）。开设水利类课程的大学见表 1-39（陈明仁、郑惠儀、颜清连，2014）。

表 1-38　台湾地区大学土木水利相关系（所）开设水利类的课程

分类	课程
大学基本课程	国文，英文，历史，通识科目、体育、军训等
工学院基本课程	微积分，物理、化学、工程数学、计算机程式等
土木（水利）基本课程	静力学，动力学，工程材料、材料力学等
土木（水利）核心课程	水文学、流体力学、水利工程等
相关专业技术或跨领域课程	经济学和选修课等

表 1-39　台湾地区开设水利类课程科目数的大学

大学	系所	1992 年	2011 年
台湾大学	土木系	47	44
台湾大学	农业工程/生物环境系统工程学系	17	13
台湾海洋大学	河海工程学系	28	18
淡江大学	水资源及环境工程学系	28	18
中原大学	土木工程学系	26	26
交通大学	土木工程学系	22	24
中华大学	土木工程学系	30	25
中兴大学	土木工程系	15	22
中兴大学	水土保持学系	14	14
逢甲大学	土木工程学系	24	18
逢甲大学	水利工程学/水利工程与资源保育系	23	21
成功大学	土木工程系	24	24
成功大学	水利及海洋工程学系	18	17
义守大学	土木工程学学/土木与生能工程学系	20	25
平均		25.7	22.1

以下列出几个代表性学校开设课程。

1.4.2.1　淡江大学

1964 年，淡江大学于成立灌溉工程与水土保持科，培养农业灌溉与水土保持专业人才。

1967 年改制大学后，改名为灌溉工程学系与水土保持学系。1970 年，两系合并为水利工程学系，下设灌溉工程、水土保持两组。1974 年，灌溉工程、水土保持组取消，设置水利工程学系，培养水利工程人才。1984 年，成立水资源研究所，开始招收硕士研究生。随着台湾环境问题逐渐受到重视，1986 年，水利工程学系在水资源工程领域中加入环境工程教育，将研究所扩充为水资源、环境工程两组。1988 年，水利工程学系改名为水资源与环境工程学系，研究所也改名为水资源与环境工程学研究所。1989 年，成立博士班，开始整合水资源与环境领域的大学和研究所课程，训练高级人才，并从事相关研究。迄今已有 3000 多名学生毕业，从事台湾地区水资源与环境的问题解决与改善以及相关领域工作。

水资源与环境工程学系认为水资源和环境工程均属跨领域、综合性的应用科学，要解决水资源和环境问题除需要应用工程技术外，还涉及许多相关的领域，如化学、生物、经济、管理等。本系本科生学科课程广泛，包括土木、水利、环工基础课程（如测量、工程图学、工程统计、工程材料、工程数学、应用力学、流体力学、水文学、结构学、工程经济等）；水资源工程（如明渠水力学、水资源工程设计、水土保持、地下水、治河与防洪工程、灌溉与排水、海岸工程、水资源规划）；环境工程（环境化学、环境微生物、水质分析、给水及污水工程、土壤污染、空气污染、环境毒物概论、固体废弃物等）。学生可依兴趣、未来继续深造或就业等考虑选课，课程训练具有弹性。

1. 教学目标

水资源与环境工程教育目标如下：

（1）教育学生应用数学、科学及工程的原理，使其能成功地从事水资源及环境工程相关实务或学术研究。①培养学生具备基本的工程学理训练，使其具备施工监造及营运管理能力；②培养学生具备应用工程学理与创新能力，使其具备研发、规划、工程设计整合与评估能力；③培养学生应用信息技术于工程业务能力。

（2）培养具环境关怀与专业伦理的专业工程师。①培养学生尊重自然及人文关怀的品格；②培养学生具备工程伦理及守法敬业品格；③培养学生具备发掘、分析、解释、处理问题之能力。

（3）建立学生参与国内外工程业务的从业能力。①培育学生计划管理、表达沟通及团队合作之能力；②培育学生应用专业外语并拓展其国际观；③培育学生持续学习的认知与习惯。

学生核心能力培养如下：

1）具备水资源及环境工程应用所需的基本数理与工程知识。

2）工程绘图、量测、设计、施工及营运操作管理能力。

3）基础程序设计及相关信息工具应用能力。

4）逻辑思考分析整合及解决问题能力。

5）创新设计与工程实作能力。

6）具备应用专业外语能力与国际观。

7）团队合作重要性的认知与工作态度及专业伦理认知。

8）持续学习专业工程新知。

2. 课程

课程分为系必修+核心课程、系选修和自由选修课程。总学分144学分，其中，必修（含核心课程）100学分，系选修28学分，自由选修16学分。必修课包含系必修69学分；通识教育课程（包含资概课程）31 学分。分为水资源工程及环境工程方向培养。典型课程开设见表1-40和表1-41。

表1-40　水资源工程组课程开设计划（2013年8月）

类型	一年级 第1学期	一年级 第2学期	二年级 第1学期	二年级 第2学期	三年级 第1学期	三年级 第2学期	四年级 第1学期	四年级 第2学期
基础通识课程			★中国语文能力表达（3）					
			★全球科技革命（2）					
	★英文（一）（2）	★英文（一）（2）	★英文（二）（2）	★英文（二）（2）				
特色核心课程	★学习与发展学门(大学学门)（1）	★学习与发展学门（社团经营入门课程）（1）	★艺术欣赏与创作学门M（2）	★全球视野学门T（2）	★未来学学门R（2）（含环境未来）			
学院核心课程	★文学经典L（2）；★公民社会及参与S（2）；★哲学与宗教学门V（2）6选3							
科学及数学基础	★普通物理（3）	★应用力学（3）	★流体力学（一）（3）	★流体力学（二）（3）				
	★微积分(4)	★工程数学（一）（3）	★工程数学（二）（3）	★工程数学（三）（2）				
共同基础课程	工程图学(2)				地下水（3）	给水工程（环3开）	企业实习（1）	
							污水工程（环 3 开 ）	
信息课程	★信息概论（一）（2）	★信息概论（二）（2）			★电子计算器工程应用(一)（2）	★电子计算器工程应用（二）（2）	水利工程应用软件（3）	★地理信息系统在工程上之运用（2）
水资源工程课程	★水质管理概论（2）	★工程材料实验（1）	★材料力学（3）	★结构学（3）	★水土保持工程（2）	★排水工程（3）	★海岸工程（3）	★水资源工程（3）
	测量学（2）	★工程材料学（2）	★工程统计（3）	★土壤力学（3）	★明渠水力学（3）	防洪工程（2）	★水资源规划（3）	水资源工程设计（2）
	测量学实习（1）	★水文学（3）	工程地质学（2）	★流体力学实验（1）	★渠道水力学实验（1）	钢筋混凝土（3）	沉沙输送学（2）	
		作业研究（2）	水质实验（1）	★中等水文学（3）	基础工程（3）	工程经济（2）	水利法规（2）	
合计	必修（11）5	必修（14）2	必修（12）3	必修（12）3	必修（8）6	必修（5）7	必修（6）8	必修（5）2

注：★为必修课程，其他为选修课程。必修（含核心课程）100学分，系选修28学分，自由选修16学分；毕业学分144学分；系必修69学分；资概课程含在通识教育课程31学分中。

表 1-41　环境工程组课程规划表（2013/08/01）

类型	一年级第 1 学期	一年级第 2 学期	二年级第 1 学期	二年级第 2 学期	三年级第 1 学期	三年级第 2 学期	四年级第 1 学期	四年级第 2 学期
基础通识课程			★中国语文能力表达（3）					
			★全球科技革命（2）					
	★英文（一）（2）	★英文（一）（2）	★英文（二）（2）	★英文（二）（2）				
特色核心课程	★学习与发展学门（大学学门）(1)	★学习与发展学门（社团经营入门课程）（1）	★艺术欣赏与创作学门 M（2）	★全球视野学门 T（2）	★未来学学门 R（2）（含环境未来）			
学院核心课程	★文学经典 L（2）；★公民社会及参与 S（2）；★哲学与宗教学门 V（2）6 选 3							
科学及数学基础	★普通物理（3）	★环境化学（3）	★流体力学（3）					
	★普通化学（2）	★环境微生物学（3）						
	★普通化学实验（1）	★应用力学（3）						
	★微积分（4）	★工程数学（一）（3）	★工程数学（二）（3）	★工程数学（三）（2）				
共同基础课程	工程图学（2）		★水文学（3）		地下水（水 3 开）		企业实习	
信息课程	★信息概论（一）（2）	★信息概论（二）（2）			★电子计算器工程应用（一）（2）	★电子计算器工程应用（二）（2）	环境工程应用软件（2）	
环境工程课程	★环境生态学（2）	★水质分析实验（一）（1）	环境土壤学（3）	★空气污染概论（2）	★污水工程（3）	★有害废弃物（2）	污水工程设计（2）	环境影响评估（2）
		全球环境议题（2）	★环境污染物分析（2）	★工程材料学（2）	★空气污染控制（3）	★固体废弃物（3）	水污染防治（3）	环境经济学（3）
				★水质分析实验（二）（1）	★工程统计（3）	★环境规划与管理（3）	专题研究（1）	企业环境管理（2）
				★给水工程（3）	★土壤污染防治（2）	大气化学与物理（3）	环境永续科技（3）	
				环境毒物学（2）	环境仪器分析（2）	环境工程单元操作及实验（3）		
				环境生物技术概论（2）	噪音及振动（2）			
合计	必修（15）2	必修（15）2	必修（11）3	必修（10）4	必修（13）4	必修（10）6	必修（0）8	必修（0）7

注：★为必修课程，其他为选修课程。必修（含核心课程）100 学分，系选修 28 学分，自由选修 16 学分；毕业学分 144 学分；系必修 69 学分；资概课程含在通识教育课程 31 学分中。

1.4.2.2　中兴大学

1964 年夏，为了满足台湾培养水土保持人才和科学研究的需要，中兴大学增设水土保持学系。1972 年，水土保持学系分为农地水土保持组、集水区经营组，使学生实习与社会需要更为合理。1974 年成立研究所硕士班，促使教学研究与实际工作结合。

1. 教学目标

（1）教导水土保持理论、技术与实务应用，并传授跨领域相关知识与训练。

（2）培养具独立思考、创新与实作能力之水土保持科技人才。

（3）培养团队合作精神与沟通协调整合能力。

（4）建立水土资源保育利用之多元价值观与国际观。

核心能力培养为：①整合跨领域知识与技术，有效执行专长事业；②培养沟通协调能力，强化团队合作之精神；③养成独立思考能力及解决问题之技巧；④强化水土保持之社会责任与倡导观念。

2. 课程

应修最低毕业总学分数（不含体育及国防教育课程学分）共 135 学分。系专业选修课程最低应选修 36 学分；承认外系学分最多 12 学分。通识课程包括共同必修和其他通识课程。其中，共同必修（10 学分）：①大学国文（4 学分）；②大一英文（6 学分）。其他通识课程（20 学分）：①人文领域 2 个（含）以上学群之课程；②社会科学领域 2 个（含）以上学群之课程；③自然科学领域 2 个（含）以上学群之课程；④本系隶属环境科学学群，修习该学群之课程，至多可采计 1 门课；⑤本系指定必选通识学群。院专业必修课程及学分数分别见表 1-42 和表 1-43。各年级课程计划分别见表 1-44。

表 1-42　院专业必修课程及学分数

课程名称	学分
（1）微积分（一）	3
（2）微积分（二）	3
（3）普通物理学	3

表 1-43　系专业必修课程及学分数

课程名称	学分	课程名称	学分
（1）普通物理学实验	1	（11）流体力学	3
（2）测量学	2	（12）水文学	3
（3）测量学实习	2	（13）植生工程	3
（4）地质学	2	（14）土壤力学	3
（5）气象学	3	（15）渠道水力学	3
（6）土壤物理学	2	（16）水土保持工程（一）	2
（7）土壤物理学实习	1	（17）冲蚀原理	3
（8）统计学	3	（18）钢筋混凝土学	3
（9）工程数学（一）	3	（19）集水区经营	2
（10）应用力学	3	（20）水土保持实务实习	1

表 1-44　各年级课程计划

一年级			二年级		
课程名称	学分	必选修	课程名称	学分	必选修
测量学（下）	1	必修	水文学	3	必修
气象学	3	必修	植生工程	3	必修
土壤物理学	2	必修	应用力学	3	必修
土壤物理学实习	1	必修	统计学	3	必修
微积分（上）	3	必修	工程数学（一）	3	必修
测量学（上）	1	必修	流体力学	3	必修
测量学实习（上）	1	必修	资源保育学	2	选修
修测量学实习（下）	1	必修	生态学	3	选修
地质学	2	必修	工程测量学	1	选修
工程图学	2	选修	工程测量学实习	1	选修
水土保持学概论	2	选修	工程统计学	3	选修
计算机绘图	3	选修	工程数学（二）	3	选修
			材料力学	3	选修
			流体力学实验	1	选修
			保育植物学	2	选修
三年级			四年级		
课程名称	学分	必选修	课程名称	学分	必选修
冲蚀原理实习	1	必修	水土保持实务实习	1	必修
冲蚀原理	2	必修	集水区经营	2	必修
水土保持工程（一）	2	必修	地下水	2	选修
渠道水力学	3	必修	波浪力学	3	选修
土壤力学	3	必修	营建管理	3	选修
钢筋混凝土学	3	必修	山坡地工程	3	选修
岩石力学	2	选修	地震工程学	3	选修
防灾管理	3	选修	海岸保护工程	2	选修
程序语言	3	选修	水土保持法规	2	选修
水土保持工程实习（一）	1	选修	工程地质	2	选修
结构学	3	选修	中级土壤力学	3	选修
灌溉与排水工程	3	选修	崩塌地防治工程	2	选修
基础工程	3	选修	道路工程	3	选修
数值分析导论	3	选修	防风定砂	2	选修
环境生态学	3	选修	资源质量学	3	选修
工程数学（三）	3	选修	生态工程	3	选修
土壤力学实验	1	选修			
非黏性流体力学	3	选修			
坡地保育规划设计	3	选修			
水资源工程	3	选修			
水土保持工程（二）	3	选修			

1.4.2.3　成功大学

1946 年，台南工业专科学校改名为台湾立工学院，成立土木系（水利组为本系前身）。1955 年，成立水利工程学系。1956 年，台湾立工学院改名为台湾成功大学。1972 年，成立水利工程研究所硕士班。1984 年，水利工程学系改名为水利及海洋工程学系。课程见表 1-45 和表 1-46。

表 1-45　核心课程跨领域课程计划

院核心课程			
课程名称	学分	课程名称	学分
普通物理学（一）	3	普通物理学（二）	3
普通物理学实验（一）	1	普通物理学实验（二）	1
微积分（一）	3	微积分（二）	3
系核心课程			
课程名称	学分	课程名称	学分
工程图学	2	流体力学（二）	3
水利工程概论	1	波浪力学	3
工程力学	3	工程地质学	2
水文学	3	海岸海洋工程　（一）	2
水利工程书	2	海岸海洋工程　（二）	2
测量学	3	明渠水力学	3
测量学实习	1	流体力学实验	2
工程数学（一）	3	专题研究　（一）	1
工程数学（二）	3	专题研究　（二）	1
结构学（一）	3	材料力学	2
水资源工程　（一）	2	钢筋混凝土学	3
水资源工程　（二）	2	土壤力学	3
流体力学　（一）	3	土壤力学实验	1
跨领域课程			
课程名称	学分	课程名称	学分
计算机概论	2	营建及管理	3
计算机程式	2	地球物理学概论	2
水工结构设计	2	工程系统分析	3
工程数学（三）	3	数值分析	3
工程数学（四）	3	基础工程	3
水质工程	3	生能工程	3
工程材料学	3	遥感与地理信息系统	3
工程统计学	3	水信息概论	3
工程经济学	3	气候变迁与环境冲击导论	3
工程伦理	2		

表 1-46　专业方向课程计划

水利及水资源领域课程			
课程名称	学分	课程名称	学分
河工学	3	地下水	2
灌溉排水工程	3	水土保持工程	2
防洪工程	2	水资源开发	3
中级水文学	3	河工设计	1
集水区经营	2		
海岸及海洋工程领域课程			
课程名称	学分	课程名称	学分
海港工程	3	海岸海洋资源分析与利用	3
海洋生物学	3	海港工程设计	1

1.5 中国水文与水资源工程专业的创新教育

新中国成立后，我国水文与水资源工程专业教育取得了喜人的成就，为国家建设输送了大批的工程技术和科研人才，形成了完整的人才培养体系，是世界上水文与水资源工程专业本科教育规模最大的国家。人才是强国的根本，水利高等学校作为水利事业发展科技支撑与人才培养的重要基地，在建设创新型国家的进程中担负着重要的使命。2010 年，国家正式颁布《国家中长期教育改革和发展规划纲要（2010—2020 年）》。纲要第七章高等教育明确指出："（十九）提高人才培养质量。牢固确立人才培养在高校工作中的中心地位……"《国家中长期科学和技术发展规划纲要（2006—2020 年）》在"十、人才队伍建设"重点领域中指出："2. 充分发挥教育在创新人才培养中的重要作用。"2011 年，中央一号文件《中共中央 国务院关于加快水利改革发展的决定》，第一次将水利提升到事关经济安全、生态安全、国家安全的战略高度。2011 年 4 月 24 日，胡锦涛在庆祝清华大学建校 100 周年大会上讲话中指出"全面提高高等教育质量，必须大力提升人才培养水平"。"海洋强国""美丽中国"建设目标、"生态文明建设"以及"新丝绸之路经济带"和"21 世纪海上丝绸之路"的战略构想都为水利高等教育提供广阔平台和强大的动力（姚纬明、谈小龙、朱宏亮等，2015）。各高校非常重视创新教育，探索培养水文与水资源工程专业创新人才。

1.5.1 探索高素质能力培养的教学理念

河海大学原校长姜弘道（2000）指出："水利高等教育应该成为知识创新、传播和应用的主要基地，是培养创新精神和创新人才的摇篮。确立水利高等教育适应市场改革，成为推动水利科技进步和水利事业全面发展的重要力量，不仅提供高素质的水利人才，而且要直接参与水利建设和管理的改革。"近年来，各校实施现代高等教育"厚基础、宽口径、强能力、高素质"的理念，即具有扎实雄厚的基础理论和知识体系、宽阔的专业方向、工作能力强和素质高，具有创新精神和实践能力，促进学生的全面发展。压缩传统培养方案专业课程，增加新型学科、人文学科等课程，优化课程体系。有的高校实施按学科大类招生，面向社会需求，推行学分制，实行辅修第二专业或双学位制，有利于学生的发展，培养复合型人才。逐步推行以学生为中心的教学，压缩课程学时，探索研讨式、启发式的学习方法。我国高等教育的国际化和大众化发展直接影响水文与水资源工程教育的各项活动。20 世纪 80 年代以后，水利工程的建设开始进入国际市场，水文与水资源工程教育也随之吸收国际教育体系、更新教学内容，开展与国外大学建立国际合作交流，如河海大学与法国杜埃矿业学院、里尔科技大学，美国亚利桑那大学、马里兰大学、加州州立大学等，加拿大阿尔伯特大学，德国达姆施塔特技术大学，奥地利格拉斯工业大学，澳大利亚昆士兰大学、阿德莱得大学、西澳大学、新南威尔士大学，荷兰代尔夫特大学等高校合作交流（中国水利教育网、中国水利高等教育发展 60 年，2009）。在快速发展高等教育大众化的过程中，各高校始终把提高质量摆在突出位置，实施教育教学改革，提高教学质量。如武汉大学的工程水文学、水力学，河海大学的水力学、工程水文学、水文统计等课程的"国家精品课程"建设等。这些措施促进了教育教学质量的稳步提高（中国水利教育网，2009）。

1.5.2　提供学生多种多样的创新实践训练机会

国家和学校重视大学生创新培养，实施国家大学生创新创业训练计划、学校大学生创新创业训练计划、建模比赛、大学生助研活动等，设置综合实习实验、课程设计、毕业论文和毕业设计，鼓励学生参加各种学术报告、参加学术会议和国内国际各种大赛活动。课程设计、毕业论文和毕业设计是中国特色创新培养的特色，具有系统性较强的实践性。课程设计是学生学完课程后，综合利用所学的知识，一般由老师给定题目、设计背景、数据资料和设计任务等，学生独立完成设计实践，工作时间 1~2 周，学生提交书面报告、图纸和计算结果等，是课程学习的重要环节。毕业论文和毕业设计是学生学业完成前，综合运用所学知识，由教师拟定题目，一般一至两个实际问题，经过开题论证后，老师和学生商讨工作计划和内容，学生通过 4~5 个月的工作，撰写书面报告，提交图纸和计算结果，并进行答辩。另外，学校与设计院、研究院联合，一些毕业后拟攻读硕士的本科生可参与各地设计院、水文局、中国科学院地理所、中国水利科学院、南京水利科学研究院等单位的工程设计和课题研究工作。这种大型的综合实践对于培养学生的科学研究能力，综合运用所学知识分析和解决问题有着非常重要的意义。所有这些措施为学生提供了很好的创新实践平台，培养了学生的表达技巧、交流能力和团队合作能力。

全国大学生水利创新设计大赛由中国水利教育协会高等教育分会、教育部高等学校水利类专业教学指导委员会主办，师生共同参与完成科技作品的设计与研发，是全国水利类大学生的“奥林匹克”竞赛。2009 年 8 月在河海大学首次举办，每两年举办一次，大赛旨在培养水利专业大学生的创新意识和实践能力，激励广大学生积极投入创新实践活动，改善传统过分地侧重理论知识传授，而忽视学生创造性能力培养，是一种新型的教学模式，不仅可以培养学生的专业综合实践能力，还可以提高学生的团队协作等个人素质，是不断提出问题、分析问题、解决问题的研究过程，同时还是自我学习、自我完善和自我创新的探索过程，也是我国水利事业建设和发展创新型人才培养的举措。目前，各校非常重视大赛，提供学生研究经费和差旅费等。大赛已经成为激发水利类专业大学生参与创新实践，展示大学生创新能力、团队合作精神和当代大学生风采的舞台。

推行国内大学访学计划、海外大学访学计划和合作培养，给予学生感受国内外大学文化气氛，丰富学生学习、实践经历，影响求学之路深刻，领会差距，增强国家使命感。支持大学生社团活动、暑期社会实践和各种社会公益活动，开办名家讲座，培育学生健康心态、心系国家和团结合作的精神。

1.5.3　建设高素质的教师队伍

实施国家教学名师、省级教学名师计划，新世纪优秀人才支持计划、长江学者、千人计划、青年千人计划、省部级和学校各类人才计划、科研创新团队、教学团队、教师国内访问学者、国外访问学者计划等，大大推动了教师队伍建设。采取“学者+团队”的人才汇聚模式，培育和引进“领军人才”，实施“学科带头人”和“重点实验室首席科学家”等制度，加强学术骨干队伍建设，培养了一批德才兼备、创新型的中青年学术骨干。除此之外，各校大力重视教学经验丰富的老教师带队，建设结构合理、能够传承发展和高质量水平教师队伍建设，鼓励教师积极进行科学研究和工程设计，参与企业活动，提高教师的创新能力和实践能力。

中国水利教育协会、教育部高等学校水利学科教学指导委员会联合举办“全国水利学科青年教师讲课竞赛”，分为水文与水资源工程专业、水利水电工程专业、港口航道与海岸工程专业以及农业水利工程专业四个专业。旨在提高水文与水资源工程专业专业教学质量，调动水文与水资源工程专业青年教师的教学积极性和创造性，促使优秀人才成长，培养青年骨干教师，改革教学内容、教学方法和教学手段。

1.5.4 探索创新性人才的培养方案

许多高校把培养学生身心健康、知识结构合理，有健全的人格、高尚的人文情怀和社会责任感，有一定的批判思维与创新能力、科学研究能力、语言文字表达能力、终身学习能力和组织管理能力，具有国际视野和团队合作精神作为培养目标，吸收国外专业培养方案成功经验，实行学校、科研单位和生产单位共同工作，制定培养方案。优化课程体系，重视基础知识，实现文理相互渗透，培植新兴学科，鼓励学科交叉，扩大学生选修课范围。实施国家、省级和学校网络共享课程和优质课程。建设优质网络教学资源，拓宽教学时空尺度，提高学生自主学习和创新意识。

中国水利教育协会高等教育分会积极推动水利院校实施“卓越工程师培养计划”，各校编制“卓越工程师培养方案”，努力造就一批创新能力强，适应经济、社会发展需要的水文与水资源工程技术人才。

1.5.5 重视教学学术研究

国家、教育部、各省（直辖市、自治区）和学校设置各类教育教学改革研究项目、教学成果奖励、精品课程、优质课程资源建设等。除此之外，中国水利教育协会、高等学校水利类教学指导委员会联合开展水利类专业教学成果奖评选，评选在改革人才培养模式、课程体系、教学方式、实践教学、教学管理、优质资源共享等方面，反应水利类专业高等教育教学规律的成果，包括实施方案、研究报告、教材、课件、教学论文和专著等。鼓励教师从事教学学术研究，推广教学成果在实际教学中的应用，实施立德树人、以教师为主导，以学生为主体、转变教育观念、创新培养的教学理念，改革教学方式方法，提高教学水平和创新教育水平。

第2章　美国水文水资源方向教育

美国也是继英法之后，较早开展土木工程教育的国家。美国高等工程教育系统是在 18 世纪后期根据欧洲英法传统建立起来的（林凤、李正，2007）。南北战争（1861—1865 年）以前，工程技术教育开始被美国重视。1824 年，美国开办了第一所独立的技术学校——伦塞勒多科技术学校。19 世纪，这所学校为美国培养了许多一流的技师。之后，一些老牌文理学院开始重视工程和技术，工程和技术作为独立学科出现在课程中，许多学院也开始举办独立的工程系或学院（丁广举，1996）。1845 年，协和学院成立土木工程系。1847 年，哈佛学院成立劳伦斯科学学校。1855 年，宾夕法尼亚大学创办采矿、技艺及制造业系。这一时期被称为美国技术教育运动的高涨期。1865 年，马萨诸塞理工学院建立。19 世纪下半叶，美国技术学校发展迅速。这类高等院校使应用科学和机械技艺在学院课程中占据了重要地位，使美国的高等教育摆脱了纯古典和形式主义的传统。许多院校还非常重视农业科学教育。南北战争后，美国社会经济得到了迅速发展，使美国由农业国变为发达的工业国，各级各类学校教育也迅速发展起来，最终形成了具有美国特点的教育制度（丁广举，1996）。美国学科专业目录（Classification of Instructional Programs，CIP）2000 版，简称 CIP-2000。CIP-2000 将学科专业分为三个级别，分别用两位数代码、四位数代码、六位数代码表示（刘念才、程莹、刘少雪，2003）。两位数代码代表关系密切的一群学科，称之为学科群，共有 38 个，其中 13 个适用于学术型学位教育，13 个适用于应用型和专业学位教育，12 个主要适用于职业技术教育。四位数代码代表专业内容与培养目标类似的一组专业，称之为学科，与我国的一级学科相似，共有 362 个。六位数代码代表一个单独的专业，相当于我国的二级学科。美国高等教育学习年限大体与中国接近，一般分为副学士（准学士）2 年、本科 4 年、硕士 2 年和博士 3~5 年（雷彦兴，2002；郑金娥，2010）。硕士学位分为课程硕士和学术硕士，分别为就业和攻读博士学位准备。对于博士来说，学术研究类的博士一般统称为 Ph.D（Doctor of Philosophy），而某专业领域的 Ph.D，如 Ph.D in mathematics 则称为数学博士。本科教育学位有副学士（Associate）学位、学士学位（Bachelor，我们通常所指本科文凭）、职业文凭（Certificate）和职业证书（Diploma）4 类。美国大学本科阶段强调通才教育，硕士生阶段接受真正的专业化教育（郑金娥，2010）。“社区学院”一般学制设置 2 年，学生可获得副学士（Associate）学位，是毕业生进入四年制大学继续深造必须具备的一项最为重要的条件，为美国高等教育的大众化和普及化做出了巨大贡献（张金辉，2005）。

美国是世界上高等教育发达的国家之一，虽然开办水文水资源本科专业的学校不多，但是，拥有广泛的水文水资源方向研究生教育（河海大学高等教育研究所，2008；陈元芳，1999；梁忠民，2005），具有 100 多年的历史，也是世界上具有高水平水文水资源高等教育的国家之一，积累了先进的办学经验。本章引用美国几个代表性高校的网站资料和一些实际采用的培养方案，介绍水文水资源本科高等教育。

2.1　学科专业设置与办学规模

美国许多学校开展水文水资源研究和研究生培养，在水文学领域取得了许多重要成果。本节主要介绍美国水文水资源方向高等教育专业设置和办学规模。

2.1.1　学科专业设置

20世纪70年代以来，美国进入所谓“后工业化”阶段，因而工程类学生所占比例约为10%（中科院中国现代化研究中心，2015）。另外，美国大规模的水利水电工程建设阶段已经结束，进而转入生态环境保护和水资源可持续利用的管理阶段（河海大学高等教育研究所，2008；陈元芳，1999；梁忠民，2005）。根据美国国家教育统计局CIP-2000学科专业目录表，美国没有水利工程学科，按照工学学科大类设置自然科学、工学学科群。水文水资源专业教育包含在以下学科中，见表2-1。自然科学学科群设置地质学与地球科学学科，工学学科群设置土木工程学科。水文学与水资源科学专业、水利工程专业则分别在地质学与地球科学学科、土木工程学科下设置，开展专业教育。

表2-1　美国水利类专业学科设置情况

学科大类	学科群	学科	专业
理学类	自然科学	地质学与地球科学	地质学与地球科学（综合）；地球化学；地球物理与地震学；古生物学；水文学与水资源科学；地球化学与岩石学；物理、化学海洋学；地质学与地球科学（其他）
工学类	工学	土木工程	土木工程（综合）；地质工程；结构工程；交通与高速公路工程；水利工程；土木工程（其他）

2.1.2　办学规模

从美国高等教育的历史来看，伴随着国家工业发展、水电工程建设需求和高等教育发展，大体通过两种方式开展水文水资源方向专业教育（河海大学高等教育研究所，2008；陈元芳，1999；梁忠民，2005）：①单设水文水资源系；②土木工程、地球科学和环境专业设置水文与水资源方向。

2.1.2.1　单设水文水资源系

独立设立水文、水资源系的高校有亚立桑那大学、加州大学戴维斯分校和圣克劳德州立大学。

亚立桑那大学创办于1885年。地球与环境科学学院下设水文与水资源系。水文与水资源系起源于1961年的地质系。地质系系主任John W. Harshbarger博士带领管理委员会审视了具有物理科学、数学和工程等学科基础的本科生和研究生专业发展，结合水文与水资源领域方法、实践、理论与研究，形成水文与水资源专业课程。1966年，水文与水资源系成为美国最早从事水科学研究的系，主要担负水文与水资源领域高质量的本科生和研究生培养，从事国家部门、试验基地、应用和理论研究，以及亚立桑那州、国家和国际组织等专业工作。2009年7月，大气科学系、地理系、水文与水资源系、树木轮实验室、加速器质谱实验室联合建立地球与环境科学学院。截至2005年，水文与水资源系有教师33人，其中，专职教师 15 人，兼职教师 18 人。教辅 12 人。专职教师中，教授 13 人，副教授 1 人，助理教授 1 人；兼职教师中，教授 10 人，副教授 4 人，助理教授 4 人。招收本科生和研究生。本科生专业包括：环境水文与水资源主修专业（4 年）、环境水文与水资源辅修专业（4 年）、环境水文与水资源本硕连读专业（5 年）和水文地质专业（4 年）。根据美国新闻与世界报道，1995—1998 年，亚立桑那大学水文地质专业排名全美第一。进入 21 世纪以来，水文与水资源系面向全球气候变化、水资源和由此引发的环境等问题研究，水文与水资源系可以划分为以下几个主要方向：地下水文学、地表水文学、水化学、水资源系统分析和决策支持和生态水文学。

加州大学戴维斯分校建立于 1905 年，1959 年正式加入加州大学校区。农业与环境科学学院土地-大气与水资源系是一个具有大气科学、植物科学、土壤和生物地球化学、水文和水资源工程等多学科的系，主要偏重于上述学科农业与环境方面的教学与科研。该系有教师 18 人，其中教授 8 人。1991 年，土地-大气与水资源系成立水文科学研究组，进行广泛的水科学问题研究。除培养大气科学、水文、环境科学专业的本科生外，还培养大气科学、土壤和生物地球化学、水文科学的硕士和博士研究生。美籍华人张明华教授在该系从事基于 GIS 的农田溶质运移、农田地下水渗漏、地表径流和农药空间分析等教学科研工作。

圣克劳德州立大学位于明尼苏达州中心的圣克劳德市，创建于 1869 年。理工学院大气与水文科学系开办水文学主修专业和水文学辅修专业。水文学主修专业主要进行地表水、地下水的知识学习，提供学生在工业、政府部门和野外试验研究等工作。水文学辅修专业主要提供气象、地球科学、环境、生物等理工专业的学生从事水文学学习。有教授 3 人、副教授 2 人，助理教授 1 人。

2.1.2.2　土木工程专业设置水文水资源方向

美国一些学校在土木工程专业设置水文水资源方向教育。这类学校如伊利诺伊大学香槟分校、得克萨斯州大学奥斯汀分校、普渡大学、科罗拉多州立大学和爱荷华大学。

伊利诺伊大学香槟分校工程学院土木与环境工程系起源于 1867 年，是当时伊利诺伊大学理工系的 4 个分支之一。1871 年土木工程系成立。1890 年，伊利诺伊大学市政工程系负责研究城市供水配水系统，后因该系停办，城市供水配水系统移至土木工程系的卫生工程实验室。1998 年改名为土木与环境工程系。目前，该系有教师 50 人，本科生 800 人，研究生 400 人。该系培养建筑工程和管理、建筑材料工程、环境工程、岩土工程、环境水文与水利、结构工程和交通工程专业的本科生。学制 4 年，共计 128 学分。课程分为必修课、数学和理科课程选修、土木工程技术课程和其他选修。该系拥有著名的周文德水利实验室。周文德水利实验室是以伊利诺伊大学著名的美籍华裔科学家周文德命名的水利实验室，主要进行河流水力学、环境水力学和海洋潮流等方面的试验研究。

普渡大学创办于 1869 年，主校区位于美国印第安纳州西拉法叶市，大约有 13 名校友和教师获诺贝尔奖，是美国一级国家大学和世界著名高等学府，享有极高的国际学术声誉。土木工程学院开设土木工程科学学士学位，132 学分，有建筑工程、施工工程、环境工程、测绘工程、岩土工程、水力与水文工程、材料工程、结构工程和交通工程 9 个方向选择。

得克萨斯州大学奥斯汀分校成立于 1883 年，位于美国第二大州得克萨斯州的首府奥斯汀。Cockrell 工程学院土木、建筑与环境工程系具有 100 多年的办学历史。该系开办土木工程-水文资源工程方向专业。主要涉及供水管理、排涝管理、环境保护和修复方面的水文、水利问题。重点进行防洪、城市、农业和工业供水、水土保持、河道管理和生物栖息地管理以及水质管理。学制四年，125 学分。

科罗拉多州立大学（Fort Collins）成立于 1870 年。工程学院土木环境系拥有土木工程水质实验室、计算水文实验室、GIS 工程设计实验室、地下水高级可视化工程计算实验室、地下水与孔介质实验室、水力学实验室、水文与水资源计算实验室、泥沙实验室、水资源系统计算实验室、废水处理研究工厂、污染水文学中心、科罗拉多州水资源所、科罗拉多州立大学水中心。土木环境系培养地下水工程、水利工程与河道机理、水文科学与工程、灌溉排水工程、水与国际发展、水资源管理与规划等方向的研究生培养，除此之外，土木环境系开办土木工程专业-土壤水资源工程方向本科生培养。

爱荷华大学成立于 1847 年，是美国研究型大学，在国际上享有盛誉。工程学院土木与环境工程系拥水文科学与工程研究所，开办土木工程专业-水资源工程方向的本科生培养。

2.1.2.3 地球科学专业设置水文水资源方向

美国一些大学的地质系、地质科学系、地球科学系中也开设水文水资源教育。如加州州立大学-奇科分校自然科学学院地质与环境科学系开办环境科学水文方向和水文地质本科专业教育。纽约州立大学布鲁克波特学院地球科学系开办水资源主修专业。

全美大学中开设水文地质包括水资源博士课程的不超过 30 所（于海潮，2003）。水文地质专业绝大多数是在这些大学的地质系、地质科学系、地球科学系和水资源系开设的。1999 年，美国新闻与世界报道统计，亚立桑那大学、斯坦福大学、威斯康星大学麦迪逊分校、新墨西哥矿业及技术学院和宾夕法尼亚州立大学的水文地质专业排名依次美国 4 年制大学前 5 位（于海潮，2003）。除此之外，得克萨斯大学奥斯汀分校、 麻省理工学院、普林斯顿大学、俄亥俄州立大学、印第安纳大学、科罗拉多矿业学院、约翰霍普金斯大学和密执根大学等也是美国很强的水文地质专业大学（于海潮，2003）。上述这些学校水文地质专业的起源与土木工程专业类似，一般具有悠久的办学历史。

斯坦福大学地质与环境科学系起源于 1898 年的地质与矿业系。威斯康星大学麦迪逊分校 1853 年开始地质调查，1878 年地质与矿物组成立，经过一百多年的发展成为现在的地球科学系。

新墨西哥矿业及技术学院地球与环境科学系最早可以追溯到 1893 年创立时的化学和冶金技术教学，1927 年新墨西哥矿山和矿产资源局并入该校。宾夕法尼亚州立大学 1859 年在农业学科开设地球科学课程，1896 年矿物工程专业创立，1921 年地质科学系成立。

爱荷华大学地球与环境科学系开办环境科学专业水科学方向本科教育，最低学分 120 学分，包括：通识教育课程，数理科学、环境科学基础、环境方向课程。

除了上述两种方式开办水文水资源教育外，美国也有一些学校灌溉排水类、环境类、管理类专业合并开设水资源与水环境、水管理等专业和方向教育。如犹他州立大学农业与应用科学学院植物、土壤和气候系开办环境土壤/水科学专业，提供学生地球表面土壤-水分-大气中物理、化学和生物过程学习，是犹他州唯一提供土壤学学位的大学，环境土壤/水科学专业是唯一强调进行西部干旱区水问题研究的专业，从事土壤改良和水管理工作。土壤科学家同工程师、地质和生态专家一起共同致力建造各类土壤结构，不同土壤下的有效灌溉，保护土壤和清洁水。学生通过完成本专业所有必修课程获得学士学位，而且熟练掌握一门或多门外语。学习期间，学生必须选择下列一个方向：①土壤。这个方向需要学习 1 门核心数学、自然科学和土壤科学导论课程，之后，学生选修更深层次和专业的土壤课程。②水。学习高等数学、物理和化学，然后，选修与水有关的土壤科学研究课程。③植物。学习 1 门核心数学、自然科学和土壤科学导论课程，之后，学生选修更深层次和专业的植物课程。表 2-2 给出了美国具有代表性的本科专业学校。

表 2-2　美国开办水文水资源专业的代表性高校

学校	学院	系	专业
亚立桑那大学大学	地球与环境科学学院	水文与水资源系	环境水文与水资源主修专业 环境水文与水资源辅修专业 环境水文与水资源本硕连读专业
加州大学戴维斯分校	农业与环境科学学院	土地、大气和水资源系	水文主修专业 水文和流域科学辅修专业
圣克劳德州立大学	理工学院	大气与水文科学系	水文主修专业 水文辅修专业
普渡大学	土木工程学院		水力与水文工程方向
得克萨斯州大学奥斯汀分校	工程学院	土木、建筑与环境工程系	土木工程-水文资源工程方向专业
加州州立大学-奇科分校	自然科学学院	地质与环境科学系	环境科学水文方向 水文地质
美国纽约州立大学	布鲁克波特学院	地球科学系	水资源主修专业
新罕布什尔大学	生命科学与农业学院 工程物理科学学院		开办环境科学水文方向专业 环境科学土壤和流域管理方向专业
犹他州立大学	农业与应用科学学院	植物、土壤和气候系	开办环境土壤/水科学专业

2.2　美国开办水文水资源方向教育代表性大学的培养方案

伴随着高等教育改革和水文水资源科学的发展，美国开展水文水资源方向本科教育的专业课程具有广泛的覆盖面。以下列出几个代表性大学的培养方案。

2.2.1　亚立桑那大学

亚立桑那大学地球与环境科学学院水文与水资源系开设环境水文与水资源 4 年制环境水文与水资源主修、辅修专业以及 5 年制环境水文与水资源本硕连读专业。该专业培养学生获得水文学及相关学科的基本知识，包括环境科学、水文模型和计算应用等知识。学校具有很好的办学条件。本专业所有级别课程教学均可在亚立桑那州进行野外实习。亚立桑那州有大量的多种地形和地质条件和气候区，是极好的野外实验场所。本专业有一个综合实验课程（一个学期的室内和野外方法课程）、一个夏天的野外经历（大四高级整合课程，提供水文测验、检验和数据采集的亲身实践）。学生可以在野外和实验室应用这些技术，并借助于计算机进行测验数据处理。野外实习实践使学生加深环境水文和水资源的理解，也使环境水文和水资源专业的毕业生获得职业基本技能和从事本专业的技术工作。该系拥有较强实力的教师队伍，具有丰富的陆地水文气象、水文地质、环境化学、环境水文、水资源工程、水资源工程系统和水资源工程政策等领域的专门知识和背景。

环境水文和水资源主修专业具有很好的弹性选择课程，分为通识课程、核心选修课程、技术选修课程和专业方向选择课程。课程开设典型计划见表 2-3。

表 2-3 环境水文和水资源主修专业课程典型开设计划

第 1 学期	学分	第 2 学期	学分
微积分函数	1	微积分 II	3
微积分 I	4	普通化学基础 II	4
普通化学基础 I	4	力学导论	4
一年级写作 I	3	一年级写作 II	3
通识教育课程 I 级（Tier I）	3	通识教育课程 I 级（Tier I）	3
第 2 学期第 2 外语	4		
第 3 学期	学分	第 4 学期	学分
矢量微积分	4	流体力学	3
水文学原理	3	常微分方程	3
光学和热力学导论	3	西南文化	3
通识教育课程 I 级（Tier I）	3	结构物理，或地层与沉积原理	4
普通地质学	4	通识教育课程 I 级（Tier I）	3
第 5 学期	学分	第 6 学期	学分
水文地质学	4	技术课程选修	3
工程概率论与数理统计	3	大气科学基础	3
计算水力学	3	环境、农业和生命科学写作	3
通识教育课程 II 级（Tier II）	3	水资源政策导论	3
计算方法	3	水文学	3
		实验水文学	2
第 7 学期	学分	第 8 学期	学分
环境系统风险评价	3	通识教育课程 II 级（Tier II）	3
水质基础	3	统计水文学	3
大四高等课程	3	应用地下水模型	3
技术课程选修	3	土壤物理	3
GIS 类课程	3	技术课程选修	3
		大四高等课程	1
合计		127~135 学分	

通识教育课程有：①基础课程。提供学生英语写作、数学、第二外国语方面的能力，为继续在其他通识教育、主修和辅修专业方面学习打下基础。包括一年级英语写作（中期职业写作评价和专业选修方向写作）、数学和第二外国语。②一级课程（Tier Ⅰ）。介绍 3 个研究领域（个人与社会、传统与文化、自然科学）的基本问题和概念。完成每个研究领域课程，学生必须选修两个不同子领域的课程。③二级课程（Tier Ⅱ）。一级课程完成学习后，二级课程提供学科更深层次的学习，分为 4 个领域（个人与社会、人文科学、自然科学和艺术）。④多元重点课程（Diversity Emphasis）。学生必须完成性别、种族、阶层、种族地位、性别趋向和非西方研究课程学习。另外，学生可以根据专业总体学术建议报告和专业学位培养方

案中的指定通识课程来选定。

专业开设的基础课程包括：微积分函数、微积分Ⅰ、微积分 Ⅱ、矢量微积分、差分方程导论、力学导论、光学和热力学导论、普通化学基础Ⅰ、普通化学基础Ⅱ、一年级写作 Ⅰ和一年级写作Ⅱ。技术选修课程可根据地表水、地下水、水质和水资源方向进行选择：

（1）地表水方向。包括计算水力学、高等水文模型、自然和社会地理信息系统、统计学和水利工程设计课程等。

（2）地下水方向。包括应用地下水模型、地层与沉积原理、渗流水文学和地下水文学基础课程等。

（3）水质方向。包括水文地质同位素示踪、无机化学、普通微生物学、环境生物学、荒地水质学、实验室分析原理Ⅰ和水处理系统设计课程等。

（4）水资源方向。包括环境政策、应用环境法律、环境科学翻译、水信息采集、水资源政策基础-管理、规划与权力课程等。

表 2-3 中计算方法选修课程有工程分析计算技能、土木工程的数值分析、地理信息系统应用、自然和社会地理信息系统、工业工程和系统数学基础等。专业选修课包括应用地下水模型、地貌学、大四高级课程、计算水力学和高等水文模型等。GIS 类课程有地理信息系统应用、自然和社会地理信息系统、高等地理信息系统等。

2.2.2　得克萨斯州大学奥斯汀分校

得克萨斯州大学奥斯汀分校创办于 1883 年，培养土木工程和建筑工程学士学位本科生。Cockrell 工程学院土木、建筑与环境学院开办土木工程-水资源工程方向专业。主要涉及供水管理、排涝管理、环境保护和修复方面的水文、水利问题。重点进行防洪、城市、农业和工业供水、水土保持、河道管理和生物栖息地管理以及水质管理。学制四年，125 学分，课程设置见表 2-4。水资源工程方向有教师 26 人，其中讲师 1 人，助理教授 4 人，副教授 4 人，教授 17 人。其中，国际著名水文学家 David R. Maidment 教授就在该系任教。

表 2-4　土木工程-水资源工程方向专业课程设置

课程名称	学分	课程名称	学分
土木工程系统	3	化学原理Ⅱ *	3
化学原理Ⅰ *	3	级数与多变量微积分*♦	4
微分学和积分学*♦	4	工程物理学Ⅰ *	3
修辞与写作 *	3	工程物理学Ⅰ 实验*	1
一年级签名课程 *	3	工程设计制图*	2
		社会与行为科学	3
计算方法导论*	3	土木工程概率论与数理统计 *	3
静力学 *	3	固体力学 *	3
高等应用微积分Ⅰ	4	流体力学基础 *	3
工程物理学Ⅱ*	3	动力学	3
工程物理学Ⅱ实验 *	1	美国历史Ⅱ	3
美国历史Ⅰ	3	工程通信 **	3
工程材料特性**	3	环境工程导论	3

续表

课程名称	学分	课程名称	学分
结构分析	3	水利工程基础 I	3
交通系统	3	岩土工程	3
工程管理与经济	3	视觉和表演艺术	3
人文科学	3	工程专业**	1
批准理科选修课程	3	水利工程基础 II	3
海洋工程导论	3	水利工程设计	3
地下水力学	3	批准理科选修课程	3
水文学	3	美国政府 II	3
美国政府 I	3	批准数学/理学/ 工学选修课程	3

2.2.3 加州州立大学-奇科分校

加州州立大学-奇科分校地质与环境科学系开办四年制环境科学专业水文方向，120 学分，学分结构见表 2-5 至表 2-7。

表 2-5　环境科学专业水文方向课程结构

类型	学分	备注
通识教育课程	48	其中，文化多样性课程（6 学分）和美国历史、宪法和美国意识（6 学分）
专业必修课 其中，专业核心课 （43 学分），专业方向选修课（26~32 学分）	69~75	专业核心课程（43 学分），包括初等课程（30 学分），高等课程（13 学分）

通识教育分为基础、美国制度和途径 3 个领域。基础包括口语交流、写作、批判性思维、数学、物理和生命科学的实验室课程。美国制度课程包括联邦政府、州和当地政府的制度以及美国历史。途径课程是继续通识教育，有 10 个途径课程类，每类有 18 学分低等课程和 9 学分高等课程。

表 2-6　环境科学专业水文方向专业核心课程

类型	课程名称	学分
初等课程 （ 30 学分）	生态原理、演化与有机生物学	4
	普通化学 I	4
	普通化学 II	4
	普通地质学	3
	环境 I：原理和实践	2
	环境 II：生态系统	2
	计算机在地球科学中的应用	1
	环境III：大气、水和土壤	2
	普通物理 I	4
	普通物理 II	4
高等课程 （13 学分）	生态学基础	3
	地球科学	3
	环境IV：环境科学应用	2
	环境科学测验基础	3
	高等课程	2

表 2-7　环境科学专业水文方向水文方向选修课程

类型	课程名称	学分
初等课程（ 8 学分）	分析几何与微积分 I	4
	分析几何与微积分 II	4
高等课程（23~24 学分）	水文	3
	水文田间实验 I	1
	水文田间实验 II	1
	水文地质学	3
	水资源管理	3
	自然水系统和地球化学任选 1 门	3
	矿物学和岩石学（4 学分）、污染生态学（3 学分）、生态水文学（3 学分）和应用地球物理学（3 学分） 任选 1 门	3-4
	建议核心课程类（ 6 学分） 在流域类（6 学分）和水文地质类（6 学分）任选 1 类。流域类包括地表过程（3 学分）和流域水文学基础（3 学分）。 水文地质类包括地层学（3 学分）和环境系统模型 I （3 学分）	6

2.2.4　纽约州立大学布鲁克波特学院

纽约州立大学布鲁克波特学院地球科学系开办水资源主修专业。课程包括通识教育课程、水资源主修专业课程和基础课程。纽约州立大学布鲁克波特学院提供传统通识教育、Delta 学院计划和荣誉学院计划 3 种方向选择。通识教育课程 60 学分，水资源主修专业课 43 学分，基础课程 27 学分。共计 130 学分。水资源主修专业课和基础课程见表 2-8。

表 2-8　水资源主修专业课程设置

类型	课程	学分
核心课程（29 学分）	气象学导论	4
	水资源导论	4
	流域学	3
	实验中的计算机方法	3
	地球科学写作	1
	水文	4
	高等研究	1
	高等研讨会	1
	地质学基础	4
	地下水	4
指定选修（13 学分）	天气学 I	4
	天气学 II	4
	环境气候学	3
	环境气候学实验	1
	湿地系统	3
	雷达和卫星气象学	4
	GIS 在环境中的应用	3
	土壤学基础	3

续表

类型	课程	学分
指定选修（13 学分）	水文气象学	4
	地层学和沉积学	4
	地形学	4
	地球化学	4
	湖泊学	3
	水质分析	4
基础课 （27 学分）	大学化学 I，II	8
	计算工具	3
	微积分 I，II	8
	大学物理 I，II	8

2.2.5 加州大学戴维斯分校

加州大学戴维斯分校农业与环境科学学院土地、大气与水资源系开办水文专业。提供水文主修和水文选修学位培养。现在它是国家仅有的两个水文专业之一。水文科学研究组成立于 1991 秋，由戴维斯分校水研究领域的学科组成，1992 年开始招收硕士、博士研究生。具有较强学科实力。水文方向教师 18 人，其中教授 8 人。1991 年，该系成立水文科学研究组，进行广泛水科学问题研究。除培养大气科学、水文、环境科学专业的本科生外，还培养大气科学、土壤和生物地球化学、水文科学的硕士和博士研究生。本科总学分 129~148 学分，包括 72 学分的自然科学和数学、通识教育课程。课程设置见表 2-9。

表 2-9 水文主修专业课程设置

分类	涉及学科	课程	学分
初级课程（71 学分）	生物科学（10 学分）	生物学导论：地球生命的本质	5
		生物学导论：生态学原理与演化	5
	化学（15 学分）	普通化学 I	5
		普通化学 II	5
		普通化学III	5
	物理（15 学分）	普通物理 I	5
		普通物理 II	5
		普通物理III	5
	数学（22 学分）	微积分 I	4
		微积分 II	4
		微积分III	4
		矢量分析	4
		线性代数	3
		差分方程	3
	地质（5 学分）	普通地质学	3
		普通地质学实验	2
	工程决策（4 学分）	工程问题决策与求解	4
高等课程（46~53 学分）	工程流体力学（4 学分）		4

续表

分类	涉及学科	课程	学分
高等课程（46~53 学分）	土木工程概率分析（4 学分） 数理统计（4 学分）		4~6
	水文科学（21 学分）	地球化学	6
		水文学原理	4
		系统水文学	4
		地下水文学	4
		水文学测验方法	4
	土壤科学（5 学分）	土壤物理	5
	选修（3~4 学分）	水法（3 学分） 资源与环境政策分析（3 学分） 环境法（3 学分）	3~4
	选修　(9~13 学分）	灌溉原理与实践（3 学分） 植物-水-土壤关系（4 学分） 水文地质与污染物运移（ 5 学分） 工程水力学（ 3 学分） 城市环境　（ 2 学分）	9~13
限选课程　(16~26 学分）	学生与老师协商确定		16~26

2.2.6　新罕布什尔大学

新罕布什尔大学生命科学与农业学院自然资源与环境系、地球科学系开设环境科学水文方向专业。环境科学专业包括生态系统、土壤和流域管理、水文领域。培养目标：①掌握环境系统相互作用和具有科学与人文交流能力；②获得环境科学研究方向基本知识和野外实践能力；③获得地理信息系统使用和应用能力；④通晓环境政策，培养多学科团队合作精神。

新罕布什尔大学 4 年制本科毕业生必须完成写作+发现（核心课程）+学位和专业模块课程学习（表 2-10），共计 120 学分。水文方向课程有普通物理学、景观演化、土壤学、矿物学原理、水文学原理、水文学、1 门定量分析课和 2 门选修课。

（1）写作提高课程。学士学位的本科毕业生必须完成 4 门写作提高课程，1 门英语（一年级写作）和其他 3 门写作提高课程。

（2）发现计划（必修核心课程）。发现计划提供任一专业学生的知识架构，不仅包括本专业课程，而且学习其他专业的基本方法、工具和问题，拓宽学生视野和适应社会的能力。设置 57 学分，包括生物科学、物理科学、环境、技术和社会、历时、艺术欣赏、人类学和世界文化等方面课程。

（3）学位必修课程。学生必须完成学位必修课程。

表 2-10　新罕布什尔大学环境科学水文方向典型课程

课程	学分	课程	学分
自然资源职业前景	1	微积分 II	4
环境科学导论	3	普通化学 II	4
微积分 I	4	地球动力学	4
普通化学 I	4	地球历史	4

续表

课程	学分	课程	学分
国际生英语写作	1~4	发现选修课	
普通物理学 I	4	普通物理学 II	4
环境科学技术	3	淡水资源	4
生物学导论： 分子和细胞	4	发现选修课	
土壤学	4	发现选修课	
工程和科学中的统计方法	4	环境资源与环境政策	4
景观演化	4	地理信息系统导论	4
批准选修课		环境科学技术	3
		发现选修课	
水文学原理	4	地下水文学	4
定量分析课		批准选修课	
毕业论文	4	选修课	
新西兰地区直接科学研究	4	选修课	
发现选修课			

2.2.7 圣克劳德州立大学

圣克劳德州立大学提供水文本科专业教育。培养目标：掌握地球上水的主要作用，人口增长和技术社会背景下水资源的测验。通过数学、物理、水文、地质等课程学习，使学生熟悉地表水和地下水的相互作用，人类活动对地球水和环境的影响；提供室内外实验，获得水资源管理、水景观等知识和技能。学生可从事河流、污染物、洪水、井和含水层等研究。

本专业是美国明尼苏达州唯一的水文本科教育专业。专业培养特色：①小班教学，专业课 10~20 人；②拥有水文俱乐部，促使学生获得职业网络、野外实验、交流和社会活动的机会；③高等研究工程课程提供学生在其他大学和联邦实验室的研究经历；④可以在州、国家有关部门和私人公司进行实习；⑤授课教师均具有博士学位和从事水文、地质等学科的研究工程经历；⑥拥有波浪水槽、河流水位、气象和水文实验站、水文模型计算机软件等设备，提供学生研究实践。总学分 115~126，典型课程设置见表 2-11。

表 2-11 圣克劳德州立大学水文专业典型课程计划

第 1 学期		第 2 学期	
课程	学分	课程	学分
水文学原理	4	物理地质系统	4
微积分与分析几何 I	5	气象学导论	4
初等化学	4	微积分与分析几何 II	4
修辞与写作，或 交流研究导论	4 2	交流研究导论 II，或 修辞与写作 II	3 4
合计	15~17	合计	15~16
第 3 学期		第 4 学期	
课程	学分	课程	学分
水文地质学	4	化学水文地质学	3
地表水文学	4	河流水力学	4
普通物理学 I	5	普通物理学 II	5

续表

第 3 学期		第 4 学期	
普通化学或 通识教育课选修	4 3	地理信息系统原理	3
合计	16~17	合计	15
第 5 学期		第 6 学期	
课程	学分	课程	学分
地下水模型	2	水文测验	4
地表水模型	2	水资源管理	3
HYDRO（AHS）选修	4~8	高等研究建议书	1
通识课选修	3~4	水文方向选修	4
		大学选修课	3
合计	15~16	合计	15
第 7 学期		第 8 学期	
课程	学分	课程	学分
高等研究工程	2	通识课选修	3
水文方向必修	1~3	大学选修课	7~10
水文方向选修	1~3		
大学选修课	8~10		
合计	12~15	合计	12~15

注：水文方向选修课程：包括：历史地质学（3 学分）和野外地质学（3 学分）。

2.2.8 普渡大学

普渡大学土木工程学院开办土木工程科学学士学位水力与水文工程方向培养，共计 132 学分。典型课程安排见表 2-12。

表 2-12 土木工程科学学士学位水力与水文工程方向典型课程

一年级第一学期，17 学分		
课程代码	课程名称	学分
MA 16500	解析几何与微积分 I	4
CHM 11500	普通化学	4
ENGL 10600	一年级写作	4
ENGR 13100	从转变观念到创新 I 从转变观念到创新 I	2
通识教育选修 I		3
一年级第二学期，16		
课程代码	课程名称	学分
MA 16600	解析几何与微积分 II	4
PHYS 17200	现代力学	4
FYE 科学选修课程		3
ENGR 13200	从转变观念到创新 II	2
COM 11400	演讲交流基础 言语交际基础	3
二年级第一学期，18 学分		
课程代码	课程名称	学分
MA 26100	多元微积分	4
PHYS 24100	电学与光学	3

续表

二年级第一学期，18 学分		
CE 29700	基础力学Ⅰ	3
CE 20300	测绘学原理与实践	4
CGT 16400	土木工程与建筑制图	2
CE 29202	土木工程的当代问题	2
二年级第二学期，16 学分		
课程代码	课程名称	学分
MA 26500	线性代数	3
CE 23100	工程材料Ⅰ	3
CE 27000	结构力学基础	4
CE 29800	基础力学Ⅱ	3
通识教育选修Ⅱ		3
三年级第一学期，16 学分		
课程代码	课程名称	学分
MA 26600	常微分方程组	3
CE 33100	工程材料Ⅱ	3
CE 34000	水力学	3
CE 34300	基础水力学实验	1
技术选修课Ⅰ（知识扩充课）		3
通识教育选修 Ⅲ		3
三年第二学期，17 学分		
课程代码	课程名称	学分
STAT 51100	统计方法	3
CE 39800	土木系统工程设计基础	3
CE 39201	土木工程技术交流	2
技术选修课（知识扩充课）		3
技术选修课（设计课程））		3
基础科学选修		3
四年级第一学期，18 学分		
课程代码	课程名称	学分
ME 20000	热力学	3
技术选修课 Ⅳ（知识扩充课）		3
技术选修课 Ⅴ（设计课程））		3
技术选修课 Ⅵ		3
技术选修课 Ⅶ		3
通识教育选修 Ⅳ		3
四年级第二学期，15 学分		
课程代码	课程名称	学分
CE 49800	土木工程设计课题	3
技术选修课 Ⅷ（知识扩充课）		3
技术选修课 Ⅸ（设计课程））		3
技术选修课 Ⅹ		3
通识教育选修Ⅴ		3

表 2-12 中水力学与水文工程方向技术选修课有：CE 54000 明渠水力学（知识扩充课），CE 54200 水文学（知识扩充课），CE 54300 海岸工程（设计课程），CE 54400 地下水文学（知识扩充课），CE 54600 计算河流水力学（设计课程），CE 54700 地表水运动过程（设计课程），

CE 54900 计算流域水文学（设计课程）。

2.2.9　爱荷华大学

爱荷华大学工程学院土木与环境工程系开办土木工程水资源方向本科教育，主要课程见表 2-13。

表 2-13　水力和水资源方向的课程

代码	课程名称	学分	代码	课程名称	学分
CEE:4374	水资源设计	3	CEE:4157	环境工程设计	3
CEE:4119	水文学	3	CEE:4370	明渠水流	3
CEE:4371	水资源工程	3	CEE:4317	遥感学	3
CEE:3328	河流地貌学	3	EES:3360	土壤成因与地貌	3
CEE:3783	监测与遥感	3	CEE:4378	水文气象学	3
CEE:4102	地下水	3	CEE:4180	大气科学基础	3
CEE:4103	水质	3	CEE:4123	水文气候学	3
CEE:4107	可持续系统	3	CEE:5372	流体力学实验方法与热传输	3
CEE:4118	水文科学的概率方法	3	EES:3390	综合流域分析	3
CEE:3141	设计与发展的世界	3	GEOG:3520	基于 GIS 的环境研究	3

2.3　美国水文水资源高等教育创新能力培养模式

长期以来，美国开办水文水资源教育的大学始终坚持创新教育理念，取得了许多成功的经验，本节概括总结美国水文水资源高等教育创新能力培养模式。

2.3.1　先进的教育新理念

20 世纪 30—40 代前，美国的工科大学采用工程教育“技术模式”的传统工程教育理念，重视技艺技能研究与应用，工程经验阶段的工程实践和专业技术知识。20 世纪 40—80 年代，美国工程教育引进科学教育，开设数学、物理等基础学科，称之为“工程科学运动(Engineering Science Movement）”为导向的教育理念，主宰美国的工程教育，在许多领域取得了巨大成功（张俊平等，2012）。但是，这种工程教育由于强调科学基础理论研究与教育，工程学科学习和科学分析训练，使得教育过于科学化、学术化，消除或者大幅度减少二战前的工程设计和集成以及工程实践教育等项目，美国工业在许多产品领域失去领先和霸主地位，严重威胁美国国家的竞争力。学者们认为工程科学教育偏离了以实践为基础的工程教育本质。20 世纪 90 年代以后，美国力求改变工程科学教育的不足，提出了“回归工程运动”，形成“工程模式”。“回归工程运动”的核心内容就是要改革美国“过度工程科学”化的工程教育体系，“重构工程教育”，“要使建立在学科基础上的工程教育回归其本来的含义，更加重视工程实际以及工程教育本身的系统性和完整性”（张俊平等，2012）。1993 年，莫尔提出未来工程教育发展的新方向——“大工程观”概念，在工程教育改革实践中，将科学、技术、非技术、工程实践融为一体的，具有实践性、整合性、创新性的“工程模式”教育理念体系（张俊平等，2012）。目前，这种突破传统的高等工程教育理念，实施“回归工程”和“大工程观”的教育新理念深刻影响着美国的整个工程教育。一方面，美国高校坚持“通才教育”的基本教育理念，强调个人全面发展，即培养具有广博和坚实基础知识，适应社会发展变化的通用型人才（钟阳春、赵正，2005）。在这种创新教育理念的指导下，美国虽然开办水文水资源专业本科教育的大学纷纷以通晓地球科学、环境工程、土木工程学科的基本知识和实践，实施宽泛的工程教育，扩大学生职业的选择范围，具备水文水资源专业或方向创新精神和创新能力为教育理念，培养具有人文、科学、品德素养和职业竞争能力的高级人才。

一般来说，美国大学生在进入大学时学习涵盖文学、艺术、历史、哲学、人文、社会、数学和科学等领域的课程。经过比较广泛的教育后，到了大学三年级，学生在学术顾问指导下，选择自己所感兴趣的专业课程。以亚立桑那大学地球与环境科学学院水文与水资源系环境水文与水资源 4 年制主修专业为例。开设艺术、历史、哲学、人文、社会科学、自然科学等领域内的课程，在完成上述足够广泛的学习后，学生根据自己的兴趣选择专业方向学习，获得水文学及相关学科的基本知识，包括环境科学、水文模型和计算应用等知识，学生在知识宽度、平衡性方面有着显著的优势。

2.3.2 拥有先进的教学平台

美国高校现代化和信息化程度高，实验室和实验基地拥有最先进的基础设施和仪器设备，研发和研究平台高，为学生实验实习和科学研究提供了良好条件。一些企业认为在校学生是公司、企业未来生存和发展的核心力量，他们定期来校展示最新水文、水质信息采集、试验产品、计算机和水文环境模型软件，免费培训和为大学提供最新产品和模型软件。学校计算机应用普及，实现电脑网络化管理，网络覆盖整个校园，信息渠道畅通。图书资料充足，面向全国高校服务。尽管高校没有统一的教材，但是，学校图书馆能够完全满足学生的阅读书籍需要，并藏有最新出版的专业书籍，拥有水文水资源专业的主要期刊《Water Resources Research》《Journal of Hydrometeorology》《Journal of Hydrology》《Advances in Water Resources》《Hydrology and Earth System Sciences》《Hydrological Processes》《Hydrology Science Journal》《Water Resources Management》《Journal of Geophysical Research》《Geophysical Research Letters》《Journal of Soil and Water Conservation》等从创刊到现在的文献电子数据库。其中，有些统计计算、数学等相关领域的期刊甚至有上百年的文献。因而，查找各类研究文献是一件容易的事情，也是发展中国家高校难以拥有的条件。专业实验室和计算机室面向学生开放，学生可以通过预约进入实验室工作。教室环境优美，教学设备齐全，配备有黑板、幻灯机、投影仪和计算机等，教室桌、椅均可以移动。根据教学需要，桌、椅可以进行灵活组合，方便老师采用圆桌会议的形式教学。一般情况下，大多数课程内容采用幻灯机播放 PPT 方式教学，对于水文类、地下水类数学公式较多的课程，教师一般采用板书、投影仪（较早的教学材料使用）和阅读文献方式授课。另外，美国高校向来崇尚体育运动，一般也拥有大量设施一流的体育场馆，规模庞大，体育场的规模，均要超过我国的一般体育场。

2.3.3 拥有一批世界一流的教师

目前，美国开办水文与水资源教育方向的大学几乎都聚集了国际上著名的水文学和水资源专家，他们中间有的是学术大师，有的是某方向研究的顶级科学家，有的是国际组织和学术期刊的负责人，是美国水文水资源领域创新研究的主要团队和基地。

例如，1960—1979 年，世界著名水文学家叶夫耶维奇（V. Yevjevich）任科罗拉多州立大学土木工程教授，一生致力于水文科学和水资源工程研究，在随机水文学方面做出了杰出的贡献，被誉为随机水文学之父（Father of Stochastic Hydrology），开辟了水资源科学和工程新领域研究。伊利诺伊大学香槟分校工程学院土木与环境工程系历史上就有美籍华裔水文学家、美国国家工程科学院院士、水利工程师和教育家周文德（Ven Te Chow）教授任教。周文德教授著有《明渠水力学》和《应用水文学手册》，也是美国流行教科书《应用水文学》的合著者，一生发表水文学和水资源方面的论文 218 篇。学术界公认他的学术成就对整个世界水资源的理解和重要性的认识产生了重要影响。目前，该系的 Murugesu Sivapalan 教授是美国地球物理学会和国际水科学院资深会员（Fellow）、澳大利亚技术科学工程学院院士，先后荣获国际水文科学协会国际水文奖、美国地球物理学会水文科学奖和霍顿奖章、欧洲地球物理学会道尔顿奖章、澳大利亚政府“澳大利亚水文和环境工程领域服务于社会特别贡献”百年奖章、荷兰代夫特科技大学荣誉博士，以表彰他在水文学和水资源系统领域研究的贡献。Murugesu Sivapalan 教授是 PUB 计划的倡导者，曾任国际水文科学协会（IAHS）首任主席，历任多家杂志编委，是《Hydrology and Earth System Sciences（HESS）》杂志执行主编。Praveen Kumar 教授是《Water Resources Research》主编，先后获大学空间研究协会奖和杰出青年科学家奖、NASA 新人研究奖。

David R. Maidment 国际著名地表水文学家，得克萨斯州大学奥斯汀分校土木工程系教授，在地理信息系统（GIS）在水文中的应用做出了卓越的贡献。先后获美国水文协会 Ray K. Linsley 奖，美国土木工程协会 Ven Te Chow 奖，伊利诺伊大学香槟分校杰出校友奖、美国水资源协会水资源数据信息系统奖，David R. Maidment 教授合著《应用水文学》（McGraw-Hill, 1988），主编《水文手册》（McGraw-Hill, 1993），合著《GIS 水文水力学模型、《Arc Hydro: 水资源地理信息系统》和《Arc Hydro 地下水》著作，这些著作和 Arc GIS 水文模块至今在全世界广泛使用。

V. P. Singh 教授，国际著名水文学家，德州农工大学杰出教授，生物与农业工程系水工程首席教授，著有 24 本著作和教科书、2 本解答手册、合编 55 本书籍、承担 80 本书籍章节撰写、13 种期刊专题编辑、72 本研究报告、发表期刊论文 812 篇、会议论文集论文 307 篇和评论 29 篇，先后获美国国家和国际组织奖励 65 项。

2.3.4　取得了水文科学一批重大理论和技术成果

美国工科院校是国家科技创新的发源地和创新型工程科技人才培养的主要机构。长期以来，美国高校始终坚持这一制度化理念。

从公元 1 世纪到 20 世纪上半叶，按照中国水文大事记统计，形成水文科学体系和原理具有代表性 50 个成果中（表 2-14），爱尔兰有 3 个，奥地利有 1 个，德国有 1 个，英国有 6 个，法国有 8 个，瑞士有 5 个，意大利有 3 个，苏联有 2 个。而美国占有 21 个，几乎占到一半。主要贡献有旋桨式流速仪、旋杯式流速仪、洪水波速的计算公式——塞登定理、计算流域平均面雨量的泰森多边形法、正态机率格纸适配流量频率曲线（概率理论引入水文计算）、降水量频率分析法、地下水保证产水量概念、P-Ⅲ型频率曲线分析方法、能量平衡推求蒸发量方法、谢尔曼单位过程线、霍顿下渗公式、河道流量演进计算的马斯京根法、井非平衡水力学计算公式—泰斯公式、随机水文过程滑动平均模型、综合单位线方法、单位线的S-曲线法、水文资料频率分析的极值分布曲线、瞬时单位线、悬移质和推移质输沙率公式、中子散射法测定土壤含水量法、暴雨径流多变数合轴相关图。

表 2-14 水文科学体系和原理形成具有代表性的 50 个成果

序号	年份	国家	研究成果
1	1851	爱尔兰	莫万尼提出推理公式，计算小流域的最大洪峰流量
2	1889	爱尔兰	曼宁提出著名的水力学计算公式——曼宁公式
3	1957	爱尔兰	纳什提出瞬时单位线，用数学语言描述流域汇流过程
4	1888	奥地利	福希海默尔作地下水流网图
5	1790	德国	沃尔特曼发明流速仪
6	1674	法国	佩罗著《泉水之源》，提出塞纳河流域年雨雪量为年径流量的 6 倍
7	1732	法国	皮托发明新的测速仪——皮托管
8	1775	法国	谢才发表明渠均匀流公式——谢才公式
9	1850	法国	尔格朗用相应水位法作洪水位预报
10	1856	法国	达西创立地下水渗流理论的基本定理——达西定律
11	1863	法国	裘布衣提出井的平衡水力学方程式
12	1865	法国	巴赞提出计算谢才系数的巴赞公式
13	1871	法国	圣维南提出水流连续方程组——圣维南方程组
14	1870	美国	埃利斯发明旋桨式流速仪
15	1885	美国	普赖斯发明旋杯式流速仪
16	1900	美国	塞登提出洪水波速的计算公式——塞登定理
17	1911	美国	泰森提出计算面平均雨量的泰森多边形法
18	1914	美国	黑曾用正态机率格纸选配流量频率曲线，把概率理论引入水文计算
19	1919	美国	米德提出降水量频率分析法
20	1923	美国	迈因策尔提出地下水保证产水量的概念
21	1924	美国	福斯特提出 P-III型频率曲线分析方法
22	1926	美国	鲍恩提出由能量平衡推求蒸发量的方法
23	1932	美国	谢尔曼提出单位过程线法
24	1933	美国	霍顿提出下渗理论曲线——霍顿下渗公式
25	1935	美国	麦卡锡提出用于河道流量演进计算的马斯京根法
26	1935	美国	泰斯提出井的非平衡水力学计算公式——泰斯公式
27	1935	美国	霍伊特提出随机水文过程滑动平均模型
28	1938	美国	斯奈德等提出综合单位线方法
29	1939	美国	摩根与赫林霍斯提出分析单位线的 S-曲线法
30	1941	美国	耿贝尔提出水文资料频率分析的极值分布曲线
31	1945	美国	克拉克首先提出瞬时单位线的概念
32	1950	美国	汉斯·爱因斯坦提出悬移质和推移质输沙率公式
33	1950	美国	贝尔彻等人提出用中子散射法测定土壤含水量
34	1951	美国	柯勒和林斯雷提出暴雨径流多变数合轴相关图
35	1738	瑞士	伯努利父子发表水流能量方程——伯努利方程
36	1840	瑞士	阿加西于瑞士温特阿尔冰川建立世界第一个冰川研究站
37	1869	瑞士	冈吉耶和库特尔提出计算谢才系数的冈吉耶—库特尔公式
38	1876	瑞士	福雷尔用流体力学公式计算湖泊波漾
39	1885	瑞士	福雷尔发现湖泊异重流

续表

序号	年份	国家	研究成果
40	1931	苏联	韦利卡诺夫提出等流时线概念
41	1957	苏联	加里宁提出用特征河长推导的时段单位线方法用于流域汇流计算
42	1500	意大利	达·芬奇提出水流连续性原理，并提出用浮标法制流速
43	1610	意大利	圣托里奥创制第一台流速仪
44	1639	意大利	卡斯泰利创制欧洲第一个雨量筒，开始观测降水量
45	1663	英国	雷恩发明自记雨量计
46	1687	英国	哈雷创制蒸发器测量海水蒸发量，估算了地中海的水量平衡
47	1802	英国	道耳顿提出蒸发与水汽压的关系——道耳顿定理
48	1899	英国	斯托克斯提出泥沙沉降速度公式——斯托克斯公式
49	1921	英国	泰勒提出紊流扩散理论
50	1948	英国	彭曼提出推求水面蒸发量的公式——彭曼公式

2.3.5　先进的教学方法

美国水文水资源方向每一门课都有详细的教学大纲。教学大纲不仅是教学规范要求，而且是学生学习的指南。教学大纲包括教师办公时间和联系信息、课程网页、教学目标、先修课程、必读书目、参考书目、阅读材料、软件、成绩评定、教学内容和计划、学习小组、作业、实习和实验、课题方案（包括书面写作和口语表达）、听课要求、测验、班级活动、考试要求、课程退修政策、残疾学生政策和教学评估。教学大纲灵活，教师根据课程理论技术的最新研究进展，每次授课的教学大纲可以进行修改，教学内容更新较快。同一学校不同老师、不同学校同一课程授课的教学大纲也往往有所差异，体现学校优势和教师研究特色。

2.3.5.1　教师办公时间和联系信息

提供授课教师每周办公室的工作时间、个人网页、联系方式和办公室地点。学生可通过电话、邮件和面谈方式与老师进行课程、阅读材料、作业和其他感兴趣问题的咨询解答。鼓励学生发送电子邮件，教师都会及时回复。

2.3.5.2　课程网页

教学大纲、讲义、作业、软件、数据、图表、阅读材料和其他资源均包含在课程网站上。另外，班级电子登记册也是网站的一部分。学生与老师互动、交换文件和讨论均在网站进行。

2.3.5.3　先修课程（知识）

先修课程是某课程学习前学生先期应完成学习的课程，也是该课程必备的知识。由于美国大学没有统一的培养方案和大纲，许多课程则规定先修知识（Topics）。

2.3.5.4　必读书目、参考书目和阅读材料

与我国不同，美国大学没有统编教材。教师一般列出课程必读的书目和参考书。许多老师也根据教学大纲编写讲义，电子稿存储在课程网站上，供学生下载学习使用。许多情况，一本书难以包含一门课程的所有内容，所以教师一般列出两本以上的必读书目和许多参考书目。对于课程涉及的一些理论方法，作者原文献有详细的介绍。教师会列出这些文献清单，要求学生在图书馆或课程网站下载阅读，有的文献为当年发表的，反映了最新的理论技术进展。由于美国陆军工程师团、气象局、地质调查局、垦务局和联邦应急管理局是美国联邦政府防洪救灾的主要部门，因此，阅读文献还包括这些部门的研究报告、标准和规范等。

2.3.5.5 计算机和软件

所有课程注册的学生都会获得大学邮件账户，学生可以使用自己的计算机，或公寓和学校计算机室的计算机。Microsoft Excel 和 Word 是学生必须掌握的软件。美国非常重视知识产权，所有课程使用的软件一般安装在学校、系计算机室的计算机，如 MATLAB、HEC-HMS、ArcGIS 和 ArcHydro 等。计算机室由管理员管理，负责计算机硬件和软件管理，但不熟悉课程使用的软件。

2.3.5.6 成绩评定

课程总评成绩不依赖于某次考试成绩，采用作业、测验、课题方案、期末考试和不定期班级活动等环节考核，综合客观地评定每一个学生的总评成绩。各校具体权重略有差异，但是，总体来说，平时成绩权重大于期末考试成绩。另外，成绩评定政策也给出百分制分数与等级、绩点（GP）的转换关系。密歇根州立大学土木与环境工程 P. Mantha 教授 2014 年秋季《工程水文学》课程规定总评成绩由作业、3 次测验和 2 次课题方案、期末考试和不定期班级活动组成。其中，不定期班级活动占 5%，作业占 20%，2 次课题方案和报告占 25%（第 1 次占 12%，第 2 次占 13%，由 2 人或 3 人小组完成），3 次测验占 30%，期末考试占 20%。即期末考试（20%）+平时成绩（80%）。分数与绩点（GP）转换见表 2-15。

表 2-15 分数与绩点（GP）转换

分数	绩点（GP）	分数	绩点（GP）
大于 90	4.0	70~75	2.0
85~90	3.5	65~70	1.5
80~85	3.0	55~65	1.0
75~80	2.5	小于 55	0.0

2.3.5.7 教学内容和计划

教学内容和计划详细给出了每次课程的日期、讲课内容和阅读材料要求，也包括教学环节中涉及的计算机上机实习、室内实验和野外实习、测验和作业安排，以及作业提交、放假、课题方案和期末考试等具体安排日期、时间和地点。

2.3.5.8 学习小组

学习小组主要进行课程学习、作业求解问题的方法讨论，通过讨论，使学生清楚用何种方法、为什么用这些方法。另外，学习小组也用于学生课题方案完成，训练学生团队合作能力。严格禁止学术不诚实，禁止学习小组相互替代完成作业。

2.3.5.9 作业

作业是应用课堂和教学材料的原理和方法进行实例练习，要求学生独立完成作业。通常情况下，课程网站都有关于学生作业的规定要求。一般通过课程网站或学校邮件系统，提供作业要求、提交日期和评分标准。要求学生经常登录自己的邮箱。如得克萨斯州大学奥斯汀分校环境与水资源工程系 Daene C. McKinney 教授的《水文学》课程作业由课程网页书和讲义的问题组成。提交时间为布置作业后下次课程结束前，其目的是让学生在作业布置和提交期间，及时复习有关内容。过期提交作业者，在求解答案公布网页前期间，每天将扣除 50% 的作业成绩；求解答案在网页公布后，作业不计入作业成绩。作业必须整齐和整洁提交，以至于 6 周或 6 月，甚至 6 年后，学生也能够看清楚自己的求解过程。作业必须叙述给定条件信息，严格禁止抄袭答案。多数情况下，一个流程图应当作为求解的一部分，在特定数值代入方程前，所有方程必须用通用符号书写；所有量纲数值必须按正确物理单位书写，计算中每一值没有必要书写物理单位，答案必须标记清楚。按以下规定进行作业成绩评定。①满分（100%）：问题和方程书写清晰，无计算错误和误差，答案清晰标注，物理单位使用正确。②扣分：态度一般、努力不够扣 50%；书写潦草、马虎和不认真扣 100%；答案没有清楚标注，按问题重要程度扣 10%~20%；明显错误扣 25%；计算错误扣 10%；物理单位丢失或错误扣 25%。

2.3.5.10　计算实习和实验

主要说明课程所需软件的上机实习安排、部分作业计算任务的完成，以及课程室内和室外实验具体安排。

2.3.5.11　课题方案

课题方案是这门课的重要组成部分，其目的是给予学生应用水文原理解决实际问题的经历。通常是由一个小组根据一个课题进行深入展开研究完成的。这项内容可能需要长达一整个学期的时间来完成，其中会涵盖发言、论文和研究报告等的内容。课题方案报告要求理论、计算的正确性和完整性。每组有一个实际设计项目，由小组成员合作完成。然后，学生通过 15 分钟的发言（包括回答问题），向全班做介绍。小组外的所有学生作为听众都拿到一张评价表，他们可以自由提问，请小组成员回答。最后，以小组的现场答辩表现和项目的实际完成质量作为依据，由小组外的全体学生和教师共同评分，确定各组得分及名次。此外，小组成员也对自己及组内其他成员对项目的参与和贡献进行评价。

2.3.5.12　听课要求

每个学生听课是每个老师的希望。美国大学课堂老师与学生互动较多，反映学生课堂参与表现，课堂上表现活跃的学生甚至可得到直接附加加分，计入总评成绩。另外，一些老师也设置了班级随机测验，测试任一天课堂学习内容的掌握程度，全部班级测验是不可能都给予评定成绩，但是，可以评定部分班级随机测验，并把它计入期末总评成绩。

2.3.5.13　测验和期末考试

测验和期末考试进行测试学生课程的理解。包含以下方面：书面问题的数学求解，形式与课堂和作业中的问题；测试基本概念和原理的理解。规定测验和期末考试携带用品，如计算器、考试用纸等。但是，禁止携带笔记本电脑、写字板和手机。如得克萨斯州大学奥斯汀分校环境与水资源工程系 Daene C. McKinney 教授《水文学》课程考试按闭卷方式考核。但是，学生可以允许携带一张 8.5 英寸× 11 英寸考试用纸。考试期间，学生可以在试卷边上书写，所需变换因子、流体物理特性和三角函数公式均会提供。每次考试，学生需要微积分数学知识。对于第 2 次考试，学生可以携带 2 页用纸。考试结束前，所有用品必须声明，考试时间结束提交试卷，考试结束后，老师和监考老师将携带所有考试材料离开考场。老师和监考老师离开考场后，不接受任何材料。考试日期在课程第 1 次课堂宣布，学生有权利告知老师与考试冲突的事宜，如可能，日期可在班级同意通过。

2.3.5.14　班级活动

班级活动包括课堂讨论、发言、回答问题和随机测验。随机测验测试任一天课堂学习内容的掌握程度，全部班级测验是不可能都给予评定成绩，但是，可以评定部分班级随机测验，并把它计入期末总评成绩。

2.3.5.15　课程退修政策

规定学生退修选修课程政策。如得克萨斯州大学奥斯汀分校土木工程系 David R. Maidment 教授《水文学》课程规定从第 1 次到第 12 次课期间，学生可以通过网页退修本课程，第 13 次课后到学校退修课程学术期限之间，学生必须得到系主任和系指导教师的许可，才能退修本课程。超过学校退修课程学术期限，只有在突发情况、非学术原因且得到系主任许可下，方可退修本课程。

2.3.5.16　残疾学生政策

具有体力和心理书面残疾证明的学生，可以向学校申请学习调整。

2.3.5.17　教学评估

学生在规定时间内通过学校教师评价系统，完成课程评价。所有评价均为保密，上课老师永远不知道任一学生的评价结果，学生也不会知道任一老师的排名。

2.3.6　工程与研究创新训练

除以上教育环节外，美国开办水文水资源方向教育的大学大体通过课题方案（Project）、研讨会课程、大学生研究计划（Undergraduate Research Program）、整合式课程（也称顶级课程、高峰课程、高年级课题 Capstone Course）、水文水资源类俱乐部、本硕连读和国际学习经历等途径来进行扎实、系统的水文水资源教育创新训练。

2.3.6.1　研讨会课程

美国水文水资源方向教育的大学一般开设研讨会课程选修。如纽约州立大学布鲁克波特学院水资源主修专业开设高等研讨会，倡导探究性学习方式，学生与教师一起共同研讨学习，培养学生批判性思维的能力。另外，美国高校开办水文水资源方向教育所在系的学术报告很多，几乎每周都有一次美国土木工程学会、美国地质勘查局、美国环境保护署、美国水资源学会、国家研究实验室和公司的工程师、大学和科研所研究人员作设计报告和学术研究报告，为本科生和研究生提供了很好的学习机会。

2.3.6.2　大学生研究计划

与我国大学生创新研究计划项目类似，各校大学生研究计划名称略有差异，但其本质是相同的。如加州大学戴维斯分校的大学生研究中心（Undergraduate Research Center）、罕布什尔大学生研究中心（The Hamel Center for Undergraduate Research）。新罕布什尔大学自 2000 年以来，每年举办大学生研究会议 （Undergraduate Research Conference，URC），它是新罕布什尔大学学术成就庆典会议，来自全校不同学科专业的本科生参加为期两周的长时间讨论会（long symposium），展示学生创新研究成果、发明创造和作品。1987 年，新罕布什尔大学建立大学生研究机会计划（Undergraduate Research Opportunities Program，UROP）。从那时起，UROP 成为大学范围的计划。1997 年，UROP 获得美国教育部 3 年国际研究机会计划（International Research Opportunities Program，IROP），用于支持学生进行全世界范围内的独立学术问题研究。2004 年，大学生研究期刊网络版（Journal of undergraduate research）发行。2006 年，罕布什尔大学生研究中心（The Hamel Center for Undergraduate Research）正式接收管理大学生研究机会计划。目前，罕布什尔大学生研究中心提供学生开展学术研究和工程研究。亚利桑那大学水文与水资源系提供环境水文与水资源专业本科生许多研究课程，并计入学分。如“299、399、499”独立研究（Independent Study，1~3 学分）、“299H、399H、499H”荣誉独立研究（Honors Independent Study，1~3 学分）课程提供学生个人在老师指导下进行基础研究工作。“392A、492A”水文水资源直接研究（Directed Research in Hydrology and Water Resources，1~6 学分）则在老师指导下，个人或小组从事实验室和野外基地的研究工作。“393、493”实习（Internship，1~3 学分）由老师或公司和其他部门联合指导专业技术层面的实际训练。另外，美国土木工程学会、美国水文学会等组织暑期培训班，学校与一些工程公司合办“暑期研究伙伴（Summer Research Fellowship）”，鼓励本科生夏季暑期参加项目研究。许多系定期举办研究项目海报展示，并进行优胜者奖励。

2.3.6.3　整合式课程

整合式课程类似于我国的毕业设计或毕业论文，一般撰写一篇水文水资源研究论文，或者完成一个大型工程水文水资源计算。学生在老师指导下，从事水利工程规划设计、运行管理等工作，学会课程学习与实践结合技能，增加研究经历积累，建立本科阶段研究与设计经历，以满足以后研究生学习和就业需要。如亚利桑那大学水文与水资源系的 498 高级顶级课程（Senior Capstone，1~3 学分）课程，以真实工程为背景，在老师指导下，提供广博的专业综合知识与方法综合实际训练，培养学生撰写技术报告、海报准备和口头交流等技能。

近年来的主要研究项目有：①南亚立桑那州 2009 年 NASS 作物数据与 2009 年田间校正作物数据之间的比较与分析；②亚立桑那州 San Pedro 河槽蓄水量估算；③Sierra Vista 流域储水池对短期河流地下水补给的影响；④基于自然示踪法的南亚立桑那州 Willcox 流域水文地质研究；⑤西南地区流域生态河流参数统计特性；⑥华盛顿 Columb 高原玄武岩含水层地下水同位素源与衰减分布；⑦Rio Grande 流域下游地下水影响排水水流模型与率定；⑧Illinois 流域冰流域基岩含水层地下水水源研究；⑨美国西南地区和墨西哥西北地区降雨强度模型与趋势研究；⑩基于多变量法的渠道补给影响因素研究。

书面报告、口头报告和海报展示的总体要求包括：①项目综述；②项目贡献的详细叙述；③正确的技术报告格式；④在一年一度的春季大学生研究论坛（Annual spring student research symposium）展示海报，并在全班做口头报告。而 498H 高级荣誉论文课程（Senior Honors Thesis，3 学分）是获得学位的必备条件，需要两个学期来完成，第一学期在老师指导下开展研究工作，第二学期撰写荣誉研究论文。

2.3.6.4　水文水资源类俱乐部

与我国不同，美国许多学术性团体协会积极吸收在读大学生。美国土木工程学会（American Society of Civil Engineers）在开办水文水资源教育的大学广泛地吸收学生会员，也包括国际学生。水文水资源教育的院系有许多学生学术团体组织，如水文俱乐部（Hydrology Club），美国气象学会学生分会（American Meteorological Society，Student Chapter）、风暴追逐俱乐部（Storm Chase Club）、国家天气协会学生分会（National Weather Association，Student Chapter）和风能协会（Wind Energy Association）等。这些组织定期主办学术研讨，不仅激发了学生对专业的热情和创新思维，而且训练了学生领导、管理、组织和团体工作的能力。学生有时候把这些实践与自己的课题计划联系起来，得到团体协会的一些资金资助。

2.3.6.5 本硕连读

本硕连读（students who wish to combine a Bachelor of Science degree with a Master of Science degree）是美国大学水文水资源方向教育大学的另一种培养方式。如亚利桑那大学学生可以选择5年制的水文加速硕士培养（Accelerated Master's Program in Hydrology），可获得水文学士和硕士。本科生在校期间学习成绩、科学研究和工程设计经历就成为本硕连读的主要条件，依此激发和推动学生积极投入创新性学习。

2.3.6.6 国际学习经历

各大学鼓励学生在国外参加短期学习，进行国际合作与交流，获取国际学习经历。如亚立桑那大学水文与水资源系开设的"492A-SA、499-SA"水文水资源国外直接研究课程（Directed Research in Hydrology and Water Resources During Study Abroad，1~6学分）提供环境水文专业国外学习或交换的本科生在实验室或基地进行学习和研究。

通过这些工程和科研实践训练，使学生直接接触到水文水资源的热点问题，增强了学生研究性学习的习惯和创新思维培养。学生在校课程学习成绩、科学研究和工程设计经历、专业教授的推荐信和面试成绩是用人单位确定录用学生的主要依据（邵南、罗明东，1999）。一个从事过水文水资源科研和工程设计、具有助教助研经历和专业实践的学生往往会找到有影响的公司工作，而那些忙于死读书、没有较好工作经历的学生毕业后很难找到一个理想的工作。

2.4 《工程水文学》和《水文学》课程教学大纲

《工程水文学》是水文水资源方向最为核心的课程，是研究和解决工程实际水文问题的原理和方法。本节介绍美国几所有代表性大学教授讲授《工程水文学》和《水文学》的教学大纲和课题方案指南。

2.4.1 密歇根州立大学

以下叙述密歇根州立大学土木与环境工程P. Mantha教授《工程水文学》课程教学大纲。

（1）必读书目和使用软件。

必读书目：Ram S. Gupta. Hydrology & Hydraulic Systems.Waveland Press Inc., Long Grove, IL （2007）。

软件：MATLAB Student Version, Release 2009b, The Mathworks Inc., Natick, MA；Microsoft Excel 2007 或 Kaleidagraph 4.1。

（2）课程使用的其他书目。

[1]George M. Hornberger, et al..Elements of Physical Hydrology. Baltimore:Johns Hopkins Press, 1998.

[2]S. Lawrence Dingman. Physical Hydrology.Waveland Press,Long Grove, IL,2008.

[3]Wilfried Brutsaert. Hydrology: An Introduction. New York:Cambridge University Press, 2005.

（3）成绩评定等级政策。总评成绩由作业、3次测验和2次课题方案、期末考试和不定期班级活动组成，具体比例为不定期班级活动占5%，作业占20%，2次课题方案和报告占 25%（第 1 次占 12% ，第 2 次占 13%，由 2 人或 3 人小组完成），3 次测验占 30%，期末考试占 20%。即期末考试（20%）+平时成绩（80%）。

（4）学习小组。学习小组进行作业求解问题的方法讨论，弄清楚用什么方法，为什么用这些方法。禁止学术不诚实，禁止学习小组分解完成作业，禁止抄袭他人作业。

（5）测验。3 次测验和期末考试进行测试学生对水文学课程的理解。包含书面问题的数学求解，课堂和作业中的问题，基本概念和原理理解等。所有测验和期末考试均需携带计算器。但是，禁止携带笔记本电脑、写字板和手机。

（6）作业。作业是应用课堂和教学材料概念、步骤进行实例练习，要求学生独立完成作业，每次布置作业，规定学生提交要求，通过课程网站或学校邮件系统通知提交作业日期，学生应当经常登录自己的邮箱。

（7）班级活动。班级随机测验测试任一天课堂学习内容的掌握程度，全部班级测验是不可能都给予评定成绩，但是，可以评定部分班级随机测验，并把它计入期末总评成绩。

（8）课题方案。课题方案是这门课的重要组成部分，其目的是给予学生应用水文原理解决实际问题的经历。通常是由一个小组根据一个课题进行深入展开研究完成。这项内容可能需要长达一整个学期的时间来完成，其中会涵盖发言、论文、研究报告等内容，课题方案报告应保证理论、计算的正确性和完整性。每组有一个实际设计项目，由小组成员合作完成。然后，学生通过 15 分钟的发言，向全班做介绍。小组外的所有学生作为听众都拿到一张评价表，他们可以自由提问，请小组成员回答。最后，以小组的现场答辩表现和项目的实际完成质量作为依据，由小组外的全体学生和教师共同评分，确定各组得分及名次。此外，小组成员也对自己及组内其他成员项目的参与和贡献进行评价。

（9）教学计划。教学计划见表 2-16。

表 2-16　教学计划

序号	日　期	内　容
		绪论
1	8 月 27 日，星期三	绪论，课程目的，水循环
2	8 月 29 日，星期五	质量守恒，水量平衡，静止和运动的水
		陆气交互作用 s
3	9 月 1 日，星期一	放假
4	9 月 3 日，星期三	降水- 1：形成和观测
5	9 月 5 日，星期五	降水- 2：时空分析
6	9 月 8 日，星期一	降雪，观测和融雪
7	9 月 10 日，星期三	蒸散发（ET）-1
8	9 月 12 日，星期五	蒸散发（ET）-2
9	9 月 15 日，星期一	应用实例
10	9 月 17 日，星期三	测验-1（闭卷 内容 1~10）
		地表地下交互作用与地下水文学
11	9 月 19 日，星期五	布置课题方案 1：分组
12	9 月 22 日，星期一	土壤水分与下渗
13	9 月 24 日，星期三	下渗模型
14	9 月 26 日，星期五	地下水文学：含水层
15	9 月 29 日，星期一	含水层特性与储水量

续表

序号	日 期	内 容
16	10月1日，星期三	地下水水流理论
17	10月3日，星期五	流网，井水力学
18	10月6日，星期一	不稳定水流：Theis 求解，井场
19	10月8日，星期三	含水层试验分析
20	10月10日，星期五	污染物运移模型
21	10月13日，星期一	应用实例
		地表水地下水交互作用于地表水文学
22	10月15日，星期三	测验-2 （闭卷 内容11~21）
23	10月17日，星期五	流量观测
24	10月20日，星期一	山坡水文学，径流过程分割
25	10月22日，星期三	径流模拟技术
26	10月24日，星期五	提交课题方案1，布置课题方案2
27	10月27日，星期一	径流过程模型：径流曲线法（CN）
28	10月29日，星期三	径流过程模型：单位线法
29	10月31日，星期五	径流过程合成：延迟法，S曲线法
30	11月3日，星期一	应用实例
31	11月5日，星期三	应用实例
		水资源规划设计与管理
32	11月7日，星期五	极值流量计算
	11月10日，星期一	过程合成，洪峰流量计算，汇流时间
33	11月12日，星期三	暴雨污水设计；降雨强度历时曲线
34	11月14日，星期五	推理方法应用，设计计算
35	11月17日，星期一	测验-3 （闭卷 内容23~34）
36	11月19日，星期三	汇流
37	11月21日，星期五	槽蓄汇流，PULS法，水库法
	11月24日，星期一	暴雨蓄洪池设计
38	11月26日，星期三	应用实例
39	11月28日，星期五	放假
40	12月1日，星期一	可持续与区域水量平衡
41	12月3日，星期三	成本效益设计原理，职业资质的重要性
42	12月5日，星期五	工程管理概念，提交课题方案2，课程结束
43	12月8日，星期一	12月8—12日（本学期最后一周）
44	12月12日，星期五	12：45—14：45，期末考试

2.4.2 阿拉巴马大学

以下叙述阿拉巴马大学土木结构与环境工程系 Bob Pitt 教授2001年春季《工程水文学》课程教学大纲。

（1）必读书目。Richard H. McCuen. Hydrologic Analysis and Design. 2nd edition. Prentice Hall, 1998.

（2）课程目的。介绍工程径流、排水设计方法，不同条件下最适宜的设计工具选择。

（3）先修内容。水流基本特性，排水设计步骤，降水径流机制。

（4）教学内容。教学内容见表2-17。

表 2-17　教学内容

单　元（章节）	学　时
1.绪论　（天气和水文）　（第 1 章）	2
2. 流域特性和土壤分布图　（第 3 章）	4
3. 降水　（第 4 章）	2
4. 下渗　（第 9 章第 5 节）	2
5. 蒸散发　（第 14 章）	1
6.野外流量观测	2
考　试	
7. 应用推理公式法、AL DOT 回归法、NRCS TR-20/55 和 HydroCAD 进行洪峰流量计算（第 7 章）	9
8. 流量过程分析与合成（第 8 章和第 9 章）	2
9. 考虑未来水质要求的雨水和排水设计	6
10. 流域水文模型　COE HEC-HMS	10

注：野外实验　（星期六或星期日，待定），考试日期 2001 年 6 月 6 日星期三，7：00—10：00。

（5）课程主要作业。

1）全班一起工作，获取 Brookwood 流域特征，应用多种工具，计算流域水位和流量资料。

2）每人分析三级支流，内容与作业 1 相同。

3）在家中建造一个雨量器，观测本学期期间的降雨量。

4）使用小型入渗仪观测城区土壤入渗率。

5）评估 Birmingham 降雨长期变化趋势与模式

6）星期六或星期日（待定），在当地小河上，用流量观测仪器验证曼宁方程。

7）应用当地、国家和工程公司普遍使用的设计模型进行水文过程分析。

（6）设计活动。学生研究一些不同流域和土地利用条件下的设计流量和水文过程，掌握最适应的方法和进行设计的误差评定，不同设计标准下的降雨特征分析。

（7）计算活动。掌握目前广泛使用的 NRCS 和 HEC 方法与软件。

（8）实验活动。利用一天时间，采用流速仪观测当地河流流量，以及进行水质、泥沙取样等。

（9）文字表达能力。课题方案报告和野外实验报告用来评定文字表达能力。

（10）口头表达能力。学生陈述他们的比较研究方法结果，作为综合成绩的一部分。

（11）跨学科和课题方案工作。鼓励学生课外进行工程设计、计算和研究工作。另外，野外测流是一个团队工作，通过团队努力，获得所需数据，班级作为主要工程的设计团队，采用不同方法进行 Brookwood 流域评估。

（12）道德、社会、经济理解和安全考虑。道德、社会、经济理解和安全考虑对于班级都是非常重要的因素，特别是经济和安全对于水文学尤为重要，他们是设计标准和指南的综合基础。

（13）课程阅读材料清单。

单元 1：绪论（天气和水文）

[1] Richard H. McCuen. Hydrologic Analysis and Design：水文学导论 Chapter 1. 2nd edition.Prentice Hall,1998.

单元 2：流域特征和土壤分布图

[1]Richard H. McCuen. 水文分析与设计：第 3 章流域特性. 2 版. Prentice Hall，1998.
[2]Brookwood quadrangle 图.
[3]K.F. Lane 和 J.M. Roberts 流域定义及土地等高线，1979.
[4]R.C. Sloane 和 J.M. Montz，地貌图基础：第 1 章 等高线与等高线绘制.1943.
[5]USDA 土壤质地分类，Jefferson 土壤质地分类.
[6]附录 P-1：feel 质地分析（USDA）.
[7]附录 P-2：田间土壤质地分类（USDA）.
[8]小流域城市水文学：第 3 章 汇流和水流时间，USDA，TR-55，1986.
[9]Tc 实例.
[10]附录 A：水文土壤分组，TR-55.
[11]Chow. 应用水力学：汇流时间总结.

单元 3：降水

[1]Richard H. McCuen. 水文分析与设计：第 4 章降水.2 版. Prentice Hall，1998.
[2]当地气候资料实例.
[3]Birmingham 长序列降雨资料.
[4]降雨强度-历时-频率曲线.
[5]SCS I 和 II 降水分布.
[6]Alabama 各县设计降水.
[7]附录 C：降雨和 IDF 曲线.
[8]Toronto 面降雨量（作业）.
[9]R. Pitt and R. Durrans. 降雨分析：选自人行道地表地下排水，AL DOT.
[10]国家工程手册系列：暴雨深. USDA.
[11]最近雨量站不能抛弃. 水环境与技术，1995（4）：56.
[12]A. Burton and R. Pitt. 雨水径流影响评估：水勘测-降雨监测. CRC Press，2000.
[13]H. Petroski.灾害预测：美国科学家.1993（3—4）：110-113.
[14]T.Y. Canby. El Niño 风：国家地质.1984（2）：144-183.
[15]T.H. Yorke and R.E. Harkness. Red 河 1997 年洪水是一场大洪水?国家研究协会水科学和技术报道，1997（7）：1-3.
[16]附录 B: 降雨分布和降雨数据源, TR-55.

单元 4：下渗

[1]Richard H. McCuen. 水文分析与设计：第 9 章第 5 节 下渗. 2 版. Prentice Hall，1998.
[2]D.R. Maidment. 水文手册：Green-Ampt 入渗参数估算. McGraw-Hill：1993，P 5.1-5.39.
[3]E. Parson 网页（北加州大学）入渗和 Green-Ampt 方程.
[4]W.P. James，J. Warinner，M. Reedy. Green-Ampt 入渗方程在流域模型中的应用. 水资源公报，1992, 28（3）: 623-635.
[5]R. Pitt，J. Lantrip，T. P. O'Connor. 城市土壤入渗. ASCE 水力学会议. Minneapolis，MN.，2000.
[6] SingaStat 和 SigmaPlot 用户手册. 变换与非线性回归.

单元 5：蒸散发

[1]Richard H. McCuen. 水文分析与设计：第 14 章 蒸发.2 版.Prentice Hall，1998.

单元 6：流量测验

[1]R.K. Linsley, et al. 工程师水文学：田间报告图. Mc-Graw-Hill，1982.

[2]全美年径流.

[3]美国洪峰流量数据选录.

[4]流量测验说明.

单元 7：应用推理公式法、AL DOT 回归法、NRCS TR-20/55 （HydroCAD）进行洪峰流量分析

[1]Richard H. McCuen. 水文分析与设计：第 7 章 洪峰流量估算和第 9 章水文过程分析与合成. 2 版.Prentice Hall，1998.

[2] Illinois 土壤侵蚀和泥沙防治手册：水文分析方法选择. 1988.

[3]D.A. Olin，J.B. Atkins. Alabama 河流洪水过程和洪量估算. USGS Report 88-4041，1988.

[4]SCS 工作步骤注释.

[5] “SCS 表过程法” 注释和详细实例及均匀流计算回顾.

[6] 小流域城市水文学：第 5 章 地表过程法. TR-55，USDA，NRCS，1986.

[7] 小流域城市水文学：附录 A -F. TR-55，USDA，NRCS，1986.

[8] 应用微系统：水文 CAD 指南.

单元 8: 水文过程分析与合成

[1]Richard H. McCuen. 水文分析与设计：第 8 章 水文设计方法和第 9 章水文过程分析与合成. 2 版.Prentice Hall，1998.

[2]“马斯京根汇流方法”注释。

单元 9：考虑未来水质下雨水和排水设计

[1]R. Pitt . 雨水水质管理：水质和排水目标集成.CRC Press，NY，2001.

[2]Pitt. R.，M. Lilburn，S. Nix, S.R. Durrans，S. Burian, J.. 现在和未来设计.

[3]Voorhees. 新城市化区综合湿天气流采集与处理系统指南. 美国环境保护局，1999：662.

单元 10：COE HEC-HMS 流域水文模型

[1] “HEC 主网页信息”.

[2]1999 年 3 月 HECHMS 1.1 版版本说明.

[3]1998 年 3 月 CPD-74 1.0 版 HEC-HMS 水文模型系统用户指南.

2.4.3　科罗拉多州立大学

以下叙述科罗拉多州立大学土木工程系 Jorge A. Ramirez 教授《工程水文学》课程教学大纲。

（1）必读书目和参考书。

[1]Ven Te Chow，David Maidment，Larry W. Mays.应用水文学. McGraw Hill, 1988.

[2]Peter S. Eagleson. 动力水文学. McGraw Hill, 1970.
[3]Vijay P. Singh，John Wiley，Sons, 水资源动力波模型. Inc. 1996.
[4]Jack R. Benjamin，C. Allin Cornell. 工程师概率、统计和决策.1970.
[5]Rafael L. Bras. 水文学-水文科学导论. Addison Wesley, 1990.
[6]Warren Viessman，John Knapp，Gary Lewis. 水文学导论. Crowell，Harper，Row，1977.
[7]课堂讲义材料.
[8]http://www.engr.colostate.edu/~ramirez/ce_old/classes/ce522_ramirez/ .
[9]Kriging with Semi-Variograms.
[10]Kriging Docs.
[11]More Kriging Docs.
[12]Kriging Comparison.
[13]Surface Runoff and Streamflow.
[14]Derived Distributions；Kinematic waves.
[15]Kinematic and dynamic waves.
[16]Empirical Moments.
[17]Gamma Function and Related Functions.
[18]Flood Hydrology and Hydraulics - Adobe PDF format Document.
[19]Overland Flow Routing - Full Dynamic Wave - Adobe PDF format Document.
[20]Distributed Flood Routing - Power Point Presentation.
[21]Lumped Flow Routing - Power Point Presentation.
[22]Synthetic Unit Hydrographs - Power Point Presentation.
[23]Unit Hydrographs and Linear System Theory - Power Point Presentation.
[24]Unit Hydrographs - Power Point Presentation .
[25]Evapotranspiration - Power Point Presentation.
[26]Precipitation Data Analysis - Power Point Presentation.
[27]Infiltration - Power Point Presentation.
[28]Snyder Unit Hydrograph（Download file in PDF format）.

（2）教学目的。本课程着重介绍水文科学在工程中的应用。包括降雨径流分析、集总和分布式汇流、水库和河道洪水汇流、运动波、扩散波和动力波、降水数据分析和最优插值、水文设计、风险分析、水文经济分析、不确定性分析、贝叶斯决策分析、设计暴雨、设计流量、水库设计和流域模型在水文设计中的应用。

（3）成绩评估。包括作业、2 次中期考试和期末考试。

（4）教学内容。

1）线性系统分析和降雨径流分析：包括单位线理论、瞬时单位线、瞬时单位法、谐波分析、傅氏变换、拉普拉斯变换、线性河道、线性水库和 Nash 模型。

2）河道和水库洪水演进：包括洪水演进、水库洪水演进方法（质量曲线法、槽蓄法、Puls 法、Goodrich 法、系数法、Woodward 法和其他方法）、线性马斯京根法（解析求解、水力类比和参数估算步骤）。

3）分布式和坡面汇流：包括分布式汇流-波运动、运动波和坡面汇流（坡面汇流解析求解、线性和非线性数值解）、空间入渗变异下的坡面汇流、扩散波和动力波汇流。

4）水文设计：包括设计尺度、设计等级、风险分析（水文经济分析、不确定性的一阶分析、复合风险分析、安全因子的风险分析）、贝叶斯决策分析（自然和参数不确定下的水文设计、贝叶斯风险、机会损失、样本信息价值）。

5）降水资料分析：包括数据分析、模型、面降水量（泰森多边形法、等值线法和 IWD 法，Kriging，具有协方差的 Kriging，具有半协方差的 Kriging，具有广义协方差的 Kriging）、Co-Kriging、地形影响及其分析。

6）设计暴雨：包括设计降水（点降水、面降水）、强度-历时-频率曲线（IDF）、设计降水过程（暴雨分析、IDF 分析）、极限暴雨估算、频率分析。

2.4.4　北卡罗莱纳州立大学

以下叙述北卡罗莱纳州立大学土木结构与环境工程系 Sankar Arumugam 教授《工程水文学》课程教学大纲。

（1）必读书目和参考书目。

必读书目: Dingman.水文学原理.Waveland Press.

参考书目：

[1]V.P. Singh.水文学基础.Prentice Hall，1992.

[2]W.Viessman，Harper Row.水文学导论.1977.

（2）教学目的。本课程通过水循环过程间联系，掌握工程中水文问题的求解，获得不同气候过程时空尺度水文设计基础问题解决方法，采用质量和能量平衡原理建立模型，提供流域尺度水文流量基本框架。除此之外，采用最小数据、系统方法和统计估算技术进行流域流量估算。

（3）教学目标。

1）解释水文过程的重要性、时空尺度及其联系。

2）采用系统方法和统计技术、质量和能量平衡原理定量量化水文问题。

3）考虑气候变化，基于静止风险和动态风险的水文问题参数估算。

4）选择合适的时空尺度，进行水管理相关过程识别和估算。

4）成绩评估。作业占 15%，测验-I 占 25%，测验-II 占 25%，期末考试占 35%。

5）作业政策。作业布置后 2 周内，提交作业。作业提交期限前，作业中疑难问题可以在上课前讨论。超过作业提交期限，作业不计成绩。鼓励学生以小组为单位讨论和工作，但是作业必须个人完成和提交，不允许小组提交作业，作业提交期限一周后，返回作业评阅。本课程有 6 次作业，作业评阅不仅根据准确的答案，而且 10%的分数给予结果的详细讨论和解释。对待每一次作业，就像一次小型课题方案一样，必须提交清晰的书写。最后一次作业可以在课程结束时提交。

（6）考试政策。学生可以携带一张 A4 纸进行考试。测验中，不需要死记硬背公式和变换。

（7）课程网页。本课程用 Wolfware 更新阅读材料、大纲和作业等。

（8）学术诚实性。学生学习课程期间，必须严格遵守学校学术诚实性规定。

（9）残疾服务办公室。学生必须遵循残疾学生指南，详细见网站 http://www.ncsu.edu/dss/。需要服务的学生可向学生健康中心残疾服务办公室申请。

（10）教学评估。在课程最后 2 周，学生可在网上进行教学评估。每个学生将收到一封邮件，指导学生进入网站，通过学生 ID 进入系统，最后完成评价。所有评价均为保密，上课老师永远不知道任一学生的评价结果，学生也不会知道任一老师的评分排名。评价网站地址 https://classeval.ncsu.edu。

（11）教学内容。教学内容见表 2-18。

表 2-18　教学内容

日期	内　容	阅读材料
8 月 21 日	**序言** 水文时空尺度变化与水资源管理关系；水文流量估算的挑战	第 1 章
8 月 26—28 日	**水量平衡和水循环** 连续方程；区域水量平衡；水库质量平衡模型应用；储蓄理论	第 2 章
9 月 2—4 日	**水量平衡模型 – 率定和校正** 水量平衡模型；率定和校正；流域模型率定	讲义 第 2 章
9 月 9—11 日	**统计回顾** 随机变量；概率分布；超越概率；重现期；相关；一阶滞后相关 **径流时空变化** 时间变化–流量历时曲线；空间变化–点和空间估算	附录 C
9 月 16—23 日	**全球气候系统与水循环** 地球能量收支–CO_2 作用于气候变化；　湿度与能量平衡集成–全球和区域尺度；气候变化– ENSO	第 3 章 讲义
9 月 25 日至 10 月 2 日	**降水及其估算** 水蒸气观测–气压；　Abs. 和 Rel.；湿度；露点；降水形成；降水机制；季节降水–问题与量化；　Lake Wheeler ECONET 基地参观	附录 D 第 4 章
10 月 7 日	**考试- I （水、能量平衡，统计与气候）**	
10 月 14—21 日	**雪和融雪估算** 储雪作用，特性–密度，雪水当量；　基于能量平衡的融雪计算，温度指标法	第 5 章
10 月 23 日	**NC CRONOS 基地野外实习**	
10 月 28 日至 11 月 13 日	**蒸散发物理基础与估算** 蒸发物理基础 – 潜热传输，质量传输；估算–质量传输，能量平衡和复合方法；器皿蒸发；潜在蒸发；Penman-Monteith 方法	第 7 章
11 月 20 日	**考试- II （降水、融雪和蒸散发）**	
11 月 18 日至 12 月 2 日	**流域模型** 集总式、半分布式模型回顾-文献；质量、能量集成模型 – VIC，DHSVM	讲义
12 月 11 日	**期末考试**	—

2.4.5 得克萨斯州大学奥斯汀分校

以下叙述得克萨斯州大学奥斯汀分校土木工程系 David R. Maidment 教授《水文学》课程教学大纲。

（1）教学目的。学习水循环环节中水的运动，水文系统模型和水文设计。

（2）先修课程。水力学、概率论。

（3）计算机。熟练应用 Excel 电子数据表程序。在 LRC，应用 HEC 程序完成一些计算作业，使用 ArcGIS 和 CUAHSI 水文信息系统。

（4）必读书目。Chow，Maidment ，Mays. 应用水文学. McGraw-Hill, 1988.

（5）教学方法。讲课，课外阅读和作业，考试。

（6）教学内容。教学计划见表 2-19。

表 2-19　教学计划

日　期	内　容	章
1 月 15 日	地表水文学导论	第 1 章
1 月 17 日	水文系统和连续体	第 2 章
1 月 22 日	动量和能量	第 2 章
1 月 24 日	大气水	第 3 章
1 月 29 日	降水	第 3 章
1 月 31 日	蒸发	第 3 章
2 月 5 日	下渗和土壤水运动	第 4 章
2 月 7 日	Green-Ampt 下渗方程	第 4 章
2 月 12 日	径流过程	第 5 章
2 月 14 日	水文测验	第 6 章
2 月 19 日	复习	
2 月 21 日	测验	
2 月 26 日	Brushy Creek 流域实习	
2 月 28 日	单位线	第 7 章
3 月 5 日	水库鱼河道汇流	第 8 章
3 月 7 日	HEC-HMS 介绍	
放假		
3 月 19 日	Brushy Creek 流域 HEC-HMS 应用	
3 月 21 日	Brushy Creek 流域实习	
3 月 26 日	HEC-GeoHMS 和 HEC-GeoRAS	
3 月 28 日	Brushy Creek 流域 HEC-RAS 应用	
4 月 2 日	水文统计	第 11 章
4 月 4 日	洪水频率分析	第 12 章
4 月 9 日	水文设计和风险分析	第 13 章
4 月 11 日	设计暴雨	第 14 章
4 月 16 日	复习	
4 月 18 日	测验	
4 月 23 日	雨量图到洪水图	第 14 章
4 月 25 日	防洪水文设计	第 15 章
4 月 30 日	用水水文设计	第 15 章
5 月 2 日	课程评估，期末考试复习	
5 月 10 日，9：00—12：00	期末考试	

（7）成绩评估。测验：2 次，占 50%，每次测验占 25%；作业占 25%；期末考试占 25%。评价等级与分数转换见表 2-20。

表 2-20　评价等级与分数转换

等级	分数	等级	分数
A	95 ~ 100	C+	77 ~ 79
A-	90 ~ 94	C	73 ~ 76
B+	87 ~ 89	C-	70 ~ 72
B	83 ~ 86	D	60 ~ 69
B-	80 ~ 82	F	< 60

（8）作业政策。作业在布置后第 5 个下午提交，在教师办公室门前有一个盒子，可以放置作业。作业必须清晰书写，在左上角处装订，右上角书写学生姓名。

（9）考试政策。本课程有 2 次 75 分钟班级考试和期末考试，均为闭卷形式，可以携带一页空白纸，标注姓名和日期，仅在疾病和一些突发情形下，没有考试的学生可以进行补考。期末考试安排在 5 月 10 日 9：00—12：00。

（10）考试政策。本学期末教学评估需填写教师评估表。

（11）退修政策。从第 1 次到第 12 次课期间，学生可以通过网页退修本课程，第 13 次课后到学校退修课程学术期限之间，学生必须得到系主任和系指导教师的许可，才能退修本课程。超过学校退修课程学术期限，只有在突发情况、非学术原因，且得到系主任许可下，方可退修本课程。

（12）不诚实性。按照大学规定处理学术不诚实性。

（13）听课政策。按照大学规定，期望学生听课。

（14）重要通知。残疾学生可以向学校申请学术调整。

第3章 加拿大水文水资源方向教育

加拿大是国际上高等教育发展水平最高的少数国家之一，拥有世界上最完善的教育体系,其同年龄人口中高等教育的入学率与美国持平甚至略有超出,高等教育普及率已达45%,居世界前列（琼斯，2007）。虽然加拿大开办水文水资源本科专业的学校不多，但拥有广泛的水文水资源方向的本科和研究生教育,也是世界上具有高水平水文水资源高等教育的国家之一。加拿大的高等教育以严谨著称，融英国教育的一丝不苟和美国教育的灵活于一体，积累了先进的办学经验。本章引用加拿大代表性高校的网站资料和实际采用培养方案，介绍水文水资源方向的高等教育。

3.1 加拿大的高等教育发展

加拿大是一个多元文化的国家，中央一级政府不设教育部，主要靠教育部长理事会（CMEC）协调各省教育政策，以宪法形式赋予各省对高等教育的管理权（叶冬青，2010）。由于加拿大高等教育不存在全国性的“体制”，也没有联邦教育部等类似的机构，各省（行政区）形成各自独特的中学后教育机构和政策体制。根据《不列颠北美法案》，各省对辖区内的教育事务独立负责（琼斯，2007）。

关于加拿大高等教育系统，人们习惯持两种分法，认为加拿大高等教育只有两种类型，即大学与社区学院。这是一种把复杂问题简单化的思维，事实上，这种分类把许多高等教育机构排除在高等教育体系之外。2004 年，加拿大统计署提出了一个新的分类，把加拿大的高等教育机构分为大学与学位授予机构、学院、举办成人教育或中学后教育项目的学校、政府创办的特种学院和私立职业学院。目前，加拿大有大学与学位授予机构 190 所，其中大学 70 多所，其他学位授予机构 110 多所；学院有 300 多所，其中 145 所提供特殊培训项目，还有 10 所是为印第安土著人开设的（琼斯，2007）。

1867 年，成立加拿大自治领之初，高等教育问题因规模太小没有受到联邦的关注，当时整个联邦只有学生 1500 人，仅 5 所高等教育机构宣称自己注册的学生达到 100 人。《英属北美法》把教育问题留给各地方政府，没有联邦层面的教育政策。一直到现在，加拿大是西方发达国家中唯一没有全国性的大学法或高等教育法的国家,也是唯一没有联邦教育部的国家（琼斯，2007）。

在随后的 80 多年，其他省和地区陆续加入加拿大。东部和中部省份在联邦成立之前就有一些大学存在，大部分大学属于教会。而西部省份一开始就创立了没有教会控制的单一省立大学。曼尼托巴（Manitoba）大学 1877 年创立，1906 年阿尔伯塔（Alberta）大学建立，1907 年萨克斯彻温（Saskatchewan）大学建立，英属哥伦比亚大学（UBC）直到 1908 年才建立起来。西部这四个高等教育机构明显受美国州立大学模式的影响，尤其是受威斯康星大学思想的影响甚深，大学为社区服务的理念体现在大学的办学活动中，与当地经济尤其是农业相关的应用性学科被迅速地建立起来；1889 年女王学院设立了博士教育项目，1897 年多伦多大学开始博士教育项目，1906 年麦吉尔大学开始设立博士点（琼斯，2007）。

联邦政府对高等教育的介入非常少。1958 年，圣劳伦特（St. Laurent）总理为支持高等教育大众化，颁布了财政拨款项目：财政拨款不直接进入大学，而是通过新成立的加拿大大学基金会进行资助。1966 年，联邦政府资声明，高等教育属于各省保留的权利，但同时强调高等教育大众化是联邦政府的重要事项。1970—1990 年，加拿大高等教育基本的制度结构体制保持相对稳定，但学生规模增加，减少人均资助额度。1995 年的财政预算，结束了联邦政府对大学主要资助，各省开始建立自己的高等教育政策体系（琼斯，2007）。

通过加拿大高等教育发展的历史可知，加拿大的大学具有高度的自治性和独立性。体现在以下几个方面（叶冬青，2010）：

（1）自主招生。加拿大高等院校招生没有统一的规定，不同省份的学校甚至一个学校的不同院系都可以根据自己的需要和条件制定不同的招生章程。

（2）自主设置专业和专业方向。学校根据经济社会发展的需要对专业及时予以调整。

（3）自主设置课程及学分。加拿大的高等学校普遍实行了弹性学制和学分制，学生修满学分可以提前毕业，完不成学分可以延长学习时间。

（4）自主制定人事分配制度。

（5）自主聘任教职员工。

（6）自主进行联合办学。

（7）自主开展国际教育与合作交流。

3.2 加拿大代表性高校的水文水资源方向本科培养方案

加拿大没有与我国同名的水文与水资源工程本科专业，许多学校开展水文与水资源方向的研究生教育。水文水资源方向本科教育主要分布在两类学校：第一类是开办水文水资源专业或水科学相关专业的大学；第二类是开设水文水资源有关课程的大学。水文水资源的方向相关教育主要包含在农业、环境、地理、资源和工程等专业中。以下将以加拿大开设水文水资源专业或者开设水文水资源课程的大学为例，叙述本科生培养方案。

3.2.1 圭尔夫大学

圭尔夫大学是加拿大排名第四的综合性公立大学。1964 年，由麦当劳学院、安省农业学院（OAC）和安省兽医学院三所大学合并建校。圭尔夫大学提供超过 90 多个主修本科专业，13 个荣誉学位人才培养，拥有加拿大唯一的水资源工程本科教育专业。

圭尔夫大学开办工程学士水资源工程（水利工程）专业，包括主修专业和荣誉学位。自 1874 年以来，该校理工科学院工程系以工程设计、应用和创新为核心，为学生提供前沿性的课程设置。师资队伍具有丰富的科研和实践经验，学生具有学术的好奇性和创新性。水资源工程专业主要学习流域土水资源利用和管理，并将工程理论和生态学原理应用到流域水文过程，为水资源管理系统设计和对策研究提供依据。水资源管理涉及洪水保护、预警和控制，排水，渠道设计，灌溉，土壤侵蚀防治等内容；基于资源保护的市政、工业、农业供水；探究污染物势点和扩散源识别的有效方法，保护人类及与水相关生态系统的优质用水。开设课程包括水资源保护、防汛、河流恢复、地下水资源利用、供水工程、地理信息系统、雨洪管理、水文模型建模、地下水保护、环境科学、农村水资源管理、气象和地质学等相关内容。

圭尔夫大学注重学生实践能力培养，开展合作教育，也称"产学合作教育（Cooperative Education）"。所谓合作教育是指学校与企业共同参与人才培养的一种教育模式，将课堂理论学习与报酬、有计划和有监督的工作实践结合起来，允许学生跨越校园，在工作实践中获取实用性技能。申请合作教育的学生至少有 4 个学期是在学校导师与单位导师合作指导下完成相关课程，合作教育给学生提供了实践工作的经历和经验，使学生提高学术成就，完善个人素质，明确职业发展，改善就业技能，能很好地完成从学校学习到社会工作的转变，成为有社会竞争力的高素质人才。普通教育与合作教育的具体课程设置见表 3-1。

表 3-1　水资源工程专业课程设置（4 年制）

课程性质	学期	课程编号	课程名称	学分	备注
普通教育或合作教育	第1学期	CHEM*1040	普通化学 I	0.5	
		CIS*1500	编程入门	0.5	
		ENGG*1100	工程设计 I	0.5	
		MATH*1200	微积分 I	0.5	
		ENGG*1210	工程力学 I	0.5	2 门课程任选 1 门且必须在第 1 学期完成，另 1 门课在第 2 学期完成
		HIST*1250	全球范围内的科学和技术研究	0.5	
	第2学期	CHEM*1050	普通化学 II	0.5	
		ENGG*1500	工程分析	0.5	
		MATH*1210	微积分 II	0.5	
		PHYS*1130	物理与应用	0.5	
		ENGG*1210	工程力学	0.5	2 门课程任选 1 门
		HIST*1250	全球范围内的科学和技术研究	0.5	
普通教育或合作教育	第3学期	COOP*1100	合作教育概论	0.0	
		ENGG*2400	工程系统分析	0.5	
		GEOG*2000	地貌学	0.5	
		MATH*2270	应用微分方程	0.5	
		BIOL*1090	分子生物学与细胞生物学导论	0.5	2 门课程任选 1 门
		MICR*2420	微生物学概论	0.5	
		ENGG*2100	工程与设计 II	0.75	2 门课任选 1 门且必须在第 3 学期完成，另 1 门课在第 4 学期完成
		STAT*2120	工程师概率与统计	0.5	
		ENGG*2120	材料学	0.5	2 门课程任选 1 门且必须在第 3 学期完成，另 1 门课在第 4 学期完成
		ENGG*2230	水力学	0.5	
	第4学期	ENGG*2450	电路	0.5	
		ENGG*2550	水资源管理	0.5	
		ENGG*2560	环境工程系统	0.5	
		MATH*2130	数值方法	0.5	
		ENGG*2100	工程与设计 II	0.75	2 门课程任选 1 门
		STAT*2120	工程师概率与统计	0.5	

续表

课程性质	学期	课程编号	课程名称	学分	备注
		ENGG*2120	材料学	0.5	2 门课程任选 1 门
		ENGG*2230	水力学	0.5	
普通教育或合作教育	第 5 学期	ENGG*3240	工程经济学	0.5	0.5 学分限选课程
		ENGG*3260	热力学	0.5	
		ENGG*3590	水质	0.5	
		ENGG*3650	水文学	0.5	
		ENGG*3670	土力学	0.5	
普通教育第 6 学期 合作教育第 7 学期		ENGG*3100	工程与设计 III	0.75	1.5 学分限选课程
		ENGG*3220	地下水工程	0.5	
		ENGG*3430	热质量转移	0.5	
普通教育第 7 学期 合作教育第 6 学期		ENGG*3340	环境工程中的地理信息系统	0.5	1.0 学分限选课程
		ENGG*4360	水土保持系统设计	0.5	
		ENGG*4370	城市水系统设计	0.75	
普通教育或合作教育	第 8 学期	ENGG*4150	水利工程设计 IV	0.1	1.0 学分限选课程
		ENGG*4250	流域系统设计	0.75	

注：适用于主修专业与荣誉学位的所有学生。

3.2.2 布兰登大学

布兰登大学位于加拿大马尼托巴省布兰登市，1899 年建校，是加拿大历史最悠久的大学之一。布兰登大学理学院开设地理学主修专业。

3.2.2.1 地理学学士学位

地理学主修专业学制 3 年，可获得文学学士或理学学士学位。核心学位课程、文学学士学位和理学学士学位选修课程要求见表 3-2。

表 3-2 地理学学士学位课程（3 年制）

类型	课程编号	课程	学分	备注
必修课程（15 学分）	38:170	自然地理概论	3	
	38:180	人文地理学	3	
	38:192	环境与资源问题	3	
	38:279	地理研究方法导论	3	
	38:286	GIS I：空间数据和地图设计原理	3	
	38:365	定量方法在地理的应用	3	
	38:376	GIS II：空间数据管理与分析	3	
	38:179	世界区域地理	3	选择 1 门区域地理课程
	38:260	曼尼托巴地理	3	
	38:283	加拿大: 区域地理	3	
	38:358	地理学野外调查	3	
	88:150	加拿大农村介绍	3	
文学学士选修课程	38:281	城市地理学	3	
	38:280	经济地理学	3	
	38:383	文化地理学	3	
理学学士选修课程	38:190	天气与气候导论	3	
	38:254	水文学导论	3	
	38:278	地貌学	3	

3.2.2.2　地理学学士学位

地理学主修专业学制 4 年，可获得文学学士或理学学士学位。核心学位课程、文学学士学位和理学学士学位选修课程要求见表 3-3。

表 3-3　地理学学士学位课程（4 年制）

类型	课程编号	课程	学分	备注
核心课程（48 学分）	38:170	自然地理概论	3	
	38:180	人文地理学	3	
	38:192	环境与资源问题	3	
	38:179	世界区域地理	3	至少选修 1 门
	38:260	曼尼托巴地理	3	
	38:283	加拿大：区域地理	3	
	38:358	地理学野外调查	3	
	88:150	加拿大农村介绍	3	
	38:279	地理研究方法导论	3	
	38:286	GIS Ⅰ：空间数据和地图设计原理	3	
	38:365	定量方法在地理的应用	3	
	38:376	GIS Ⅱ：空间数据管理与分析	3	
文学学士选修课程	38:281	城市地理学	3	
	38:280	经济地理学	3	
	38:383	文化地理学	3	
	38:294	户外休闲与旅游	3	至少选修 1 门课程
	38:356	市场营销与零售定位分析	3	
	38:357	国际化	3	
	38:360	加拿大农村与小城镇	3	
	38:380	人口与发展	3	
		至少选修 1 门理学学位课程	3	
理学学士选修课程	38:190	天气与气候导论	3	
	38:254	水文学导论	3	
	38:278	地貌学	3	
	38:276	生物地理学概论	3	至少选修 1 门课程
	38:290	全球环境变化	3	
	38:454	应用水文学	3	
	38:456	第四纪环境	3	
		至少选修 1 门文学学位课程	3	

3.2.3　麦吉尔大学

麦吉尔大学位于魁北克省的蒙特利尔市，1821 年麦吉尔先生赞助所建，是一所世界著名公立大学。学校有 190 余年历史，设有农业与环境、艺术、教育、工程、环境、法学、管理、音乐、神学及科学等 11 个学院、300 多个主修及副修专业。麦吉尔大学经历百余年的长足发展，已成为全球一流综合性大学，被誉为“加拿大哈佛”。在世界各报刊以及研究机构的排行榜中，麦吉尔大学多次名列加拿大第一，世界大学排名前二十。麦吉尔大学学制四年，全日制教学，一般本科专业学生四年内需要修 120~140 个学分，方可获得学位证书。

3.2.3.1 农业与环境学院

农业与环境学院位于麦吉尔大学的 Macdonald 校区，始创于 1906 年。为了提高魁北克农村社区的生活质量，William Christopher Macdonald 先生于 1906 年创办了 Macdonald 大学的农业学院、师范学院和 Household Science 学院。Macdonald 大学于 1907 年招收第一批本科生，1911 年第一次授予学位。学院由动物科学、生物资源工程、食品科学与农业化学、自然资源科学和植物科学 5 个系组成。1965 年师范学院更名为现在的教育学院，农学院就是现在的农业与环境学院。因此，该学院是麦吉尔环境学院的创始成员之一。目前，学院每年招生人数为 2000 名本科生和研究生。学院在环境工程、水资源管理、食品质量与安全、生物技术、生态系统科学与管理等方面的理论和工程实践均位居世界前列水平。学院本科教育的一个显著特点是能够提供给学生野外和实验室动手学习的机会，并具有较小规模的班级教学。

3.2.3.2 水资源管理中心

水资源管理中心位于 Macdonald 校区。麦吉尔是加拿大最具综合性和研究性的大学之一，水资源管理中心是大学的一个多学科和先进的研究和培训中心，主要致力于解决人类和环境用水的管理问题。中心汇聚了麦吉尔大学广泛的专业人才和技术设备，聚集了多个学院的科研人员。目前，隶属于该中心的研究人员来自于农业和环境科学、工程、科学、法律和管理等学院，主要从事与水资源相关的研究、教学、专业培训、政策和战略研究等方面的工作，并为农业与环境科学学院等多个学院开设本科生相关的课程。

3.2.3.3 相关专业的课程设置

1. 农业与环境科学学院农业环境科学专业土-水资源专修方向

农业与环境科学学院开设的农业环境科学专业中设有土-水资源专修方向，是农业环境科学主修专业学生和专业农艺师的必要的专修课程，是获得魁北克农艺师资格的必备课程方向。具体课程设置见表 3-4。

表 3-4 农业与环境科学学院农业环境科学专业土-水资源专修方向课程设置

类型	课程编号	课程	学分
必修课程（15 学分）	GRI 435 （3）	土壤和水质量管理	3
	REE 217 （3）	水文与水资源	3
	SOIL 326 （3）	变化环境中的土壤	3
	SOIL 331 （3）	土壤环境物理学	3
	SOIL 535 （3）	土壤生态管理	3
选修课程（15 学分）	BREE 322 （3）	废物管理机制	3
	BREE 327 （3）	生物环境工程	3
	BREE 430* （3）	自然资源管理信息系统	3
	BREE 510* （3）	流域系统管理	3
	ENVB 430* （3）	自然资源管理信息系统	3
	NRSC 333 （3）	污染与生物治理	3
	SOIL 300 （3）	地理系统	3

注：学生可以在课程 BREE430 和 ENVB430 中二者选其一，不能二者都选修。

2. 土木工程与应用力学系环境工程辅修专业

土木工程与应用力学系开设环境工程辅修专业和水文水资源课程，见表 3-5。

授课对象：工程学院的全体学生、生物资源工程系对环境工程感兴趣的同学均可辅修环境工程专业课程。

授课学院：工程学院土木工程与应用力学系。

学分要求：至少 21~22 学分。

授予学位：工学学士。

学业成绩要求：所选的全部课程需要得到 C 及以上的成绩，且主修课和辅修课的所有成绩均符合获得学位的基本要求，方可获得环境工程辅修学位。

表 3-5　环境工程辅修专业选修课程设置

课程编号	课程名称	学分	课程编号	课程名称	学分
BREE 327	生物环境工程	3	MECH 526	制造业与环境	3
CHEE 230	环境技术	3	MECH 534	空气污染工程	3
CIVE 225	环境工程	4	WILD 375	环境科学	3
AGRI 452	拉丁美洲水资源	3	BIOL 432	湖沼生物学	3
AGRI 519	可持续发展规划	6	ECON 225	环境经济学	3
BREE 217	水文与水资源	3	ECON 326	生态经济	3
BREE 322	有机废物管理	3	ECON 347	气候变化经济学	3
BREE 416	土地规划工程	3	EPSC 549	水文地质学	3
BREE 518	废物生物处理	3	GEOG 200	地理构造：野外环境问题	3
ARCH 377	能源、环境与建筑	3	CIVE 225	环境工程	4
CIVE 572	水力学	3	CIVE 323	水文与水资源	3
CIVE 573	水工建筑	3	CIVE 430	水处理与污染控制	3
CIVE 574	污水的流体力学	3	CIVE 451	地质环境工程	3
CIVE 577	河流工程	3	CIVE 550	水资源管理	3
CIVE 584	地下水工程	3	CIVE 555	环境数据分析	3

3. 农业与环境科学系生物资源工程主修专业

农业与环境科学系生物资源工程主修专业开设水文与水资源学、水文系统模型、水质监测等水文水资源相关课程。

3.2.4　萨斯喀彻温大学

萨斯喀彻温大学简称萨省大学，位于加拿大萨斯卡通市，成立于 1907 年。萨斯喀彻温大学是加拿大顶尖研究型大学联盟 U15 成员之一，是该省规模最大的教育机构。校园占地 775hm^2，在校学生约 2.1 万人，其中本科生约 1.7 万人。2013 年，该校在加拿大《麦克林》杂志大学综合排名 9 位，在世界大学学术排名中位列全球前 300 名。萨省大学设有 17 个院系和 1 个继续教育中心，提供科学、工程学、农业、商学、艺术、医学、计算机、牙科、环境、法律和护理学等各个学科的教学，设有近 50 个本科生学位、70 多个硕士学位和 80 多个博士生学位。萨省大学素有学风严谨，师资力量强大，以小班化教学、教学水平高而闻名。

3.2.4.1　水资源科学方向

农业与生物资源学院资源科学系可再生资源管理专业开设水资源研究方向。

培养目标：①为学生在可再生资源管理水资源科学方向提供管理技能；②资源科学领域

的研究为学生提供野外实验的动手能力和实践技能。

学分要求：可再生资源管理专业最少要求 120 学分，其中选修课程 21 学分。课程开设计划见表 3-6 和表 3-7。

学制：4 年，全日制授课。

学位：授予理学学位。

表 3-6 萨斯喀彻温大学可再生资源科学专业水资源科学方向必修课程开设计划

学年	课程名称	学分	学年	课程名称	学分
第 1 学年（30 学分）	生命本质	3	第 2 学年（30 学分）	采样与实验室分析	3
	生命多样性	3		环境地理学	3
	普通化学	3		植物生态学原理	3
	微观经济学概论	3		萨斯喀彻温省的植物和土壤的识别	3
	可再生资源与环境	3		有效的专业沟通	3
	全球环境系统或地球系统导论	3			
	加拿大本土研究导论	3			
	数学生命科学	3			
	资源经济学和政策	3			
	资源经济学和政策概论	3			
第 3 学年（30 学分）	地理信息系统概论	3	第 4 学年（30 学分）	可持续发展	3
	统计方法	3		可再生资源管理综合报告	6
	可再生资源管理领域课程	9			
	自然资源管理	3			
	资源数据与环境模型	3			
	土壤成因分类	3			
	分析了环境管理和决策或环境	3			
	影响评价或可持续性和环境评估	3			

表 3-7 萨斯喀彻温大学资源科学专业水资源方向选修课程

课程名称	学分	课程名称	学分
湖泊学	3	水微生物学与安全	3
生态毒理学	3	环境微生物学	3
水资源管理	3	加拿大水文	3
污染废物处理与环境	3	地下水水文	3
土地管理与利用	3	环境毒理学	3
农产品和资源微生物学	3	风险评估与监管毒理学	3

3.2.4.2 水科学辅修专业

萨斯喀彻温大学文理学院开设水科学辅修专业。

培养目标：①使学生了解水文循环的物理过程；②了解人类活动对水循环的影响；③通过地理信息科学技术在建模中的应用，探讨大气水文-陆地表面的相互作用；④更好地了解水、景观和气候之间的联系；⑤使学生了解加拿大的水资源问题，掌握解决水问题的基本知识和主要技能。

授课学院：文理学院。

考核方法：采用等级制考核方法。

课程选修要求：学生必须完成辅修课程要求的 2/3 的课程，见表 3-8。

表 3-8　萨斯喀彻温大学水科学辅修专业课程

类型	课程名称	学分
必修课程（21 学分）	加拿大水文	3
	河流系统的原则	3
	地下水文学	3
	高等水文地质学	3
	场论方法和实验分析	3
选修课程（6 学分）	生态系统与生态学概论	3
	湖沼生物学	3
	水资源管理	3
	土地管理与改良	3
	流域模型	3
	地球化学概论	3
	水地球化学	3

3.2.4.3　环境与社会专业

萨斯喀彻温大学文理学院在环境与社会专业中设置水文水资源课程。

专业培养目标：环境与社会将为学生提供一个跨学科的课程，并为在环境和水资源方向的继续学习和工作奠定基础，通过揭示社会科学、人文科学与环境之间的关系，使学生深入理解环境科学、资源管理、环境理念，政策和环境等方面的研究。

与水资源相关的课程有：

必修课程：GEOG 225.3：加拿大水文地质；GEOG 325.3：河流系统；GEOG 328.3：地下水文学；GEOG 427.3：高等水文学；GEOG 233.3：天气和气候概论；GEOG 235.3：从加拿大看地球进展与自然灾害；GEOG 335.3：冰川地貌学；BIOL 312.3：北半球生活；GEOG 351.3：北部环境。

3.2.4.4　环境工程专业

工程学院（Engineering）开设环境工程专业（Environmental Engineering）中设置水文水资源相关课程。见表 3-9。

专业培养目标：①应用物理和化学原理解决环境问题；②涉及水和空气污染控制、水循环污水处理、公众健康等知识；③环境保护法规建设；④城市供水、工业废水处理；⑤水利工程环境影响研究；⑥致力研究于当地和国际环境问题。

表 3-9　萨斯喀彻温大学工程学院环境工程专业课程设置

<table>
<tr><th>学年</th><th>课程名称</th><th>学年</th><th>课程名称</th></tr>
<tr><td rowspan="7">第 1 学年（34 学分）</td><td>基础化学工程</td><td rowspan="3">第 1 学年（34 学分）</td><td>工程力学 2</td></tr>
<tr><td>普通化学（工程类）</td><td>工程数学 2</td></tr>
<tr><td>工程专业概论</td><td>电磁学概论</td></tr>
<tr><td>工程设计方法</td><td rowspan="4">第 2 学年（38 学分）</td><td>土木工程材料</td></tr>
<tr><td>工程力学 1</td><td>环境工程基本原理</td></tr>
<tr><td>工程数学 1</td><td>概率与统计</td></tr>
<tr><td>工程设计</td><td>工程地质学</td></tr>
</table>

续表

学年	课程名称	学年	课程名称
第2学年（38学分）	工程数学3	第3学年（36学分）	化工热力学
	流体力学1		工程经济
	计算方法		专业化沟通效率
	植物生物系统物理原理	第4学年（36学分）	工程项目
	材料力学		地理环境工程
	工程数学4		工业废物处理系统设计
第3学年（36学分）	流体力学与水力学		环境毒理学
	应用工程数学	选修课	生化工程概论
	土力学原理		公共卫生与环境工程2
	有机化学概论		水资源工程
	电子电力基础		污染场地修复工程
	仪器设备		可持续与环境评估
	水文学		高等水文地质学
	公共卫生与环境工程		

3.2.4.5 萨斯喀彻温大学水文研究中心

萨斯喀彻温大学基于以下几个原因建立了水文研究中心：

（1）国家对提高科学化水资源管理的需求。

（2）水文学原理、水文测验和水文模型等各学科相互结合促进水资源预测精度的重要性日益显著。

（3）萨斯喀彻温大学高素质水文水资源科学家数量的不断增长。

自从20世纪60年代以来，水文在加拿大的重要性日益展现。来自加拿大全国著名的水文学家在中心主持了一系列的水文学研讨会。Don Gray出版了加拿大水文的第一本教科书，在1970年出版了水文原则手册，1981年出版了《the pioneering Handbook of Snow: Principles, Processes, Management and Use》

水科学研究中心承担学校水文方向一部分研究生培养工作，每年有8个院系12个班的授课任务，其中包括农业与工程学院、文理学院等院系。2010年水文研究中心在地理与规划系授课课程见表3-10。

表3-10 水文中心授课课程

课程代码	授课学期	授课教师	课程名称
GEOG 225	第1学期	Prof Dirk de Boer	加拿大水文学
GEOG 325	第2学期	Prof Dirk de Boer 和 Dr Cherie Westbrook	河流系统原理
GEOG 328	第2学期	Dr Cherie Westbrook	地下水水文学
GEOG 398 / ENVS898	第1学期	DrYanping Li	气候变化
GEOG 427	第2学期	Dr Kevin Shook	高等水文学
GEOG 827	第1学期	Prof John Pomeroy	水文学原理

3.2.5 滑铁卢大学

滑铁卢大学是加拿大一所著名的以研究为主的综合性公立大学，位于加拿大安大略省滑铁卢市。学校于1957年由Ira G. Needle、J. Gerald Hagey和Reverend Cornelius Siegfried三位实业家共同创立，学校以学习与实习并重的合作教育（co-operative education）而闻名。学校有很高的学术声誉，该校是北美地区第一个经认可建立数学系的大学，拥有世界上最大的合作办学项目。滑铁卢大学共有文学院、理学院、工程学院、数学院、环境学院、应用健康科学学院等6个学院。学校设有100多个本科专业，28个硕士及博士学位专业。滑铁卢大学的数学、计算机科学和工程学科教学水平居世界前列。

滑铁卢大学被麦克林杂志（Maclean's）评选为加拿大最具领导地位、最具有创新力的大学。在连续的23年排名中，滑铁卢大学有19次被评为加拿大最好的综合性大学。Maclean's形容这所大学"最强是数学、工程学和计算机科学方面"，并且描述大学"国际上被认定为空前未有的成功"。2011年到2013年，该校一直稳居麦克林杂志评选的加拿大综合性大学排名的第三位，是北美地区最优大学之一。

3.2.5.1　水研究所

滑铁卢大学自从1957年成立以来，一直积极开展与水有关的研究，学校具有跨学科的多元水研究能力。经过50多年不懈努力，滑铁卢大学在水生生态学与毒理学、大气与水文科学、水与废水处理、水政策法规以及水治理等方面的研究已经得到了国际上的认可。学校6个学院和超过15个系的125多名教职员工从事这些与水相关的关键领域的研究、教育和技术发展方面的工作。由于滑铁卢大学在水研究方面的杰出成果，2009年正式成立了滑铁卢大学水研究所（The Water Institute），研究所成员主要由水科学相关科研人员、教工、学生项目以及合作伙伴等组成，建立了单独的水研究机构。通过水研究所的建立促进水科学研究、教育和创新方面的飞速发展。

（1）与水相关的研究生教育。15个系为在水科学、水工程、水法规方面研究的研究生提供理学硕士学位、文学硕士学位、工学硕士学位以及博士学位，包括：①应用数学系；②生物系；③化学工程系；④土木与环境工程系；⑤计算机科学系；⑥地球与环境科学系；⑦电子与计算机工程系；⑧经济学系；⑨环境、企业与发展系；⑩环境与资源研究系；⑪地理与环境管理系；⑫机电一体化工程系；⑬企划系；⑭公共卫生和卫生系统系；⑮系统设计工程系。

（2）水研究方面的研究生奖学金。为了鼓励致力于水科学研究的优秀研究生，水研究所设立了黄金协会研究生奖学金和AECOM公司研究生奖学金，每项奖学金5000美金。

（3）合作研究项目。水研究所的主要研究领域包括：①水文（地下水、地表水）科学与工程；②水废水处理技术与工艺；③生态水文学；④水生生态毒理学；⑤水管理、水政策、水治理；⑥水与健康。

（4）核心课程要求。为了提供基本的多元跨学科的知识和经验，配合学生的专业课程和与水相关的研究，水研究所的学生必须完成《水资源综合管理概论》和《综合水利工程》2门核心课程的学习。

3.2.5.2　水文地质专业

地球与环境科学系开设水文地质专业。水文地质学是一个跨学科的专业，将地下水流、污染物运移、地球化学、数学和物理等相关原理融入地质学理论，通过专业学习使学生了解地下水源的寻找方法，工业、农业和采矿业发展引起的地下水污染状况评价及其恢复，城乡发展对环境的影响评价等；为学生从事相关工作奠定良好的基础。开设的课程设置见表3-11。

表 3-11　地球与环境科学系水文地质专业课程设置（4 年制）

学年	课程编号	课程名称	学年	课程编号	课程名称
第 1 学年	CHEM 120 CHEM 120L	物质的物理和化学性质实验	第 2 学年	EARTH 123L	水文学野外试验方法
	CHEM 123 CHEM 123L	化学反应、平衡与动力学实验		EARTH 221	地球化学 1
	EARTH 121 EARTH 121L	地球科学导论实验		EARTH 231	矿物学
	EARTH 122 EARTH 122L	环境科学导论实验		EARTH 232	岩类学
	EARTH 123	水文学导论		EARTH 235	地球地层学方法
	MATH 127 MATH 128	微积分 1 微积分 2		EARTH 238	构造地质学概论
	PHYS 121PHYS 121L	力学实验		EARTH 260	应用地球物理学 1
	PHYS 122/PHYS 122L	波、电和磁实验		MATH 106 or MATH 114	应用线性代数 1 线性代数
				MATH 218	工程微分方程
第 3 学年	EARTH 333	沉积学概论	第 4 学年	EARTH 359	多孔介质流体
	EARTH 342	应用地形学		EARTH 436A/EARTH 436B 或 EARTH 499	荣誉学位论文或研究报告
	EARTH 390	地质测绘方法		EARTH 440	第四纪地质学
	EARTH 421	地球化学 2		EARTH 456	水文地质数值模拟
	EARTH 458 或EARTH 458L	物理水文地质 水文地质野外调查方法		EARTH 459	化学水文地质学
	CIVE 353	岩土工程 1			
	STAT 202	理学统计学概论			
推荐选修课程	CS 115	计算机科学导论 1	推荐选修课程	BIOL 447	环境微生物学
	ENVS 201	加拿大环境法概论		GEOG 387	空间数据库
	BIOL 240	微生物学基础		GEOG 271	遥感

3.2.5.3　土木工程专业水资源方向

工程学院开设土木工程专业水资源方向。

主要研究方向：水资源保护、水资源管理、水资源规划管理。

专业培养目标：①学生毕业后可以从事工程顾问（咨询）公司、监管机构等工作；②需要掌握水利工程设计、污染控制设计和水资源管理系统等方面的知识体系；③了解水资源-社会-环境的相关知识。

学分要求：至少需要修 7 门课程，土木工程的学生将可能修更多课程，见表 3-12。

表 3-12　滑铁卢大学工程学院土木工程专业水资源方向的核心课程

性质	方向	课程名称	学期
4 门必修课程		流体力学和热科学	春季
		水质工程	冬季
		水力学	秋季、冬季
		水文学	秋季、春季
选修	地表水	城市水系统设计	冬季

续表

性质	方向	课程名称	学期
选修	地表水	污染物的运移	冬季
	水处理	生物处理工程	秋、冬
		工业污水控制	冬
	数学	有限元方法	秋季、春季
		高等工程数学 2	春季
		应用线性代数	冬季
		不确定概率下的优化设计	冬季
	遥感科学	现代遥感技术	冬季
		遥感工程	冬季
	空气污染	空气污染控制	冬季
		空气污染	冬季
	Fluids 流体学	流体力学 2	秋季、冬季
		工程设计流体力学计算	秋季、春季
		污水处理	春季
	地下水	物理水文地质学	秋季、春季
		化学水文地质学	冬季
	管理学	环境资源管理	冬季
		固体废物管理工程技术	冬季
		冲突管控	秋季

注：本科生在协会主管和协调员的许可下，允许用其他课程替换，课程如有更改，及时与相关部门联系，确保所选课程有效。

3.2.5.4　环境工程专业

工程学院土木与环境工程系开设环境工程专业具有水资源方向，每班学生人数在 40~50 人，学生与老师有很多相互交流的机会，并有大量的工程实践带入课堂学习、丰富课堂学习。培养方案见表 3-13。

表 3-13　工程学院土木与环境工程系环境工程专业培养方案

学年	主要学习内容	课程	培养目标
第 1 学年	土木与地质学学位课程	微积分 代数 化学 计算程序 物理学	使学生适应正式的大学生活，并为工程科学学习打下坚实的基础
第 2 学年	物理化学过程	污染物的演变和输运 液相化学 生物降解	使学生掌握不同领域专业课程知识
	水资源 絮凝与沉淀 反应堆物理学	水文循环过程 明渠流和河流修复 管网 雨水管理	
	水和污水处理	供水和污水处理厂设计 絮凝与沉淀 反应堆物理学	
第 3 学年	水处理、水资源、污染物修复和建模	水处理、水资源、污染物修复和建模相关的选修课程	专业学习
第 4 学年	加强理论与实践的结合	3~4 人一组，参加老师的项目，结合课堂上的理论和应用知识，设计一个复杂问题的工程解决方案，题目自拟	实践学习

3.2.5.5 工程学院环境-水资源工程（硕士）

工程学院环境-水资源工程硕士学位主要研究领域包括：水文学、水文地质学、河流健康修复、饮用水处理、污水处理、水资源计划与管理等方面的内容。

目前学术研究前沿包括：河流康复还原与水生栖息地改善；土壤与地下水修复；药物识别、量化和处理方法以及化学消毒剂与水中天然有机物反应的识别、量化与处理；区域洪水频率分析；特定地表条件下的天气预测与地表下污染物在大气中循环的数值模型系统；病原体在水和污水处理中的去除；城市河流的力学场和数值模型研究；废物处理中的气味形成与控制；非点原污染物的沉积转移、流域尺度同位素水文学；地下水与地表水交互作用的数值模拟；生化水和污水的处理流程；干旱特征分析；孔隙介质下的物质输运过程；净水工艺中的有机副产品形成与移除；都市化和农业实践对湿地生态系统影响模型；水域中已知及新兴病原体识别技术；水中天然有机物特征；气候变化对水文和水资源系统的影响；物质在污水收集和处理过程中运移；大气水文耦合模型；分布式水文模型；处理程序设计和优化。

3.2.6 多伦多大学

多伦多大学是加拿大一所著名的公立大学，始建于1827年，是加拿大最古老的大学之一。学校位于多伦多市，拥有3个校区，600余种本科专业，32座图书馆。多伦多大学科研水平高，规模大，师资力量强，教学质量高，具备最新的教学方法和先进的教材，拥有世界一流教学设备，大学综合实力强，多伦多大学在学术及研究方面一直处于领先位置。

多伦多大学开设环境工程硕士水资源相关课程，见表3-14。

表3-14 多伦多大学环境工程硕士课程

课程性质	多伦多大学环境工程硕士课程	授课学期
核心课程	CIV549 -地下径流与污染物	秋季
	CIV577 -可持续的城市社区基础设施设计	冬季
	CIV541 - 环境生物技术	冬季
	CIV550 - 水资源工程	秋季
	CIV1303 -水资源系统模型	秋季
	CIV1307 - 工程活动的可持续性与评估	秋季
	CIV1308 -物理与化学处理工艺	冬季
	CIV1309 -生物处理工艺	冬季
	CIV1319 -水与废物的化合与分析	秋季
	JCC1313 -环境微生物	每两年开课一次
	JGE1212 -污染物在环境中的演化	秋季
	JNC2503 -环境技术路线	每两年开课一次
核心课程	CIV1311 -现代可持续的饮用水处理	5月
	CIV1399 -低冲突发展与雨水系统	冬季
	CHE1134 -高等生物工程	冬季
	CHE 2504 -工业污染防治	秋季
	ENV1001 -环境决策	秋季

续表

课程性质	多伦多大学环境工程硕士课程	授课学期
核心课程	ENV1701 -环境法律	秋季
	MIE1240 -风能	秋季
选修课程	CHE1431 -环境审计	冬季
	CHE1432 -环境法规的技术手段	冬季
	CHE1180 -适度技术与设计的全球发展	冬季
	APS1202 -工程与可持续发展	冬季
	ENV1004 -城市可持续与生态技术	秋季
	ENV1703 -水资源管理与政策	冬季
	ENV4001 -环境与健康高级研讨会	冬季
	ENV4002 -弱势群体的环境与健康	秋季
	CHL5903 -环境卫生	秋季
	GGR1214 -全球生态与生化循环	冬季
	JGE1413 -厂环境影响评估	冬季
	JPG1406 -可持续建筑的能源与供应	秋季
	JPG1419 -加拿大原住民管线与环境资源管理	秋季
	JPG1421 -城市环境健康	冬季
	JNP1016 -跨学科毒理学	冬季

3.2.7　曼尼托巴大学

曼尼托巴大学简称曼大，位于加拿大曼尼托巴省温尼伯市，是曼尼托巴省最大的大学，也是曼尼托巴省最全面的科研性大学教育机构。它成立于 1852 年，是加拿大西部的第一所大学，在世界大学学术排名中位列全球前 300 名。曼尼托巴大学有分校三处——Bannatyne 校区、Fort Garry 校区和 William Norrie 中心。学校开设土木工程专业和环境选修专业水资源方向的课程，见表 3-15 和表 3-16。

表 3-15　曼尼托巴大学土木工程专业课程

课程性质	课程编号	课程名称	课程编号	课程名称
Group A 选择 3~5 个核心课程	CIVL 3710	有限元方法	CIVL 4180	环境系统
	CIVL 4020	砌体设计	CIVL 4200	地下水污染
	CIVL 4022	混凝土材料	CIVL 4230	岩土工程
	CIVL 4030	结构设计	CIVL 4250	地下水文学
	CIVL 4100	工程管理与环境	CIVL 4300	城市供水系统
	CIVL 4040	动态结构	CIVL 4350	危险废弃物运移体系
	CIVL 4120	给水处理工厂设计	CIVL 4410	高等级公路设计
	CIVL 4130	固体废弃物	CIVL 4420	流域功能过程
Group B　选择 1~2 门课程	CIVL 4330	毕业设计	BIOE 4560	土木结构设计

表 3-16　曼尼托巴大学环境选修专业课程

课程性质	课程编号	课程名称	课程编号	课程名称
Group A 选择 3~5 个核心课程	CIVL 3710	有限元方法	CIVL 4200	地下水污染物
	CIVL 4100*	工程管理与环境	CIVL 4250	地下水文学

续表

课程性质	课程编号	课程名称	课程编号	课程名称
Group A 选择 3~5 个核心课程	CIVL 4120	给水处理工厂设计	CIVL 4300	城市供水系统
	CIVL 4130	固体废弃物	CIVL 4350	危险废弃物
	CIVL 4180	环境系统	CIVL 4470	流域功能过程
Group B 选择 1~2 门课程	CIVL 4330	毕业设计	BIOE 4480	环境冲突
	BIOE 4460	空气污染	OIL 4500	污染土壤修复

3.3 《水文学原理》和《确定性水文模型》教学大纲

3.3.1 加拿大萨斯喀彻温大学水文中心《水文学原理》课程

自从 20 世纪 60 年代以来，萨斯喀彻温大学水文研究在加拿大处于领先水平。水科学研究中心承担学校水文方向一部分研究生培养工作，每年有 8 个院系 12 个班的授课任务，其中包括农业与工程学院、文理学院等院系。其中《水文学原理》是水科学研究的核心课程。

3.3.1.1 课程目标

（1）水文物理原理和过程，加拿大水文物理过程。

（2）质量和能量平衡计算及其在水文中的应用。

3.3.1.2 培养目标

在完成这门课程的过程中，学生应该能够掌握以下内容：

（1）描述加拿大主要水文过程的特征。

（2）评估变化边界条件下对水文的影响。

（3）应用耦合能量和质量平衡方程计算径流和径流的水文通量。

3.3.1.3 课程介绍

萨斯喀彻温大学水文科学中心为水文科学研究方向的学生提供了加拿大地区水文物理过程相关的课程。课程主要涉及:降水、拦截、能量平衡、积雪、冰川融雪、蒸发、渗透、径流和地下水运动等水文过程。课程针对加拿大地貌特征状况下，如高山、冰川、草原、苔原、北方森林的背景下的冰冻的河流和季节性冻土等下垫面情况下的水文过程进行研究。

学生将了解每个水文循环过程，并了解最近的科学动态、理论、技术方法。通过大量的实践，培养学生解决问题和复杂的水文现象的能力。在附近的研究流域进行野外实验，提高学习经验，在此过程中学生将更深入地了解水文物理过程。

本课程学习为水文水资源专业学生的后续学习提供了坚实的水文基础知识。

3.3.1.4 课程安排

（1）2016 年 1 月 10 日在 Biogeoscience Institute、Barrier Lake Field Station、Kananaskis Valley 将有一场为期 10 天的讲座。

（2）期末考试（2 小时）将安排在课程的最后一天。

（3）练习和文献复习将在完成课程后的四个星期内完成。

成绩和评价：①期末考试成绩占总成绩 20%；②关于 Pomeroy 博士讲座的水文过程课程论文占总成绩 30%；③5 个练习作业，每个占 10%，共占 50%，主要内容包括：微气象学和蒸散、地下水水文、雪积累冰川和融化、土壤和坡面水文、江河流域水文与水力学。

课程指导和初步计划见表 3-17。

表 3-17 2016 年课程学习计划

日期	主题	授课教师
6 月 10 日	水文循环及基本原理	Dr John Pomeroy
6 月 11 日	降水与微气象	Dr John Pomeroy
6 月 12 日	截留与蒸散发 降雪野外调查 任务 1 论文任务	Dr Richard Petrone Dr John Pomeroy
6 月 13 日	降雪累积量与再分配	Dr John Pomeroy
6 月 14 日	融雪与雪盖融化	Dr John Pomeroy
6 月 15 日	冰川与冰河的形成 任务 2	Michael Demuth PEngPGeo
6 月 16 日	地下水水文学 任务 3	Dr Edwin Cey
6 月 17 日	下渗与土壤水 下渗实验	Dr Charles Maulé Dr John Pomeroy
6 月 18 日	休息	
6 月 19 日	坡地与流域水文学 任务 4 流速仪实验	Dr Sean Carey Dr Alain Pietroniro
6 月 20 日	河网、水力学、水文学 综合 任务 5	Dr Kevin Shook Dr Alain Pietroniro Dr John Pomeroy
6 月 21 日	期末考试	

3.3.1.5 教材与阅读文献

（1）Physical Hydrology, 3rd Edition, S.L. Dingman, 2014: Waveland Press, Long Grove, IL, ISBN 978-1-47861-118-9 （Available from November in the U of S Bookstore）.

（2）The Surface Climates of Canada, W.G. Bailey, T.R. Oke and W.R. Rouse, 1998: Montreal: McGill-Queen's Univ Press （Available on Amazon）.

3.3.2 加拿大圭尔夫大学《确定性水文模型》课程

3.3.2.1 课程目标

完成本门课程学生将具有以下能力：

（1）描述确定性水文模型的主要计算元素，了解不同时间空间尺度的水文模型，包括集总式水文模型及分布式水文模型。

（2）识别确定性水文模型输入数据中的物理量，并给出每个输入量的定量估值范围。

（3）应用最先进的算法识别和描述水文模型中各种水文过程的计算程序，包括降水输入变量的处理、下渗及地表产流计算、流域蒸散发计算、时间空间土壤蓄水量计算、截留及填洼量计算、地下径流量计算、坡面流与洪水演进计算。

（4）描述流域模型校准程序和模型成功测试标准。

（5）校验模型以及水文模型敏感性测验，识别模型的模拟效果。

3.3.2.2 教学方法

课堂教学是由教师和学生的 ppt 演示文稿组成。参考资料主要是由论文和技术报告组成。学生需要完成一篇学期论文和一些计算作业。

3.3.2.3 教师介绍

R. P. Rudra 教授，工程系 234 办公室。

3.3.2.4 课程成绩评估

课程成绩评估由 4 项成绩组成，其中，水文模型占 30%，课堂讨论占 10%，学期论文占 10%，作业占 10%~20%，期末考试占 30%~40%。

3.4 加拿大水文水资源方向创新教育

加拿大是世界高等教育发展较快的国家。在水文水资源本科教育积累了许多成功经验是值得我国学习。

（1）导师选课制度。为帮助学生合理的选修课程，学院为学生配备学术导师，通常在入学注册之前，学生应与学术导师协商所选的必修和选修等课程，确定每位学生的专业培养方案，学生事务处还提供了一个教师顾问，以协助学生办理学生注册等有关的事宜。

（2）推行学生网络学习措施。网上对课程的上课时间和教学进程有明确的规定，整个教学过程根据教学大纲和网站的要求进行。老师的授课内容和课件发布于网上，学生可以通过课程网站学习。作业任务也通过网络布置给学生,学生完成作业后发到老师的信箱，如不能按规定的时间完成作业，则本次作业成绩为 0 分。

（3）推行与工程项目结合的实践教育。加拿大很多大学是由企业创办，学生得天独厚地具有实习的项目、场所和经费。很多课程要求学生必须与老师的项目结合，把课程的理论和方法应用到项目实践中，得到相应的成果，大大地提高了学生对知识的掌握程度，并有效地锻炼了学生处理实践和复杂问题的能力。

（4）合作教育。“合作教育（Cooperative Education）”也被称作“产学合作教育”，是教育机构与企业共同参与人才培养的一种教育模式。合作教育模式构建了高校、学生、企业三方，乃至包括政府在内的多主体共赢合作机制，培养了一大批了解企业状况、具备实际动手能力的毕业生。使学生将专业学习与工作实践相结合，真正实现了“零距离上岗”，合作教育模式已经成为加拿大高校办学的一大特色，促进了加拿大高校教育的产学研发展。

（5）教学内容组织。教师可以选择部分内容讲解，不追求知识的系统性和逻辑性，讲授课时较少，注重学生自学能力、信息收集处理能力和动手能力培养，设置许多课题方案，注重学生提出问题、分析问题和解决问题能力的培养。

（6）课程体系完备。本科教学课程体系一般主要有 3 部分组成：核心课程、主修课程和选修课程。一般核心课程占 60~70 个学分，主修课程占 40 个学分左右，选修课程占 15~20 个学分左右。学生一般要修满 120 个学分才可以获得学士学位。

（7）自主学习的培养。就培养目标而言，加拿大大学主要以培养学生的自主学习能力为目标。在课程学习的过程中，有很多知识内容需要查找大量文献，学生通过自学的方式完成并掌握相关内容。课程大纲规定了课程教学内容，课程要求、知识重点难点、并注明学生自学查阅的书目文献，旨在培养学生的终身学习能力。每学期开学时，学生会得到一份课程说明（course outline）。在课程说明上叙述教学进度，每章要完成的任务、作业题、课程中期测验的时间。学生根据课程内容安排和具体说明去权衡自己在各门课程之间的时间分配，安排自主学习。

（8）研讨式教学。在加拿大本科教学中，基本上每门课程都会设有研讨课，内容严谨具体。在开学初，学生拿到教学计划的时候就已经知道研讨课的具体时间安排，教师会提前来布置研讨的主题，学生课后围绕主题查阅大量文献。研讨课时，每位同学都要阐述自己的观点，老师则会引导式地提出各种相关的理论、观点和适当的评价。课程讨论不限于形式，学生观点明确，资料丰富，充分展示学生学习的自觉性，并培养学生良好的创新意识和实践能力。

（9）成绩评定。有些学校课程成绩由平时成绩、测验成绩、项目报告成绩和期末考试组成。有些学校平时成绩占20%左右；项目报告成绩考试占30%左右；期末考试占50%左右。考试成绩C以下者为不及格，需要重修该课程。在选修一门课程时，这门课程的先修课程成绩必须要达到C级或以上，否则必须有系主任的签字方能选修此门课程。

第 4 章　澳大利亚水文水资源方向教育

澳大利亚有 39 所大学，其中 2 所私立大学，是世界高等教育强国和经济发达国家，拥有一流的高等教育水平，高等教育国际化程度较高。本章引用澳大利亚几所代表性大学网站资料，主要介绍澳大利亚水文水资源本科教育办学规模、培养方案和典型课程教学大纲，总结分析澳大利亚水文水资源高等教育创新培养模式。

4.1　澳大利亚高等教育

澳大利亚的高等教育主要由大学教育、职业教育与培训两部分组成，其教育体系主要沿袭英国传统，后期也受美国模式的影响。1850 年，悉尼大学创办，是澳大利亚第一所大学。1853 年，墨尔本大学开办，这是澳大利亚第二所大学。这两所大学都继承了当时英国牛津大学和剑桥大学的模式（黄慧民、骆洁嫦，2000）。至 1911 年，澳大利亚有 6 所大学，1946—1975 年间，13 所大学相继在澳大利亚开办。20 世纪 70—80 年代后，澳大利亚高等教育获得了快速发展。目前，澳大利亚已经发展为世界高等教育大国和强国，全国共有 37 所公立大学，2 所私立大学，4 所联邦政府开办的特种高等专业学校，以及许多职业技术学院（司晓宏、侯佳，2012）。全国实行统一的学历学位和高等教育文凭，设有博士学位、硕士学位、学士学位和专科文凭。博士学位大多数是以研究方式修课，也有一些学校按授课方式培养，修业年限至少三年。硕士学位分为研究和授课两种方式进修。研究为主的硕士修业年限则为一年半到两年；上课为主的硕士课程修业年限约一年到一年半，并提交一篇小论文。学士学位分为普通学士学位和荣誉学士学位。普通学士学位需要 3 年全日制学习或半脱产时间学习。荣誉学士学位是完成普通学士学位学习课程的优秀学生，再进行一年学习。21 世纪以来，澳大利亚政府改革高等教育，扩大高校办学自主权、增强高校国际竞争力、推动高等教育服务产业化（司晓宏、侯佳，2012）。学校积极吸引外国留学生。增加职业教育，扩充学习内容和范围，为博士阶段学习研究打下基础。目前，原有 96 个学位压缩为文学、理学、商学、生物学、环境学和音乐 6 个学位。鼓励学生广泛学习，要求学生至少选择一个专业方向，但是 25%的课程内容需在主干课程以外选择学习。推行三年本科、二年硕士和三年博士学位体系。澳大利亚具有完善的高等教育制度和世界一流的高等教育水平，高等教育的国际化程度相当高（国外学生占 1/12）。

澳大利亚政府改革高等教育具有如下特征（司晓宏、侯佳，2012）：

（1）把高等教育发展视为国家头等重要的产业。

（2）高等教育发展呈现出鲜明的国际化特征。

（3）人才培养模式凸显对学生创新精神的培养。

（4）大学办学模式多样化并呈现高度自治。

（5）大学内部管理高度的科学化和精细化。

4.2　澳大利亚水文水资源方向高等教育

在澳大利亚，许多大学采用“University”“Faculty”和“School”词语，与美国用法略有差异。本节在介绍澳大利亚水文水资源方向高等教育之前，引用关心（1989）文献说明他们之间的区别，供读者理解。“Faculty”“School”经常换用，有的大学采用前者，有的大学采用后者，一般均指“学院”。“College”多指独立性的学术机构，如南澳高等教育学院（South Australian College of Advanced Education），澳大利亚政府开办的一所培养教师的高等学府，属独立性的学术机构，与其他高校平级。南澳高等教育学院下设若干个系，如卫生教育系（Faculty of Health Science & Education）。此处的“Faculty”比大学的“Faculty”规模要小。“College”在澳大利亚有私立学校和大学公寓两层意思。

澳大利亚没有与我国同名的水文与水资源工程本科专业，许多学校开展培养水文与水资源方向的研究生。水文水资源方向本科教育分布在两类学校。第一类是开办水文水资源和水科学专业的大学。第二类是开设水文水资源课程的大学。代表性的大学有弗林德斯大学、澳大利亚国立大学、昆士兰大学、南澳大利亚大学、新英格兰大学和新南威尔士大学。

4.2.1　开办水文与水资源专业和水科学专业的大学

澳大利亚这类大学较少，主要有弗林德斯大学和澳大利亚国立大学。

弗林德斯大学以英国航海家 Matthew Flinders 命名。1802 年，Matthew Flinders 探索了南澳海岸线。弗林德斯大学创办于 1966 年，1966 年 3 月 25 日正式开学，学校有 90 名职员和 400 名学生，开设不到 10 门课程。2014 年，弗林德斯大学拥有 2679 名职员，24702 名学生，其中 4161 名学生来自 100 多个国家和地区，开设 350 门课程，培养 60000 名毕业生。弗林德斯大学以其出色的教学和科研工作而享誉全球，是全世界第一个拥有纳米技术学士学位的大学，也是澳大利亚一流的研究生医学培养学校。弗林德斯大学工程与科学学院环境部环境学院开设科学学士-环境水文与水资源本科专业（Bachelor of Science-Major in Environmental Hydrology and Water Resources）。科学学士分为普通科学学士（3 年制）和荣誉科学学士（4 年制）。环境系是一个环境科学、水科学、海岸和空间科学多学科前沿研究的学术机构，提供创新型本科生培养计划（innovative undergraduate program）和专业型研究生培养（specialised postgraduate courses），积极倡导国内国际交流环境研究成果。

澳大利亚国立大学于 1946 年创办，是澳大利亚唯一由联邦国会专门单独立法而创立的大学，也是澳大利亚排名前两名的大学，教学及研究水平在国际上享有极高的声望。医学、生物与环境学院拥有 Lord Howard Florey（1945）诺贝尔医学奖、John Eccles （1963）诺贝尔医学奖、Rolf Zinkernagel （1996）诺贝尔医学奖、Peter Doherty （1996）诺贝尔医学奖、Brian Schmidt （1963）诺贝尔物理学奖。医学、生物与环境学院开办资源与环境管理学士学位（普通学士学位和荣誉学士学位）水科学（Water Science）专业培养。

4.2.2　开设水文水资源课程的大学

澳大利亚许多大学的土木工程和环境科学专业开设水文与水资源课程。代表性的大学有昆士兰大学、南澳大利亚大学、新英格兰大学、新南威尔士大学、悉尼大学、詹姆斯库克大学和西澳大利亚大学。

昆士兰大学始建于 1910 年，是世界百强高等科研学府之一，也是澳大利亚最大最有声望的大学之一。拥有 6816 名职员，50749 名学生，其中本科生 37631 名，研究生 13118 名。至今培养了 22 万名毕业生。工程、建筑与信息技术学院土木工程系开办土木工程、土木与环境工程、土木与岩土学士学位本科专业。

南澳大利亚大学 1991 年创建，由 1889 年开办的南澳理工学院和成立于 1856 年的南澳高等教育学院的三个校区合并而成。学校拥有 27000 名学生，其中 3000 名国际学生。工程与环境学院开设水文水资源课程。

新英格兰大学是澳大利亚第一个建于地方首府之外的大学，其历史最早可以追溯到 20 世纪 20 年代，1954 年独立成为今天的南澳大利亚大学，是澳大利亚最大的教学和科研大学之一，培养了 10 万名毕业生。环境与农村科学学院设立 3 年环境科学学士学位。

新南威尔士大学创办于 1949 年,是世界排名 50 位的大学,也是国际著名的研究型大学。目前，学校有来自全世界 120 个国家和地区的 5 万名学生。新南威尔士大学工程学院是澳大利亚最大的工程学院，具有 60 多年的办学历史和国际高水平的教学科研。工程学院土木与环境工程系开办工程学士学位环境工程方向本科培养，4 年制。

悉尼大学始建于 1850 年，是澳大利亚第一所大学和国际著名研究型大学。学校有 52000 名学生，分别来自 134 个国家和地区。澳大利亚 1/3 的诺贝尔奖获得者来自悉尼大学校友，是澳大诺贝尔奖获得者最多的大学，引领澳大利亚的科学与技术的发展。农业与环境学院环境科学系培养环境系统普通学士学位和荣誉学士学位。拥有水文与地理信息科学实验室，开展水文模型、GIS 与遥感、水质与生物、环境模型、生态水文与统计学研究。

詹姆斯库克大学成立于 1970 年，位于澳大利亚昆士兰地区汤斯维尔市，是一所规模大型的公立研究型综合大学。詹姆斯库克大学是澳洲的第一座热带大学，它除了提供学科上的研究、研究训练以及教学课程外，还在与热带地区有关的一些学术领域内有很强的实力。大学与诸如大堡礁海洋公园组织、澳大利亚海洋学院、基础工业部等机构协作紧密。受到全球认可的学科有海洋生物、沿海与环境科学、热带雨林、海洋考古学等，其海洋学科是全球顶尖大学之一。

西澳大利亚大学 1911 年建校，位于西澳洲首府珀斯，是西澳洲最古老、最著名的大学之一，也是顶尖八校集团（GROUP OF EIGHT）成员。学科包括农业、工程与机械科学、科学类等。设置的专业有：土木工程、机械工程和地理地质学等。

除此之外，澳大利亚联邦科学与工业研究组织（CSIRO）也从事水文水资源研究，它是澳大利亚最大的国家级的科研机构，前身是 1926 年成立的科学与工业顾问委员会，总部坐落在首都堪培拉。其研究机构遍布澳大利亚全国各地，而且国外有一些分支机构，在澳大利亚的国民经济建设中起着举足轻重的作用。CSIRO 在全澳大利亚有 15 个研究所和研究中心，水土研究所（land and water）是 CSIRO 研究水文水资源的一个专门研究部门。目前该部门承担澳大利亚“健康国家水发展旗舰计划项目——流域未来”的旗舰项目。

4.3 澳大利亚代表性大学水文水资源本科教育培养方案

本节列出澳大利亚代表性大学水文水资源本科教育培养方案。

4.3.1　弗林德斯大学

工程与科学学院环境部环境学院开设普通科学学士学位和荣誉科学学士学位环境水文与水资源专业。

4.3.1.1　普通科学学士学位环境水文与水资源专业

培养目标：①掌握水文系统机理；②具备水文学、水资源知识；③应用科学方法研究水文水资源问题；④使用各种分析方法，包括计算软件分析数据；⑤提供学生水起源、水量和水运动的过程知识，以及澳洲的水问题。

具备能力：①环境水文与水资源相关学科知识；②应用科学方法；③评论和解释科学信息；④科学想象能力；⑤交流能力；⑥独立工作和团队合作；⑦正确的价值观。

教学安排：108 学分。其中，一年级科学主题课程 45 学分，其他专业（数学、物理、化学、计算机、生物科学、生物信息学等）选修课程 63 学分。典型课程安排见表 4-1。

表 4-1　普通科学学士学位环境水文与水资源专业课程安排

一年级	
课程名称	学分
EASC1101　地球与环境科学	4.5
EASC1102　海洋科学	4.5
ENVS1001　环境调查导论	4.5
GEOG1001　水资源与社会	4.5
MATH1701　数学基础 A	4.5
MATH1702　数学基础 B	4.5
MATH1121　数学 1A	4.5
MATH1122　数学 1B	4.5
二年级	
课程名称	学分
ENVS2761 水文学	4.5
EASC2702 全球气候变化 （4.5 学分）， ENVS2752 地质过程 （4.5 学分）， GEOG2700 地理信息系统 （4.5 学分），GEOG2701 遥感导论 （4.5 学分），GEOG2702 遥感影像分析 （4.5 学分）任选 13.5 学分	13.5
三年级	
课程名称	学分
EASC3741 地下水	4.5
EASC3742 地球流体模型	4.5
ENVS3731 生态水文学	4.5
EASC3751 水化学 （4.5 学分）； ENVS2752 地质过程 （4.5 学分）； ENVS3700 环境定向研究； ENVS3750 环境野外研究（4.5 学分）任选一门	4.5

4.3.1.2　荣誉科学学士学位环境水文与水资源专业

荣誉科学学士学位环境水文与水资源专业为学生奠定未来科学领域坚实的基础，提供广泛的方向选择；掌握科学，理解科学在社会中的作用；提供环境水文与水资源科学研究，培养环境水文与水资源专业人才。

培养目标：环境水文学家是掌握陆地水文系统机理，具有广博的水文专业知识，应用科学方法探索研究与水文相关领域科学问题的专业人才，能够使用广泛的分析方法，包括计算机软件分析数据，为水文学科做出贡献。本专业提供学生学习水资源量、水运动和水起源的综合过程，特别是澳洲面临的有关水问题。

具备能力：①具有水文学相关领域的专业知识；②能够评论和解释科学信息；③掌握应用科学方法研究解决工程问题；④撰写、口头表达和交流研究与设计结果的能力；⑤独立完成工作和团队合作能力；⑥正确的价值伦理行为。

教学安排：144 学分。其中，科学专题课程 45 学分，见表 4-2；专业核心课程 36 学分，见表 4-3；其他专业（数学、物理、化学、计算机、生物科学、生物信息学等）选修课程 63 学分。

表 4-2 科学专题课程

课程名称	学分	课程名称	学分
BIOD1102 生物多样性与保护导论	4.5	ENGR1202 模拟电子学 1	4.5
BIOL1101 生物多样性的进化	4.5	ENGR1401 职业技能	4.5
BIOL1102 生命的分子学基础	4.5	ENVS1001 环境调查导论	4.5
BIOL1201 水产养殖导论	4.5	FACH1701 法证科学导论	4.5
BIOL1301 海洋生物导论	4.5	GEOG1001 水资源与社会	4.5
BIOL1711 动物行为导论	4.5	GEOG1003 GIS 导论	4.5
BTEC1001 生物技术导论	4.5	MATH1121 数学 1A	4.5
CHEM1101 化学结构与链	4.5	MATH1122 数学 1B	4.5
CHEM1102 现代化学	4.5	MATH1701 数学基础 A	4.5
CHEM1201 普通化学	4.5	MATH1702 数学基础 B	4.5
CHEM1202 生命科学化学	4.5	NANO1101 纳米技术基础	4.5
COMP1001 计算基础	4.5	NMCY1001 学术和专业能力	4.5
COMP1101 信息和通信技术基础	4.5	PHYS1101 基础物理 I	4.5
COMP1102 计算机程序设计 1	4.5	PHYS1102 基础物理 II	4.5
CTEC1101 清洁技术 1	4.5	PHYS1701 现代物理学	4.5
EASC1101 地球与环境科学	4.5	PHYS1702 健康科学基础	4.5
EASC1102 海洋科学	4.5	STAT1412 实验数据分析	4.5
ENGR1201 电子学	4.5	STAT2700 应用统计分析	4.5

表 4-3 专业核心课程

课程名称	学分
ENVS7700A 高等环境研究课题 （4.5/27 学分）	4.5
ENVS7700B 高等环境研究课题 （4.5/27 学分）	4.5
ENVS7700C 高等环境研究课题 （4.5/27 学分）	4.5
ENVS7700D 高等环境研究课题 （4.5/27 学分）	4.5
ENVS7700E 高等环境研究课题 （4.5/27 学分）	4.5
ENVS7700F 高等环境研究课题 （4.5/27 学分）	4.5
ENVS7720 高等环境研究课题（4.5 学分）	4.5
EASC7733 自然系统量测技术 （4.5 学分）；ENVH7711 环境健康概念 （4.5 学分）；ENVH7722 食品安全 （4.5 学分）；ENVH7731 可持续发展- 健康问题 （4.5 学分）；ENVH7742 微生物学与传染病（4.5 学分）；ENVS7701 海岸管理 （4.5 学分）；GEOG7721 发达国家与发展中国家的人口问题 （4.5 学分）；GEOG7711 GIS 在环境模型中的应用 （4.5 学分）；GEOG7750 高等地理、人口与环境管理研究 （4.5 学分）任选一门	4.5

4.3.2　澳大利亚国立大学

澳大利亚国立大学医学、生物与环境学院开办资源与环境管理学士学位（普通学士学位和荣誉学士学位）水科学专业。

水科学专业具备的能力：①掌握澳大利亚、世界水资源量的分布和利用；②地表水、地下水定量预测；③掌握气候变化、土地利用、农业、商业和工业对地表水、地下水的影响；④水质水量分析；⑤通过广泛的科学和工程原理进行水问题综合分析；⑥科技报告撰写与口头表达能力培养；⑦职业所需专业知识。

4.3.2.1　资源与环境管理普通学士学位水科学专业

学制 3 年，每学年 48 学分，最低 144 学分，见表 4-4。其中 1000 级别的课程最多选修 60 学分。

表 4-4　课程设置

学分	课程名称
18	BIOL1003　进化论、生态学与遗传 ENVS1001　环境与社会：可持续发展地理学 ENVS1003　环境和社会研究方法导论 ENVS1004　澳大利亚环境
6	EMSC1006　蓝色星球 ENVS1008　可持续发展
6	EMSC2016　资源与环境 ENVS2007　环境经济学 ENVS2011　人文生态学 ENVS2013　社会与环境变化
6	ENVS2014　可持续发展研究方法 ENVS2015　GIS 与空间分析
6	ENVS3007　参与式资源管理：与社区和团体合作 ENVS3028　环境政策
18	水科学专业方向课或辅修专业的 3000 级别课，见表 4-5
12	EMSC 或 ENVS2000 级别课程，见表 4-6 和表 4-7
18	EMSC 或 ENVS3000 级别课程
6	其他专业课程
48	专门课程，见表 4-8

表 4-5　水科学专业课程 3000 级别课程

代码	课程名称	学分	代码	课程名称	学分
ENVS3005	水资源管理	6	PHYS3034	流体力学原理	6
EMSC3025	地下水	6	BIOL3208	生物学研究课题	6
EMSC3023	海洋生物地球化学	6	CHEM3060	化学研究课题	6
EMSC3027	古气候与气候变化	6	EMSC3050	专题	6
EMSC3028	沿海环境地球科学	6	ENVS3016	专题	6
ENVS3004	土地与流域管理	6			

表 4-6 EMSC 课程

代码	课程名称	学分	代码	课程名称	学分
EMSC3027	古气候与气候变化	6	EMSC3023	海洋生物地球化学	6
EMSC1008	地球：我们星球的物理和化学	6	EMSC2015	地球化学	6
EMSC2012	结构与野外地质概论	6	EMSC3030	研讨课 A	3
EMSC3024	岩浆与变质作用	6	EMSC3030	研讨课 A	3
EMSC3030	研讨课 A	3	EMSC3019	珊瑚礁场研究	6
EMSC3007	经济地质学	6	EMSC3031	研讨课 B	3
EMSC4008P	地球基础Ⅳ（荣誉学士方向）	12	EMSC3031	研讨课 B	3
EMSC4005F	地质学Ⅳ（荣誉学士方向）	12	EMSC3031	研讨课 B	3
EMSC4005F	地质学Ⅳ（荣誉学士方向）	12	EMSC3032	冰川融化，海平面变化和气候变化	6
EMSC3031	研讨课 B	3	EMSC3050	专题	6
EMSC3031	研讨课 B	3	EMSC2021	气候系统科学基础	6
EMSC3050	专题	6	EMSC3001	野外地质学	6
EMSC3050	专题	6	EMSC3002	构造地质学	6
EMSC4005P	地质学Ⅳ（荣誉学士方向）	12	EMSC2017	岩石与矿物	6
EMSC4008F	地球基础Ⅳ（荣誉学士方向）	12	EMSC3030	研讨课 A	3
EMSC4008P	地球基础Ⅳ（荣誉学士方向）	12	EMSC4008F	地球基础 IV（荣誉学士方向）	12
EMSC3031	研讨课 B	3	EMSC3025	地下水	6
EMSC3030	研讨课 A	3	EMSC2019	地理生物学与地球上的生命进化	6
EMSC3050	专题	6	EMSC2014	沉积学和地层学	6
EMSC4005P	地质学 Ⅳ（荣誉学士方向）	12	EMSC3030	研讨课 A	3
EMSC3028	沿海环境地球科学	6	EMSC3050	专题	6
EMSC3022	行星学	6	EMSC3050	专题	6
EMSC1006	蓝色星球-地球系统导论	6	EMSC3019	珊瑚礁场研究	6

表 4-7 NVS 课程

代码	课程名称	学分	代码	课程名称	学分
ENVS2005	岛屿可持续发展：斐济实地学校	6	ENVS3016	专题	6
ENVS3007	参与式资源管理：与社区和团体合作	6	ENVS4005P	环境与社会（荣誉学士方向）	12
ENVS2014	可持续发展研究方法	6	ENVS4015F	地理学 Ⅳ（荣誉学士方向）	12
ENVS3033	国际环境政策	6	ENVS3016	专题	6
ENVS3039	生物多样性保护	6	ENVS3010	独立研究项目	6
ENVS3013	气候学	6	ENVS3008	环境中的火灾	6
ENVS3021	人类的未来	6	ENVS2007	环境经济学	6
ENVS3026	地貌学：气候变化下的下垫面演变	6	ENVS2010	澳大利亚森林	6
ENVS3010	独立研究课题	6	ENVS1001	环境与社会：可持续发展地理学	6
ENVS4015F	地理学Ⅳ （荣誉学士方向）	12	ENVS3038	国际环境政策	6

续表

代码	课程名称	学分	代码	课程名称	学分
ENVS4015P	地理学Ⅳ（荣誉学士方向）	12	ENVS1008	可持续发展	6
ENVS4025F	人文生态学Ⅳ（荣誉学士方向）	12	ENVS3016	专题	6
ENVS1003	环境与社会研究导论	6	ENVS3016	专题	6
ENVS3001	气候变化科学与实践	6	ENVS3040	复杂环境问题行动	6
ENVS3002	可持续农业生产	6	ENVS3041	管理森林景观	6
ENVS2015	GIS 与空间分析	6	ENVS4025P	人文生态学 Ⅳ（荣誉学士方向）	12
ENVS2017	Vietnam 野外学校	6	ENVS4055F	森林科学Ⅳ（荣誉学士方向）	12
ENVS3014	生态评价与管理	6	ENVS2021	植被与土壤	6
ENVS1004	澳大利亚环境	6	ENVS2022	可持续系统：农村	6
ENVS2013	社会与环境变化	6	ENVS2004	天气、气候与火灾	6
ENVS3028	环境政策	6	ENVS2003	生物多样性与景观生态学	6
ENVS3004	土地与流域管理	6	ENVS3029	古环境重建	6
ENVS3016	专题	6	ENVS4005F	环境与社会（荣誉学士方向）	12
ENVS4005F	环境与社会（荣誉学士方向）	12	ENVS4005P	环境与社会（荣誉学士方向）	12
ENVS3020	气候变化科学与政策	6	ENVS4025P	人文生态学 Ⅳ（荣誉学士方向）	12
ENVS2025	本土文化与自然资源管理	6	ENVS4055P	森林科学 Ⅳ（荣誉学士方向）	12
ENVS3005	水资源管理	6	INDG2001	本土文化与自然资源管理	6
ENVS3016	专题	6			

表 4-8　专门课程

代码	课程名称	学分	代码	课程名称	学分
CHEM-SPEC	高等化学	24	ADEF-SPEC	澳大利亚防务政策	24
ADHS-SPEC	高等 Hispanic 研究	24	BCHM-SPEC	生物化学	24
ADMA-SPEC	高等数学	24	BICM-SPEC	生物多样性与保护	24
ADPH-SPEC	高等物理学	24	CLAS-SPEC	典型研究	24
ALGD-SPEC	算法与数据	24	CLSP-SPEC	气候科学与政策	24
ARTI-SPEC	人工智能	24	COMS-SPEC	计算机系统	24
ASAP-SPEC	天文学与天体物理学	24	CEHE-SPEC	文化与环境遗产	24
AFOR-SPEC	澳大利亚和防务力量	24			

水科学与政策辅修专业课程见表 4-9。

表 4-9　水科学与政策辅修专业课程

代码	课程名称	学分	要求
EMSC1006	蓝色星球：地球系统科学导论	6	最多选修 6 学分
EMSC1008	地球：我们星球的物理和化学	6	
ENVS1001	环境与社会：可持续发展地理学	6	
ENVS1003	环境与社会研究导论	6	
ENVS1004	澳大利亚环境	6	
ENVS1008	可持续发展	6	

续表

代码	课程名称	学分	要求
EMSC2014	沉积学和地层学	6	最低选修 18 学分
EMSC3023	海洋生物地球化学	6	
EMSC3025	地下水	6	
EMSC3028	沿海环境地球科学	6	
ENVS2020	自然资源管理的水文与地貌	6	
ENVS2025	本土文化与自然资源管理	6	
ENVS3005	水资源管理	6	
ENVS3028	环境政策	6	
ENVS3033	国际环境政策	6	

4.3.2.2 资源与环境管理荣誉学士学位水科学专业

学制 4 年，每学年 48 学分，最低 192 学分。其中，48 学分水科学专业课程，见表 4-10；48 学分第二专业课程（生物人类学、生物学、化学、计算机科学、地球化学、环境与景观科学、地理学、海洋科学、经济数学、金融数学、数学模型、数学、自然资源管理、物理学、科学计算、统计学、可持续科学、理论物理任选）；48 学分高级科学研究课程；48 学分选修课程（表 4-8 专门课程）。

表 4-10 水科学专业课程

代码	课程名称	学分	要求
EMSC1006	蓝色星球：地球系统科学导论	6	必修
ENVS2020	自然资源管理的水文与地貌	6	必修
ENVS3005	水资源管理	6	必修
EMSC3025	地下水	6	必修
CHEM1101	化学 1	6	选修 6 学分
PHYS1001	物理基础	6	
PHYS1101	物理学 Ⅰ	6	
MATH1003	代数与积分方法	6	
MATH1013	数学与应用 1	6	
MATH1115	高等数学与应用 1	6	
CHEM2202	化学结构与反应 1	6	最低选修 6 学分
EMSC2014	沉积学和地层学	6	
EMSC2021	气候系统科学基础	6	
MATH2305	差分方程与应用	6	
BIOL2113	无脊椎动物学	6	
MATH2405	数学方法 1 常微分方程和高级矢量微积分（荣誉学士学位）	6	
EMSC3023	海洋生物地球化学	6	最低选修 6 学分
EMSC3027	古气候与气候变化	6	
EMSC3028	沿海环境地球科学	6	
ENVS3004	土地与流域管理	6	
PHYS3034	流体力学基础	6	
BIOL3208	生物学研究课题	6	最多选修 6 学分
CHEM3060	化学研究课题	6	
EMSC3050	专题	6	
ENVS3016	专题	6	

4.3.3　昆士兰大学

昆士兰大学土木系土木工程、土木与环境工程、土木与岩土工程本科专业等开设水文水资源课程。

4.3.3.1　化学与环境工程

化学与环境工程专业典型课程设置分别见表 4-11 和表 4-12。

表 4-11　必修课

学年、学期	代码	学分	课程名称
一年级第 1 学期	CHEM1100	2	化学 1
	ENGG1100	2	工程设计
一年级第 1 学期或第 2 学期	ENGG1500	2	工程热力学
	MATH1051	2	微积分与线性代数 I
一年级第 2 学期	ENGG1200	2	工程模型与问题求解
	MATH1052	2	多变量微积分与常微分方程
二年级第 1 学期	CHEE2001	2	过程原理
	CHEM1200	2	化学 2
	MATH2000	2	微积分与线性代数 II
	CHEE1001	2	生物工程原理
二年级第 2 学期	CHEE2010	2	工程调查与统计分析
	CHEE2003	2	流体与粒子力学
	CHEM2056	2	工程物理化学
	CHEE2501	2	环境系统工程 I：过程
三年级第 1 学期	CHEE3020	2	过程系统分析
	CHEE3002	2	热与物质传输
	CHEE3003	2	化学热力学
	ENVM3103	2	环境管理与规划框架
三年级第 2 学期	CHEE3004	2	单元操作
	CHEE3005	2	反应工程
	CIVL3141	2	流域水文学
	CIVL3150	2	环境系统模型
四年级第 1 学期	CHEE4002	2	工程工业影响与风险
	CHEE4009	2	传输现象
	CHEE4060	2	过程与控制系统集成
	CHEE4024	2	可持续发展的能源工程
四年级第 2 学期	CHEE4001	4	过程工程设计
	CHEE4012	2	工业废水和固体废物管理

表 4-12　选修课

分类	课程代码	学分	课程名称
初级选修课	ENGG1300	2	电气系统基础
	ENGG1400	2	工程力学: 统计与动力学
	ENGG1600	2	研究实践-大型问题
	BIOL1040	2	从细胞到生物
	CSSE1001	2	软件工程基础

续表

分类	课程代码	学分	课程名称
	ERTH1501	2	工程师的地球过程与地质材料
	PHYS1002	2	电磁学与现代物理学
选修课	CHEE3301	2	高分子工程
	CIVL4140	2	地下水与地表水模型
	ENGG4103	2	工程评价管理
	ENVM2522	2	碳与能量管理
	ENVM3524	2	碳约束下的企业管理
选修课	ENVM3526	2	系统思维和系统动力学（面向复杂世界）
	ENVM3528	2	工业生态学与生命周期思想
	MINE2201	2	矿物的物理和化学加工
高等选修课	CHEE4020	2	生物分子工程
	CHEE4022	2	吸附原理
	CHEE4305	2	生物材料：医学材料
	CHEE4301	2	纳米材料及其特性
	CHEE4302	2	电化学与腐蚀
	MINE4203	2	浮选操作法
	MINE4204	2	水溶液过程与电冶金学

4.3.3.2 土木工程

土木工程专业典型课程设置分别见表4-13和表4-14。

表4-13 必修课

学年、学期	代码	学分	课程名称
一年级第1学期	ENGG1100	2	工程设计
一年级第1学期或第2学期	ENGG1400	2	工程力学：统计与动力学
	MATH1051	2	微积分与线性代数Ⅰ
一年级第2学期	ENGG1200	2	工程模型与问题求解
	MATH1052	2	多变量微积分与常微分方程
二年级第1学期	CIVL2130	1	环境问题，监测与评价
	CIVL2330	2	结构力学
	CIVL2410	2	交通流理论与分析
	MATH2000	2	微积分与线性代数 Ⅱ
	STAT2201	1	工程科技数据分析
二年级第2学期	CIVL2131	2	土木环境工程师流体力学
	CIVL2210	2	土力学基础
	CIVL2340	2	结构设计基础
	CIVL2360	2	钢筋混凝土结构与混凝土技术
三年级第1学期	CIVL3140	2	流域水力学：明渠水流与设计
	CIVL3210	2	岩土工程
	CIVL3340	2	结构分析
	CIVL3350	2	结构设计
	CIVL3420	2	交通系统工程
	CIVL3510	2	工程管理基础
四年级第1学期	CIVL4514	2	土木设计Ⅰ
四年级第2学期	CIVL4515	2	土木设计Ⅱ

表 4-14　选修课

分类	课程代码	学分	课程名称
数学与科学预科选修课	CHEM1090	2	化学基础
	MATH1050	2	数学基础
	PHYS1171	2	生物系统物理基础
初级选修课	CHEM1100	2	化学 1
	CSSE1001	2	软件工程基础
	ENGG1300	2	电气系统导论
	ENGG1500	2	工程热力学
	ENGG1600	2	研究实践-大型问题
	ERTH1501	2	工程师的地球过程与地质材料
初级选修课	MINE2105	2	矿业基础
	PHYS1002	2	电磁学与现代物理学
	REDE1300	2	建筑施工管理与经济学
高等选修课	CHEE4012	2	工业废水和固体废物管理
	CIVL3150	2	环境系统模型
	CIVL4110	2	海岸与河口工程
	CIVL4120	2	高等明渠水流与水力结构
	CIVL4140	2	地下水与地表水模型
	CIVL4160	2	高等流体力学
	CIVL4180	2	可持续建设环境
	CIVL4230	2	高等土力学
	CIVL4250	2	工程数值方法
	CIVL4270	2	岩土调查与试验
	CIVL4280	2	高等岩石力学
	CIVL4320	2	小型建筑工程
	CIVL4331	2	高等结构工程
	CIVL4332	2	高等结构分析
	CIVL4411	2	高等交通工程
	CIVL4522	2	建设工程管理
	CIVL4560	2	课题方案
	CIVL4580	4	研究论文
	CIVL4582	4	研究论文
	ENGG3700	2	消防安全工程概论
	ENGG4900	2	专业实践与经营环境
	MINE4000	2	矿山废弃物管理与景观设计

4.3.3.3　土木与环境工程

土木与环境工程专业典型课程设置分别见表 4-15 和表 4-16。

表 4-15　必修课

学年、学期	代码	学分	课程名称
一年级第 1 学期	ENGG1100	2	工程设计
一年级第 1 学期或第 2 学期	ENGG1400	2	工程力学：统计与动力学
	ENGG1500	2	工程热力学
	MATH1051	2	微积分与线性代数 I

续表

学年、学期	代码	学分	课程名称
一年级第2学期	ENGG1200	2	工程模型与问题求解
	MATH1052	2	多变量微积分与常微分方程
二年级第1学期	CIVL2130	1	环境问题，监测与评价
	CIVL2330	2	结构力学
	CIVL2410	2	交通流理论与分析
	MATH2000	2	微积分与线性代数II
	STAT2201	1	工程科技数据分析
二年级第2学期	CIVL2131	2	土木环境工程师流体力学
	CIVL2210	2	土力学基础
	CIVL2340	2	结构设计基础
	CIVL2360	2	钢筋混凝土结构与混凝土技术
三年级第1学期	CIVL3140	2	流域水力学：明渠水流与设计
	CIVL3210	2	岩土工程
	CIVL3340	2	结构分析
	CIVL3141	2	流域水文学
	CIVL3150	2	环境系统模型
	CIVL3350	2	结构设计
	CIVL3420	2	交通系统工程
四年级第1学期	CIVL4180	2	可持续建设环境
	CIVL4140	2	地下水与地表水模型
	CIVL4514	2	土木设计I
四年级第2学期	CHEE4012	2	工业废水和固体废物管理
	CIVL4515	2	土木设计II

表4-16 选修课

分类	课程代码	学分	课程名称
数学与科学预科选修课	CHEM1090	2	化学基础
	MATH1050	2	数学基础
	PHYS1171	2	生物系统物理基础
初等选修课	BIOL1040	2	从细胞到生物
	CHEM1100	2	化学 1
	CSSE1001	2	软件工程基础
	ENGG1300	2	电气系统导论
	ENGG1600	2	研究实践-大型问题
	ERTH1501	2	工程师的地球过程与地质材料
	MINE2105	2	矿业基础
	PHYS1002	2	电磁学与现代物理学
	REDE1300	2	建筑施工管理与经济学
高等选修课	CIVL4110	2	海岸与河口工程
	CIVL4120	2	高等明渠水流与水力结构
	CIVL4160	2	高等流体力学
	CIVL4230	2	高等土力学
	CIVL4250	2	工程数值方法
	CIVL4270	2	岩土调查与试验

续表

分类	课程代码	学分	课程名称
高等选修课	CIVL4280	2	高等岩石力学
	CIVL4320	2	小型建筑工程
	CIVL4331	2	高等结构工程
	CIVL4332	2	高等结构分析
	CIVL4411	2	高等交通工程
	ENGG3700	2	消防安全工程概论
	MINE4000	2	矿山废弃物管理与景观设计
	ENGG4900	2	专业实践与经营环境

4.3.3.4　土木与岩土工程

土木与岩土工程专业典型课程设置分别见表 4-17 和表 4-18。

表 4-17　必修课

学年、学期	代码	学分	课程名称
一年级第 1 学期	ENGG1100	2	结构设计
	ERTH1501	2	工程师的地球过程与地质材料
一年级第 1 学期或第 2 学期	ENGG1400	2	工程力学：统计与动力学
	MATH1051	2	微积分与线性代数 I
二年级第 1 学期	CIVL2130	1	环境问题，监测与评价
	CIVL2330	2	结构分析
	CIVL2410	2	交通流理论与分析
	MATH2000	2	微积分与线性代数 II
	STAT2201	1	工程科技数据分析
二年级第 2 学期	CIVL2131	2	土木环境工程师流体力学
	CIVL2210	2	土力学基础
	CIVL2340	2	结构设计基础
	CIVL2360	2	钢筋混凝土结构与混凝土技术
三年级第 1 学期	CIVL3140	2	流域水力学：明渠水流与设计
	CIVL3210	2	岩土工程
	CIVL3340	2	结构分析
	MINE3121	2	采矿地质力学
三年级第 2 学期	CIVL3141	2	流域水文学
	CIVL3350	2	结构分析
	CIVL3420	2	交通系统工程
	ERTH3250	2	水文地质学
四年级第 1 学期	MINE4120	2	矿山岩土工程
	CIVL4270	2	岩土调查与试验
	CIVL4514	2	土木设计 I
四年级第 2 学期	CIVL4280	2	高等岩石力学
	CIVL4515	2	土木设计 II

表 4-18 选修课

分类	代码	学分	课程名称
数学与科学预科选修课	CHEM1090	2	化学基础
	MATH1050	2	数学基础
	PHYS1171	2	生物系统物理基础
初等选修课	CHEM1100	2	化学 1
	CSSE1001	2	软件工程基础
	ENGG1300	2	电气系统导论
	ENGG1500	2	工程热力学
	ENGG1600	2	研究实践-大型问题
	MINE2105	2	矿业基础
	PHYS1002	2	电磁学与现代物理学
	REDE1300	2	建筑施工管理与经济学
高等选修课	CIVL4580	4	研究论文
	CIVL4582	4	研究论文
	CIVL4560	2	课题方案
	CIVL4250	2	工程数值方法
	CIVL4230	2	高等土力学
	MINE4000	2	矿山废弃物管理与景观设计
	ERTH2004	2	构造地质学

4.3.4 南澳大利亚大学

南澳大利亚大学工程与环境学院开设水文水资源课程。

4.3.4.1 工程荣誉学士学位土木方向

工程荣誉学士学位土木方向典型课程设置见表 4-19。

表 4-19 工程荣誉学士学位土木方向课程设置

年级、学期	课程名称	代码	学分
第一学年第一学期	计算机技术	COMP 1036	4.5
	工程材料学	RENG 1005	4.5
	工程师数学方法 1	MATH 1063	4.5
	可持续工程实践	ENGG 1003	4.5
第一学年第二学期	工程师数学方法 2	MATH 1064	4.5
	工程与环境地质学	EART 3012	4.5
	工程力学	MENG 1012	4.5
	工程设计与创新	ENGG 1004	4.5
第二学年第一学期	工程模型	MATH 2009	4.5
	材料力学	CIVE 2005	4.5
	工程师地理空间学	CIVE 2001	4.5
	选修		4.5
第二学年第二学期	水工程基础	CIVE 2010	4.5
	水化学	CIVE 2011	4.5
	土木工程实践	CIVE 2009	4.5
	道路设计与交通管理	CIVE 2012	4.5
第三学年第一学期	专业工程实践	EEET 3033	4.5

续表

年级、学期	课程名称	代码	学分
第三学年第一学期	土力学	CIVE 3008	4.5
	钢木结构设计	CIVE 3013	4.5
	水力学与水文学	CIVE 3009	4.5
第三学年第二学期	岩土工程	CIVE 3007	4.5
	钢筋混凝土设计	CIVE 3003	4.5
	结构分析	CIVE 3011	4.5
	水资源工程设计	CIVE 3010	4.5
第四学年第一学期	工业经历	ENGG 3005	4.5
	土木工程设计	CIVE 4008	9
	研究理论与实践	ENGG 4005	4.5
	预应力混凝土设计	CIVE 4034	4.5
第四学年第二学期	土木工程荣誉课题	CIVE 4044	9
	地震与砌体工程	CIVE 4036	4.5
	冷弯型钢设计	CIVE 4035	4.5

4.3.4.2　工程荣誉学士学位土木与结构方向

工程荣誉学士学位土木与结构方向典型课程设置见表 4-20。

表 4-20　工程荣誉学士学位土木与结构方向课程设置

年级、学期	课程名称	代码	学分
第一学年第一学期	计算机技术	COMP 1036	4.5
	工程材料学	RENG 1005	4.5
	工程师数学方法 1	MATH 1063	4.5
	可持续工程实践	ENGG 1003	4.5
第一学年第二学期	工程师数学方法 2	MATH 1064	4.5
	工程与环境地质学	EART 3012	4.5
	工程力学	MENG 1012	4.5
	工程设计与创新	ENGG 1004	4.5
第二学年第一学期	工程模型	MATH 2009	4.5
	材料力学	CIVE 2005	4.5
	工程师地理空间学	CIVE 2001	4.5
	选修		4.5
第二学年第二学期	水工程基础	CIVE 2010	4.5
	水化学	CIVE 2011	4.5
	土木工程实践	CIVE 2009	4.5
	道路设计与交通管理	CIVE 2012	4.5
第三学年第一学期	专业工程实践	EEET 3033	4.5
	土力学	CIVE 3008	4.5
	钢木结构设计	CIVE 3013	4.5
	水力学与水文学	CIVE 3009	4.5
第三学年第二学期	水资源工程设计	CIVE 3010	4.5
	岩土工程	CIVE 3007	4.5
	钢筋混凝土设计	CIVE 3003	4.5
	土木工程选修 1		4.5

续表

年级、学期	课程名称	代码	学分
第四学年第一学期	工业经历	ENGG 3005	0
	土木工程设计	CIVE 4008	9
	土木工程选修 2		4.5
	研究理论与实践	ENGG 4005	4.5
第四学年第二学期	土木工程荣誉课题	CIVE 4044	9
	土木工程选修 3		4.5
	土木工程选修 4		4.5
	交通方向辅修课程		
	可持续交通	CIVE 4040	4.5
	交通工程	CIVE 4039	4.5
	交通事故评价与防范	CIVE 4041	4.5
	环境管理方向选修课程（以下课程至少 2 门）		
	环境工程与模型	CIVE 4038	4.5
	水质处理	CHEM 5007	4.5
	可持续发展研讨会	ENVT 5007	4.5
	水质模型	CIVE 5066	4.5
	洪水与排水系统设计	CIVE 5065	4.5
	水质管理	CIVE 5067	4.5
	环境影响评价	ARCH 5041	4.5
	水未来	CIVE 5077	4.5
	水环境管理的气候变化与适应对策	CIVE 5074	4.5
	工程管理辅修必选课程		
	工程管理原理	BUSS 5142	4.5
	工程控制方法	BUSS 5163	4.5
	工程领导与团队	BUSS 5102	4.5
	非辅修专业选修课程		
	社区服务学习项目 1	EDUC 4186	4.5
	土木工程高等专题 1	CIVE 4027	4.5
	预应力混凝土设计	CIVE 4034	4.5
	车间建设	BUIL 2024	4.5
	结构分析	CIVE 3011	4.5
	土木工程高等专题	CIVE 4015	4.5
	冷弯型钢设计	CIVE 4035	4.5
	地震与砌体工程	CIVE 4036	4.5
	工程施工	BUIL 2023	4.5

4.4 《水文学基础》和《水文与水力学》课程典型教学大纲

本节叙述南澳大利亚大学《水文与水力学》和悉尼大学《水文学基础》课程教学大纲。

4.4.1　南澳大利亚大学《水文与水力学》课程教学大纲

4.4.1.1　教学目的

提供明渠水力学和工程水文学的知识与技术。

4.4.1.2　教学内容

本课程 4.5 学分。主要内容有：①明渠水力学导论；②明渠设计；③水流分类；④基于 Direct step 和 Standard step 法的水流计算；⑤水文循环和水量平衡；⑥水文气象数据采集与处理；⑦水文模型；⑧设计暴雨和设计洪水计算；⑨河网系统 HEC-RAS 模型。

4.4.1.3　教学方法

课程教学方法见表 4-21。

表 4-21　课程教学方法

教学环节	学时
讲课	3 小时×13 周
实践	2 小时×1 周
计算机上机	2 小时×11 周

4.4.1.4　成绩评定

课程成绩评定见表 4-22。

表 4-22　课程成绩评定

课程内容	权重	学时
测验	10%	
计算机实践、作业	40%	
期末考试	50%	3 小时

4.4.2　悉尼大学《水文学基础》课程教学大纲

4.4.2.1　教学目的

介绍澳大利亚流域和世界流域综合管理的水文和水管理科学知识。

4.4.2.2　主要教学内容

水量平衡，降雨径流模型，径流和环境流量的分析与预测，水质和水资源管理的可持续实践。分为理论讲课和野外实习两部分。

4.4.2.3　主要阅读书目

（1）Ladson Hydrology an Australian Introduction. Oxford University press ,2007.

（2）McMahon, T. A., Finlayson, B. L., Gippel, C. J., and Nathan, R. J. Stream hydrology: an introduction for ecologists, John Wiley & Sons Inc. 2004.

4.4.2.4　成绩评定

期末考试（2 小时）占 50%，实验和实践报告（3 次） 占 30%，野外实习报告占 20%。

4.5　澳大利亚水文水资源方向创新教育

澳大利亚是世界高等教育强国。虽然，水文水资源本科教育的规模远不及我国，但是，作为发达国家，澳大利亚水文水资源本科教育有许多成功经验是值得我国学习的。

（1）推行教师教学观念。联邦政府积极引导教师从“注重自己教”转向“注重学生学”。他们认为高等教育质量提高的关键在于教师理解和研究学生的学习，鼓励教师开展“以学生为中心的学习”的学术研究，并将这种学术研究转换为促进学生学习的重要手段。

（2）推行学生主动学习措施。正确引导学生，提高学生毕业率。提高大班教学的学习效率，建立以学生为中心的课程结构，提高在线学习质量。

（3）设立学习与教学中心。设立学习与教学中心（Learning and teaching center, CLT）支持性机构，推行“为学生提供第一流、高质量教学”的理念，提供学生多样化的学习支持，提供教师教学发展支持，应用信息技术提高教学效率。

（4）教学内容组织。教师可以选择部分内容讲解，不追求知识的系统性和逻辑性，讲授课时较少，注重学生自学能力、信息收集处理能力和动手能力，设置许多课题方案，注重学生提出问题、分析问题和解决问题能力的培养。

（5）教学方法。澳大利亚专业课程基本上按小班授课，班级规模一般在15-20人左右。一些公共课则采用大班授课，但是，教师会经常划分小班，对大班授课内容进行分组讨论，以达到理解和消化所学内容，并写出报告。课堂讲解中，许多教师讲解知识要点不超过一半授课时间，组织分组讨论、回答问题、案例分析、各类实验等活动，体现了精讲多练的教学特点。

（6）课堂教学管理宽松。高校没有专门的教学督导机构和人员检查教学和评比，学生到课率没有严格要求，但是，课堂表现计入课程成绩。教师教学质量主要依据学生对教师效果的反馈，这种管理方式对教师教学没有大的约束。

（7）教材使用。一些高校专业课程教材根据本校学生特点“量身定做、自给自足”编写，学生使用的主要教材称为“Student Manual”。教师可根据学科发展进行更新这些教材，为内部使用教材，价格便宜。除此之外，每门课程还配有阅读和练习材料（Readings and Activities）以及教学参考书（Teacher Manual），因此，教材体系比较完善，能够保证课程教学质量。也有学校不指定唯一教材，教师会列出长长的参考书目清单，鼓励学生查找，锻炼学生的独立研究能力。

（8）课程学时。以墨尔本大学为例，普通本科学士学位3年制，学生可以申请暑期上课，可以提前毕业，也可以延长修完学业。一学年分为2个学期，每学期最多选修4门课程，一学年可学习8门课程。每门课程每周一次大课和一次小课，每周共有12个课时。学校留出学生充足的时间完成作业、体育锻炼、社会活动和打工等。许多学校采用每门课程每周一次3小时讲授（Lecture）、一次1-2小班辅导（Tutorial）。在课堂教学活动中，体现了学生始终处于学习过程中心，教师处于辅助地位。

（9）学习激励机制。课程考核灵活，完全由任课教师确定，学校不会过多干预。教师评定学生成绩时会考虑：社会反馈、个人总结、学习心得、测验单、课堂笔记、实验和实验报告、问卷调查、工作记录、图表、照片、流程图、日程表、计算机文档等。大多数课程按以下方式考核：

1）平时成绩：作业独立完成，占40%。小组发言一般结合作业主题，一般占30%。

2）期末成绩：笔试依旧是主要的考试形式，按得分评定，一般包括回答问题、案例分析等。除此之外，大部分考试题目为开放性题目，无论学生同意还是反对题中观点，只要能够提出自己的看法、论据充足、论述充分就可以获得高分。数学公式、词典、计算器可以带入考场。

有些学校课程成绩由平时成绩、期中考试、期末考试组成。有些学校平时成绩占10%~20%；期中考试占 20%~30%；期末考试占 50%~70%。考试不及格者，需要交纳该课的学习全部费用，利用假期重修该课程。

（10）教师考核。教师考核由课程、科研和社会工作 3 部分组成，三者的大体比例为40%、40%和 20%。

第 5 章　俄罗斯水文水资源方向教育

苏联曾是世界水文教育先进的国家之一。新中国成立后，我国的陆地水文专业大多是借鉴苏联的办学模式而开办的，苏联一些开办水文学、水文地质专业的院校为新中国培养了一批专业人才，后来，他们都成为我国著名的水文学或水资源专家。苏联解体后，高等教育发生了较大变化。本章主要引用俄罗斯几个代表性高校教学资料，介绍他们的水文水资源高等教育。

5.1　俄罗斯的高等教育

1917 年 11 月 7 日（俄历 10 月 25 日，史称“十月革命”），社会主义国家苏联诞生，由俄罗斯联邦和其他 14 个加盟共和国组成。1991 年 12 月 26 日，苏联解体。苏联经过 70 多年的发展，高等教育发展到相当高的水平，俄罗斯拥有苏联 56.6%的高等学校、55.3%的大学生和 55.7%的大学教师（李国立，2005）。

俄罗斯高等教育起始于 17 世纪，西方学者和学术进入，促进了俄罗斯早期的教育。1687 年，斯拉夫-希腊-拉丁语学院成立，是俄罗斯第一所高等学校，讲授斯拉夫、希腊和拉丁文字、神学、绘画和雕刻等，主要培养神甫和政府官员。18 世纪，受西欧国家工业革命发展影响，工业开始发展，出现一些与经济发展有关的专业学校，俄罗斯在全国建立初等教育网，开设军事和技术专科学校，一些地理、天文和物理学科进行气象教育，气象观测网开始建设。但是，这一时期没有完整的水文气象教育体系（李国立，2005；袁凤杰，2006）。19 世纪初，沙皇政府实行一系列教育改革。1802 年成立教育部，除教会学校外，所有学校归教育部管理。截至 1915 年，俄罗斯有综合类、工业类和农业类等高等学校 105 所，在校学生 12.74 万人（李国立，2005）。1917 年十月革命胜利后，国家开始经济建设，大力发展各种类型的高等教育，着手建立完整的高等教育体系。1921 年成立红色教授学院，1925 年各高校开始建立研究生部，培养高校师资队伍。1928 年，有 148 所高校，在校学生 16.85 万人（李国立，2005）。1930—1955 年是俄罗斯高等教育的规范整顿时期，通过发展加强综合性大学和专业学院建设、整顿高校教学制度、调整专业设置、改变招生方法、恢复学位、学衔制度、发展函授教育等。截至 1941 年，拥有高校 817 所（其中函授高校 17 所），在校学生 81.17 万人（李国立，2005）。1956—1985 年，俄罗斯经历高等教育的应变式改革时期，尽管发展过程曲折，但是，教育仍处于国家战略地位。目前，俄罗斯高等教育呈现非政治化、非意识形态、民主化、多元化、人文化、个性化、终身化、国际化等发展趋势（李国立，2005）。

5.1.1　俄罗斯的高等教育结构

苏联高等教育以本科教育为核心、研究生教育为主导，全日制与业余制相通，具有类型多、结构严密和人才培养计划性等结构，分为大学、学院教育和大学后教育。在苏联时期，大学与学院并行运行，大学不设学院，而是设置系。高等学校分为综合大学、多科性工程技术学院（工业大学）和单科性专业学院三类（李国立，2005）。全日制学生为主体，是苏联高等教育培养人才的基本办学形式。除此之外，夜课和函授等业余高等教育也十分发达。综合大学学制 5 年，是苏联国家高等学校的主导结构，为国家科研、生产部门和中等学校培养专家和教师，接受在职干部业务进修和师资培训等任务。工业大学学制 5~6 年，是苏联国家最为活跃和多学科性的高等学校，具有明确的专业方向，培养各种专业的工程师。专业学院学制 4~5 年，少数 6 年，包括单科性工业、师范、农林、医药、政法、财经、体育、文化和艺术等专业学院（李国立，2005）。20 世纪 70 年代，大学后教育得到快速发展，是苏联高等教育结构的纵向延伸，采取专业进修、补充训练和专家再培训三种形式。

苏联解体后，教育结构出现多层次化，教育体制分为普教和职教，普教后的高教、中专、职教统称为职业教育（李国立，2005）。职业教育分为四个层次：初等职教（相当于原来的职业技术教育）、中等职教（相当于原来的中等专业教育）、高等职教（相当于原来的大学本科教育）和高校后职业教育（相当于原来的研究生教育）。俄罗斯现行教育分为及基础普通教育和高等教育，其教育结构如图 5-1 所示。

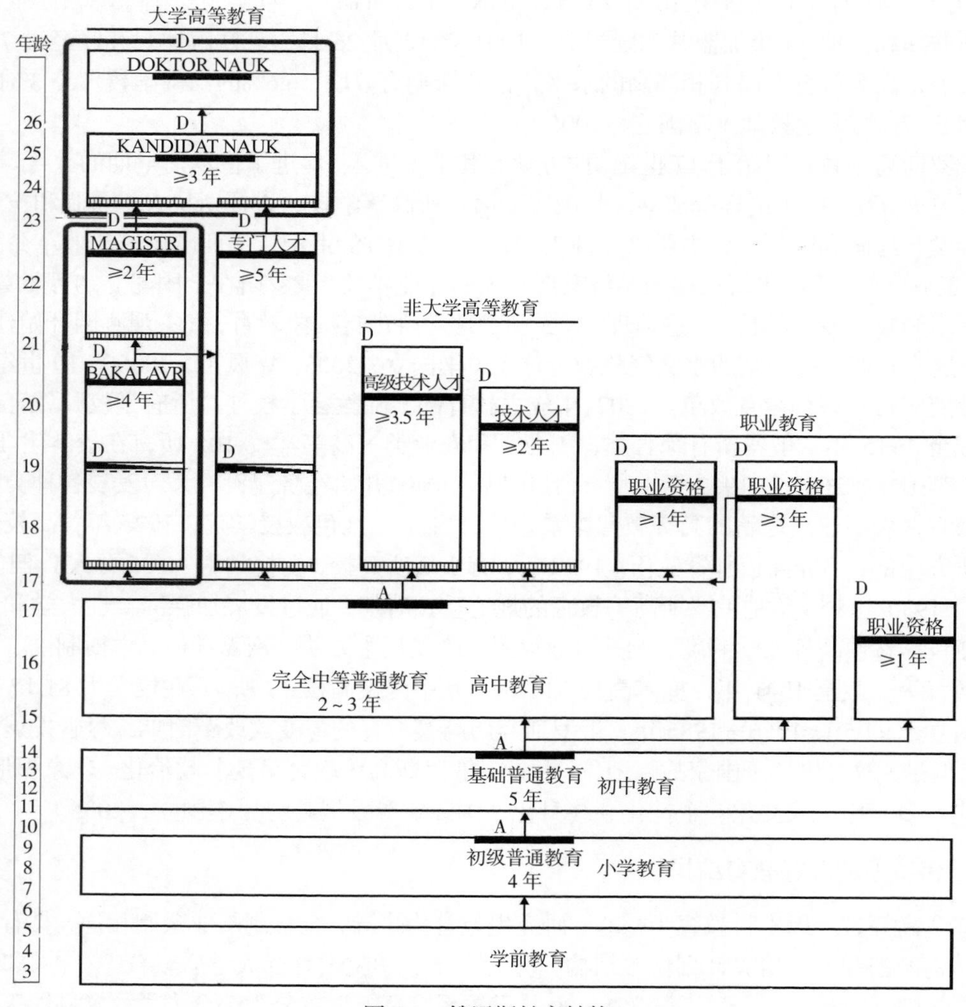

图 5-1　俄罗斯教育结构

（摘自：俄罗斯教育与科学部网站 http://en.russia.edu.ru/edu/description/sysobr/902/）

基础普通教育实行 9 年制，毕业生有两种选择可以继续学习：一种是可以进入高中接受中等普通教育；另一种是可以进入初级职业学校或非大学高等职业学校。只有中等普通教育毕业生才能申请进入高等教育学校学习。

高等教育由公办和非公办高等教育机构提供，分为基础高等教育和大学后高等教育（研究生高等教育）二级高等教育。基础高等教育 4 年制，学生完成学业可获得 Bakalavr 学位，也称大学第一级别学位，相当于美国和西欧国家的学士学位。大学后高等教育设置 6 年以上。经过两年学习，学生可以获得 Magistr 学位，相当于美国和西欧国家的硕士学位。硕士学位获得后，学生可以继续攻读博士学位，分为 Kandidat Nauk 学位（第一级，相当于西方的 Ph.D.）和 Doktor Nauk 学位（第二级，最高级别，相当于教授）二级。

5.1.2 俄罗斯的高等教育管理体制

苏联时期，政府高等教育主管部门是负责高等教育的国家机构。1946 年，苏联设立高等教育部，负责管理高等学校工作。1959 年，高等教育部改为高等和中等专业教育部。1988 年，高等和中等专业教育部、教育部和国家职业技术委员会合并，成立国家国民教育委员会，统一负责上述 3 部委的教育管理工作（李国立，2005）。

苏联解体后，国家国民教育委员会取消。1992 年，俄罗斯联邦教育部和俄罗斯联邦科学、高等学校与技术政策部取代国家教育管理机构。1993 年，成立俄罗斯高等教育委员会（李国立，2005）。

5.1.3 俄罗斯的高等学校教学

5.1.3.1 专业设置

苏联时期，从 20 世纪 50 年代，俄罗斯高等学校新专业数量逐年增加。据统计，1954—1989 年，专业综述先后三次突破 500 个。1987 年，高等学校专业总数达到 407 个，下设的分专业有 1035 个。20 世纪 80 年代末，制定高等院校新的专业设置总表，包括 300 个专业，大幅度地削减了专业总数（李国立，2005）。苏联解体后，专业调整为 89 个专业方向，按照大专业方向进行学生培养（李国立，2005）。

5.1.3.2 教学内容

苏联时期，由于专业设置过窄过专，后来，许多学者认为这一时期教学内容公式化、繁杂重复，缺乏创造和探索精神。近年来，高等学校教学内容进行了以下改革（李国立，2005）：

（1）扩大高等学校自主权，给予学校教学计划制定权利，改变教学计划高度统一的局面。

（2）教材编写紧跟学科发展，吸收最新的自然与社会科学知识，保证教材的先进性、科学性和权威性。

（3）在教学时间安排上，侧重专业基础知识讲授，使学生具备坚实的基础，发挥个人才能，主动适应未来工作。

（4）打破学科专业狭窄范围，文理渗透，增加人文科学知识的比重，如美学、伦理学、逻辑学、哲学发展史、俄罗斯与世界文化和文明史等课程，提高学生文化素养和综合素质。

5.1.3.3 教学方法

苏联时期，高等学校强调教师在教学中的主导作用，忽视学生的主观能动学习作用，学生在教学过程中处于被动地位，教学方法呈现僵化和死板特征。

苏联解体后，多年来，俄罗斯学者始终围绕充分发挥学生主观能动性进行教学方法探索，教学目标是（李国立，2005）：①培养学生对所学课程内容提出问题和疑问的能力和习惯，引导和鼓励学生思考、发表对课本答案不同的看法；②培养学生运用所学知识进行论证和分析能力，促使学生熟练掌握和运用所学知识；③培养学生进行学术讨论的能力和习惯，具备严谨的学术作风和科学学习态度。

提倡个性化和人道化教学也是俄罗斯教学方法改革的另一个重要指导思想，具体做法是（李国立，2005）：①减轻学生课堂学习负担，鼓励独立学习，教师给予必要的方法指导和监督；②减少教师平均负担学生人数；③实施个别教学计划，增加选修课和必选课数量；④1993 年，高等学校国家标准规定教学大纲近 20%的内容留给学生自选，学生可以在所读学校自由听课和学习与教学大纲无直接联系的课程。

5.2　苏联的水文水资源高等教育发展

胡宗培（1988、1989）总结了苏联水文教育事业的发展，本节参考他的文献叙述苏联的水文水资源高等教育。

伴随着苏联的高等教育发展，1922 年，列宁格勒铁路交通学院（现改名圣彼得堡交通大学）和莫斯科高级技术学院（现改名莫斯科鲍曼高等技术大学）开设水文方面课程，1923 年刊印了苏联第一本水文教材（区维伏拉、何家濂，1950）。1929 年 8 月 7 日，苏联水文气象局成立，1933 年在苏联水文气象局的基础上，建立了苏联水文气象总局（袁凤杰，2006）。苏联高级水文技术人才来源于两所专门学院-列宁格勒水文气象学院（现改名俄罗斯国立水文气象大学）和敖德萨水文气象学院，以及 16 所国立综合性高等学校。这些院校在苏联地区的分布为：俄罗斯社会主义加盟共和国 9 所，乌克兰共和国 3 所，外高加索加盟共和国 3 所，中亚-哈萨克斯坦 2 所，波罗的海沿岸 1 所。按照两个方向进行水文技术干部人才培养：1401-陆地水文学专业培养工程水文技术干部，2030-自然地理专业培养地理水文技术干部。这些高校为苏联培养了大批水文专家，特别是列宁格勒水文气象学院和敖德萨水文气象学院还为全世界许多国家培养了众多的水文工程师和科学工作者。

列宁格勒水文气象学院是培养水文干部的科研教学中心，负责为所有高校研究制定 1401-陆地水文学专业 5 年制标准教学大纲和标准教学计划，是列宁格勒水文气象学院、敖德萨水文气象学院和许多综合型大学（海参崴、哈萨克斯坦、伊尔库斯坦、彼尔姆、塔什干、梯比里斯、托木斯克等大学）培养水文专家的计划。培养具有广博知识的水文工作者，研究和发掘水文过程和水文现象新规律，研究合理利用保护水资源的最优方法和途径。20 世纪 80 年代，课程设置分为四类课程。第一类课程针对所有气象专业（气象、农业气象、海洋水文）开设，包括社会经济学、高等数学、物理、理论力学、水力学、外语和体育。第二类，即普通技术课程，包括计算机、计算机程序、电子学基础、信息-测量系统、劳动保护、测量学和工程制图。第三类为相关学科及水文气象专业人员的一般专业课程，如专业概论、水化学、地球物理基础、气象学和海洋制图学。第四类为专业基础课和专业课，包括陆地水文、水文测量、水文计算、水文预报、河床动力学、水文地质、水文物理、普通河流水力学、水文学的数字方法、水文技术勘查、水工学及水文测量建筑物、水量平衡研究及土壤改良水文学、水利经济及水利经济计算、陆地水保护、国民经济的水文气象服务；以及专业选修课，如泥石流基本理论、土壤侵蚀、水体水化学、水文测量中的数学分析方法、卫星及航测水文地理研究、水文实验模拟、水文测量技术、人类活动对水体及水文过程的影响、微机水文资料的处理。1401-陆地水文学课程教学工作量与教学时间分配见表 5-1 和表 5-2。

表 5-1　陆地水文学专业课程教学工作量分配（占总课时的百分数）

序号	课程分类	合计/%	讲课/%	实践（实验与讨论）/%
1	基础教育	40.7	15.7	25.0
	社会经济学	10.5	5.7	4.8
	高等数学、物理、理论力学及流体力学	21.3	9.9	11.4
2	普通技术教育	8.2	3.9	4.3
3	普通职业教育	9.3	5.4	3.9
4	专业教育	41.8	24.4	17.4
	专业基础课	19.6	10.4	9.2
	专业课	5.0	3.4	1.6
	其他专业课	17.2	10.6	6.6
	总计	100	49.3	50.7

表 5-2　陆地水文学专业教学时间分配

序号	环节	时间比重（占 5 年时间的百分数）/%
1	教学时间	56.2
2	学期（教学）考试及国家考试	11.6
3	实习	
	教学实习 生产实习 毕业实习	6.2 7.0 2.4
4	毕业设计	4.8
5	假期	11.8
	总计	100

莫斯科大学、列宁格勒大学（现改名圣彼得堡大学）和 7 所国立大学（阿塞拜疆、巴什基里亚、维尔纽斯、埃里温、基辅、秋明、契尔尼戈夫等大学）则结合工程水文和自然地理，制定 2030 自然地理专业教学计划进行水文专业人才培养，要求掌握水体在地理综合体中的位置，以及水体与周围地理要素的关系。在教学计划中，采用较多的时间进行自然地理（地质、地貌、气象、生物地理、土壤学、土壤地理学、苏联自然地理、普通水文学、地理学的历史与方法学等），以及水文地理课程教学（河流、湖泊及水库水文学、苏联水文地理等）。与 1401-陆地水文学专业相比，2030 自然地理专业工程水文学课程放在专业教学计划中（水文测验、安全技术、水文查勘、河川径流、水文计算、水文预报和水利经济计算），几乎没有普通工程学课程，工程水文学课程比标准教学计划少 50%，而普通地理课程则多一倍。莫斯科大学水文专业学生理论授课时间占 67%，是标准教学计划的 1.4 倍，除此之外，列宁格勒水文气象学院还举办各种短期讲习班和提高班进行水文再教育，联合国教科文组织在莫斯科大学举办国际高级水文讲习班。

5.3　俄罗斯的水文水资源高等教育

本节叙述俄罗斯几所代表性大学的水文水资源高等教育。

5.3.1　俄罗斯国立水文气象大学

1930 年 1 月 23 日，苏联中央执行委员会和国家委员会发布成立莫斯科水文气象学院，是世界上第一个水文气象高等教育机构。1941 年 8 月 16 日，苏联中央执行委员会改名为红军高等军事水文气象学院，同年 10 月，迁至列宁纳巴德。1943 年，该校又迁回至莫斯科，1944 年迁至列宁格勒，即现在的圣彼得堡。1945 年，该校改名为列宁格勒水文气象学院。列宁格勒水文气象学院严格执行苏联教育部陆地水文专业教学大纲和教学计划，侧重工程水文专业人才培养，要求毕业生具备工程水文计算、水文预报、水资源利用等生产实际问题的能力（胡宗培、刘金清、张瑞芳等，1988）。讲课与实践（实验和课堂讨论）课程各占 50%学时，其中 15.6%学时进行教学实习和生产实习。教学实习如气象、自然地理、水文地质和水量平衡等一般在学校实习基地安排实习；生产实习（包括查勘实习）是学生参加有关组织机构的野外查勘队、调查组等工作的实习，其目的使学生了解毕业后所从事的工作（胡宗培、刘金清、张瑞芳等，1988）。1992 年 2 月 18 日，改名为俄罗斯国立水文气象学院（RSHI）。1995 年 1 月 25 日，按照俄罗斯联邦政府与世界气象组织协议，授予俄罗斯国立水文气象学院世界气象组织区域气象培训中心。1998 年，俄罗斯国立水文气象学院改名为俄罗斯国立水文气象大学。约有 3000 名来自世界各地的学生在这所大学就读，俄罗斯国立水文气象大学文凭得到全世界公认。俄罗斯国立水文气象大学设有气象学学院、水文学学院、海洋学学院、函授教育学院、经济和人文学院。气象学学院培养气象工程师、水文气象学本科生和自然管理经济专家，有气象学、天气预报数值方法、农业气象学、气象管理和观测方法和仪器等课程。

水文学学院设置水文测量系、水文地质与测地学系、陆地水文系、水文物理和水文预报系。培养涉水领域模型建立、水文过程数学模型、危险现象（洪水、高水位）预测、水文计算、水库生态等方面的专业人才，设置陆地水文学、陆地水生态学专业。海洋学学院成立于 1970 年，是俄罗斯唯一的独立设置海洋学的学院，设置海洋学系、海岸区综合管理系、渔业海洋与水保护系和海洋信息技术系。有海洋预测教育局、冰热力学实验室、海洋物理实验室、海洋观测实验室、海水研究实验室，海洋深水研究实验室、鱼类教育博物馆等实验室。开办物理海洋学、渔业海洋学、工程海洋学、水文气象生态学、海洋工程观测、海洋过程数学与模型实验、海岸综合管理。俄罗斯国立水文气象大学有 20 多个系开办三级高等教育：① 不完全高等教育，学制至少 2 年；② 4 年制 Bakalavr 学位教育，即大学第一级学位；③大学后教育，学习 1 ~ 2 年，获得 Magistr 学位或专业人才文凭。科学学位则保留传统的博士学位，包括二级别的博士学位，第一级科学候选人相当于 Ph. D，第二级科学博士，为博士最高级别。

俄罗斯国立水文气象大学接受高等教育的学生必须获得中等学校毕业证书和通过入学选拔考试。申请大学后教育的学生年龄限制在 17~35 岁之间，必须参加学院规定的考试（一般为数学、物理、俄语论文或俄罗斯历史），考试安排在每年 4—7 月。申请大学后教育的学生必须获得学士学位或相关科学领域专门人才文凭。俄罗斯国立水文气象大学学年划分2个学期，第一学期为9月1日至12月最后周，第二学期为2月初至6月初。另外，还设置4周的冬季短学期和6周的夏季短学期安排考试，每学期安排15周的上课，期末安排1周课程考试测验，每节课设置45分钟，记1学时，学生平均每周30学时。全日制学生每学年以书面或口头形式通过10次考试和12次测验。函授学生必须在家通过大多数考试，并定期发送给课程指导老师进行评阅，每年秋季和春季来校2次，进行一月的短期课程学习，并按照培养方案参加考试。

俄罗斯国立水文气象大学规定，为了完成课程学习，学生必须在短学期完成所有考试或考查，按照以下分数评定学生成绩：5–杰出成就（优秀）；4–广度成就（良好）；3–可接受或最小成就（一般）；及格–考试接受成就。俄罗斯国家大学没有不及格分数，假如一个学生在某学期某门课程不及格，他可以参加下学期考试；某门课程连续不及格的学生则应在下学年重修该门课程。俄罗斯国立水文气象大学培养方向见表5-3。

表5-3　俄罗斯国立水文气象大学培养方向

学位、学制	专 业	方 向	教育部代码
气象学学院			
科学学士，4年	水文气象学	气象学	02060062
科学硕士，2年	水文气象学	气象预报 大气污染与保护 气候学 农业气象学 航空气象学 水文气象信息采集系统 生物气象学	02060068
专门人才文凭，5年	水文气象学 气象学	气象学 气象动力预报 水文气象信息采集系统	02060265
水文学学院			
科学学士，4年	水文气象学	水文	02060062
科学硕士，2年	水文气象学	水库水文 河道过程 水文预报 水资源保护	02060068
专门人才文凭，5年	水文气象学 气象学		02060165
海洋学学院			
科学学士，4年	水文气象学	海洋学	02060062
科学硕士，2年	水文气象学	技术海洋学 渔业海洋学 物理海洋学	02060068
专门人才文凭，5年	水文气象学 海洋学	技术海洋学 渔业海洋学 物理海洋学	02060365

续表

学位、学制	专业	方向	教育部代码
		海洋学学院	
	船用装备 海洋信息系统与装备		18030465
	信息安全 电信系统信息安全		09010665
	组织管理	海岸区综合管理	08050765
		生态与环境物理学院	
科学学士，4 年	生态与自然资源管理	生态技术 社会生态学	02080062
	物理学		01070062
科学硕士，2 年	生态与自然资源管理	环境地质学 环境地质监测 社会生态学	02080068
专门人才文凭，5 年	生态与自然资源管理 环境地质学		02080465
	组织管理	生态旅游管理	08050765
		经济与人文科学学院	
专门人才文凭，5 年	新闻学 公共关系	环境公共关系	03060265
	环境经济与管理		08050265
	组织管理		08050765

俄罗斯国立水文气象大学专业课程见表 5-4 至表 5-8。

表 5-4 气象学院科学学士（02060062，4 年）水文气象专业气象学方向课程

课程	学时	校内学时	学期	考核方式
俄语与演讲标准	144	54	1	考查
俄罗斯历史	154	84	1～2	考查，考试
计算机组织与程序	193	118	1～2	考试
化学	141	86	1～2	考试
制图与地形测量概论	143	68	1～2	考查
数学	678	358	1～4	考查，考试
物理学	406	306	1～4	考查，考试
英语	336	136	1～4	考查，考试
体育	402	402	1～8	考查
地形与自然地理	98	48	2	考查
理论力学	66	36	3	考查
电工学与电子学	147	72	3	考试
哲学	164	84	3～4	考查，考试
物理气象	203	188	3～4	考试
材料科学	71	16	4	考查
海洋学	68	32	4	考查
流体力学与气体	312	172	4～5	考查，考试
水文气象信息采集方法与仪器	199	184	4～6	考查，考试
自然科学课程研修	251	36	5	考查

续表

课程	学时	校内学时	学期	考核方式
陆地水文学	68	36	5	考查
水力学	128	18	5	考查
度量、标准化与鉴定	71	36	5	考查
微积分	84	54	5	考试
概率论与数理统计	112	72	5	考试
经济学	164	84	5～6	考查，考试
法律	112	32	6	考查
气候学	78	48	6	考查
随机过程与水文气象信息分析	144	64	6	考查
太空气象学	98	48	6	考查
动力气象学	85	80	6	考试
职业课程研修	84	68	6～7	考查
天气学	199	154	6～7	考查，考试
高等天气学	89	54	7	考查
生命活动安全	100	54	7	考查
环境探测方法	144	54	7	考试
环境卫星遥感	89	54	7	考试
气候理论	167	72	7	考试
人文课程研修	262	62	7～8	考查
农业气象学	95	75	7～8	考查，考试
环境保护中的水文气象	78	39	8	考查
水文气象信息系统	74	39	8	考查
国家经济气象服务	86	26	8	考查
中尺度气象与预报	74	39	8	考查
水动力学报	97	52	8	考试
航空气象学	74	39	8	考试
生物与生态学概论	82	52	8	考试
国际学生附加课				
外国气象仪器	72	72	5	考查
热带地区中长期气象预报方法	48	48	6	考查
热带气象学	108	108	7	考查
合计学时	7100	3917		

表 5-5 气象学院科学硕士（02060068，2 年）水文气象专业气象预报、大气污染保护、气候学、农业气象学、航空气象学、水文信息采集系统、生物气象学方向课程

课程	学时	校内学时	学期	考核方式
俄语与演讲标准	144	54	1	考查
俄罗斯历史	154	84	1～2	考查，考试
计算机组织与程序	193	118	1～2	考试
化学	141	86	1～2	考试
制图与地形测量概论	143	68	1～2	考查
数学	678	358	1～4	考查，考试
物理学	406	306	1～4	考查，考试
英语	336	136	1～4	考查，考试
体育	402	402	1～8	考查

续表

课程	学时	校内学时	学期	考核方式
地形与自然地理	98	48	2	考查
理论力学	66	36	3	考查
电工学与电子学	147	72	3	考试
哲学	164	84	3～4	考查，考试
物理气象	203	188	3～4	考试
材料科学	71	16	4	考查
海洋学	68	32	4	考查
流体力学与气体	312	172	4～5	考查，考试
水文气象信息采集方法与仪器	199	184	4～6	考查，考试
自然科学课程研修	251	36	5	考查
陆地水文学	68	36	5	考查
水力学	128	18	5	考查
度量、标准化与鉴定	71	36	5	考查
微积分	84	54	5	考试
概率论与数理统计	112	72	5	考试
经济学	164	84	5～6	考查，考试
法律	112	32	6	考查
气候学	78	48	6	考查
随机过程与水文气象信息分析	144	64	6	考查
太空气象学	98	48	6	考查
动力气象学	85	80	6	考试
职业课程研修	84	68	6～7	考查
天气学	199	154	6～7	考查，考试
高等天气学	89	54	7	考查
生命活动安全	100	54	7	考查
环境探测方法	144	54	7	考试
环境卫星遥感	89	54	7	考试
气候理论	167	72	7	考试
人文课程研修	262	62	7～8	考查
农业气象学	95	75	7～8	考查，考试
环境保护中的水文气象	78	39	8	考查
水文气象信息系统	74	39	8	考查
国家经济气象服务	86	26	8	考查
中尺度气象与预报	74	39	8	考查
水动力学报	97	52	8	考试
航空气象学	74	39	8	考试
生物与生态学概论	82	52	8	考试
国际学生附加课				
外国气象仪器	72	72	5	考查
热带地区中长期气象预报方法	48	48	6	考查
热带气象学	108	108	7	考查
合计学时	7100	3917		

表 5-6 水文学院科学学士（02060062，4年）水文气象专业水文学方向课程

课程	学时	校内学时	学期	考核方式
工程制图	56	36	1	测验
专业导论	46	36	1	测验
计算机组织与程序	188	118	1～2	测验、考试
地球物理学	194	104	1～2	测验、考试
化学	156	86	1～2	考试
俄罗斯历史	154	84	1～2	测验、考试
数学	394	294	1～3	考试
物理	424	324	1～4	考试
英文	316	136	1～4	测验、考试
体育	394	394	1～8	测验
俄语与演讲标准	82	32	2	测验
水文化学	96	36	3	测验
理论力学	94	54	3	测验
微积分	114	54	3	测验
哲学	154	84	3～4	测验、考试
大地测量学	192	102	3～4	考试
水文地质学	122	102	3～4	考试
流体与气体力学	58	48	4	测验
电子与电工学	94	64	4	测验
概率论与数理统计	98	48	4	测验
数学物理	98	48	4	测验
自然科学选修课	184	54	5	测验
水平衡研究	58	18	5	测验
水文气象信息系统	106	36		测验
材料科学	76	36	5	考试
大气物理学	212	72	5	考试
气候学	94	54	5	考试
内陆水资源原理	82	72	5	考试
水力学	130	110	5～6	考试
经济学	148	78	5～6	测验、考试
水文测量仪器与方法	194	174	5～7	测验、考试
海洋学	196	26	6	测验
法律学	58	28	6	测验
重要活动安全	72	42	6	测验
水文信息过程统计分析方法	196	56	6	测验
人文选修课	251	81	6, 8	测验
陆地水文学	190	120	6～7	测验、考试
水文过程模型	130	120	6～7	考试
职业选修课	192	32	7	测验
度量、标准和校验	46	16	7	测验
生物与生态学导论	82	32	7	测验
水文实验模型	26	16	7	测验
水工学与修善	94	64	7	考试

续表

课程	学时	校内学时	学期	考核方式
政治学	88	48	7	考试
水文计算	136	116	7～8	考试
环境资源管理经济学	69	39	8	测验
心理学与教育学	56	26	8	测验
现代水文信息处理方法	53	13	8	测验
水文过程管理导论	72	52	8	测验
水文预报	72	52	8	考试
水资源过程动力学	72	52	8	考试
环境水文学	189	39	8	考试
总学时	6856	4058		

表 5-7　水文学院科学硕士（02060068，2 年）水文气象专业水库水文、河道过程、水文预报、水资源保护方向课程

课程	学时	校内学时	学期	考核方式
硕士公共课程				
水文气象信息采集系统	54	54	9	测验
哲学	54	54	9	考试
高等大气、内陆水和海洋学机理	54	54	9	考试
环境遥测学	54	54	9	考试
英语	140	140	9~10	测验、考试
自然过程水文动力学模型	51	51	10	测验
环境资源管理经济学	54	54	11	测验
水库水文学方向课程				
内陆水库水文学	72	72	9	考试
湖泊水库系泊设备	51	51	10	测验
水库过程动力学	51	51	10	考试
湖泊水库水、冰预报	36	36	11	测验
水文建模	72	72	11	考试
水库供水水文信息	54	54	11	考试
河道过程方向课程				
流域-水流-河道自我调节系统	72	72	9	测验
排水区侵蚀过程研究	34	34	10	测验
河道过程物理模型	68	68	10	测验
河道水流阻力	68	68	10	考试
低洼河流洪水	54	54	11	考试
河道过程生态问题	36	36	11	考试
河道演化	36	36	11	考试
水文预报方向课程				
高等低洼河流径流预报	54	54	9	测验
信息预测、统计与控制	70	70	9~10	考试 n
高等山地河流径流预报	51	51	10	测验
高等冰现象预报	34	34	10	测验
河道侵蚀预测	70	70	10~11	测验、考试
高等水文物理过程模型	54	54	11	考试

续表

课程	学时	校内学时	学期	考核方式
水库水文学方向课程				
水文数值方法	54	54	11	考试
世界水资源利用与水文生态调节	36	36	9	测验
地表水、地下水相互作用	54	54	9	测验
水文分析数学方法	51	51	10	测验
水体水文生态监测	51	51	10	测验
高等水文计算理论与实践	68	68	10	考试
地下水监测	54	54	11	测验
高等水资源管理与计算	72	72	11	考试
总学时	1105	875		

表 5-8　水文学院专门人才文凭（02060165，5 年）水文气象专业水库水文学方向课程

课程	学时	校内学时	学期	考核方式
工程制图	56	36	1	测验
专业导论	86	36	1	测验
俄罗斯历史	154	84	1～2	测验、考试
计算机组织与程序	188	118	1～2	测验、考试
地球物理学	164	104	1～2	测验、考试
化学	156	86	1～2	考试
数学	394	294	1～3	考试
物理学	424	324	1～4	考试
英语	316	136	1～4	测验、考试
体育	394	394	1～8	测验
俄语与演讲标准	82	32	2	测验
水文化学	96	36	3	测验
理论力学	144	54	3	测验
微积分	114	54	3	测验
哲学	154	84	3～4	测验、考试
水文地质	182	102	3～4	考试
大地测量学	182	102	3～4	考试
概率论与数理统计	98	48	4	测验
流体与气体力学	138	48	4	测验
电子与电工学	84	64	4	测验
数学物理	98	48	4	测验
材料科学	56	36	5	测验
自然科学选修课	184	54	5	测验
水量平衡研究	58	18	5	测验
气候学	74	54	5	测验
水权与地理信息系统	64	54	5	测验
大气物理学	112	72	5	考试
内陆水水资源机理	112	72	5	考试
经济学	148	78	5～6	测验、考试
水力学	140	110	5～6	考试
水文气象信息采集方法与仪器	204	174	5～7	测验、考试

续表

课程	学时	校内学时	学期	考核方式
水文气象信息分析与统计方法	156	56	6	测验
水文过程模型	92	42	6	考试
重要活动安全	102	42	6	测验
法律学	58	28	6	测验
人文学选修课	251	81	6，8	测验
水文	200	120	6～7	测验、考试
水文实验模型	36	16	7	测验
度量、标准与校验	56	16	7	测验
生态与内陆水质控制	82	32	7	测验
职业选修课	62	32	7	测验
政治学	88	48	7	考试
水文计算	104	64	7	考试
水文过程统计模型	94	64	7	考试
水工学与修复	94	64	7	考试
环境资源管理经济学	69	39	8	测验
心理学与教育学	56	26	8	测验
水文过程管理	102	52	8	测验
现代水文信息方法	53	13	8	测验
水资源过程动力学	72	52	8	考试
内陆地表水资源监测与保护	89	39	8	考试
河川径流	82	52	8	考试
水文预报	204	124	8～9	考试
服务于国家的水文气象信息经济学	66	36	9	测验
水工学	74	54	9	测验
人类活动影响下的河道径流预测与评价	56	36	9	测验
河道过程	120	90	9	考试
水资源管理	84	54	9	考试
水文过程有限元模型	38	18	9	考试
总学时	7666	4476		

5.3.2　圣彼得堡国立大学

圣彼得堡国立大学历史上全称列宁格勒日丹诺夫大学，“十月革命”胜利后，改名国立列宁格勒大学，1991 年 12 月，苏联解体后改名为圣彼得堡国立大学。圣彼得堡国立大学创建于 1724 年，是俄罗斯最古老的高等教学机构，在长达 290 年的办学历史中，赢得俄罗斯最好大学之一的声誉，具有悠久的历史。如今现代大尺度研究活动、发展和创新，是俄罗斯科学的领军大学。圣彼得堡国立大学有 3200 名学生和 24 个学院，开办 323 个专业，教职工 14000 人，其中，6000 名教师（1000 名科学博士，2000 名科学候选人，42 名国家科学院院士）。2009 年 11 月，俄罗斯总统德米特里·阿纳托利耶维奇·梅德韦杰夫签署授予圣彼得堡国立大学“俄罗斯唯一的科学和教育结合、最古老的高等教育大学”。圣彼得堡国立大学由俄罗斯国家财政支持，提供全日制和函授学习。研究生教育包括：硕士和博士培养。硕士培养授予专门人才学位和科学硕士。博士学位则培养具有科学候选人的学生。

历史上，有 7 名校友获得诺贝尔奖(I.P. Pavlov, 1904；I.I. Mechnikov, 1908；N.N. Semenov, 1956； L.D. Landau, 1962； A.M. Prokhorov； V.V. Leontyev, 1973； L.V. Kantorovich ）。一些校友成为世界杰出的科学家、教师、国家领导和公众名流，他们是 K.N. Bestuzhev-Ryumin, A.F. Koni, P.A. Stolypin, D.I. Mendeleev, V.I. Vernadsky, D.S. Likhachev ， I.S. Turgenev, P.A. Bryullov, A.A.Blok, A.N. Benois, V.D. Polenov, S.P. Diaghilev, M.A. Vrubel, L.N. Andreev, I.Ya. Bilibin, N.K. Roerich, I.F. Stravinsky。有 B.V. Stürmer、A.F. Kerensky、V.I. Lenin 和 V.V. Putin 4 名校友成为俄罗斯政府领导人，2 名校友当选总统 （ V.V. Putin 和 D.A. Medvedev ）。

早在 1922 年，列宁格勒大学地文学系开办第一次水文讲座，后来发展成为单独的水文系。列宁格勒大学是苏联第一个水文教育高级学校（区维伏拉、何家濂，1950），并授予学位。从第二至第五学年开设水文测验、水化学、河海地形、普通水文学、河川水文学、湖泊水文学、海洋水文学、地下水文学、沼泽水文学、水文预报等（区维伏拉、何家濂，1950）。实验和野外实地训练有水文气象局测站和其他水文研究机构技术实习等(区维伏拉、何家濂，1950）。目前，圣彼得堡大学地理与地理生态系开办自然地理、经济和社会地理、制图学、地貌学、气候学、陆地水文学、海洋学、植物地理和地理生态学专业，地球科学学院设置水文气象和地质学本科专业。

5.3.3 莫斯科大学

莫斯科大学（莫斯科罗蒙诺索夫国立大学）约有 7000 名本科生、4 万名研究生，5000 名科研人员，6000 名教授和 5000 名研究员。每年，莫斯科大学招收来自全世界的本科生和研究生，大学校园占地面积 100 万 m^2，有 1000 多座建筑物，其中 8 座宿舍楼可接收 12000 名学生住宿。莫斯科大学图书馆是俄罗斯规模最大的图书馆之一，共有藏书 900 万册，其中，外文图书 200 万册。每年约有 55000 读者，阅读图书 550 万册。

莫斯科大学创建于 1755 年，是俄罗斯最古老的大学之一。1940 年继 Mikhail Lomonosov（1711—1765 年）院士之后，该校定名为莫斯科大学。

莫斯科大学也是严格执行苏联教育部陆地水文专业教学大纲和教学计划的高等学校，具有工程水文与地理水文结合特点，自然地理与水文地理授课学时是陆地水文专业的两倍，注重野外教学实习和学生野外工作技能培养（胡宗培、刘金清、张瑞芳等，1988）。属于这类大学还有海参崴大学。莫斯科大学地质系培养学生现代地质学诸多领域深厚的理论知识，从事科学应用方面的专业知识。提供学生各种科学实验，克里米亚、黑海和波罗海洋地质考察等暑期地质实习基地学习。开办地质学类、地球化学类、水文地质学与工程地质学专业类。本科专业有地质学、地球物理学、地球化学、水文地质学与工程地质学、地质学与可燃矿物质地球化学和生态地质学。硕士研究方向有地质学和生态学与自然资源利用。硕士课程设置主要有：地质学、大地构造学、岩石学、海底与洋底地质学、区域地质学、地质学与实用矿物地球化学、古生物学与地层学、地球物理学、地壳研究的地球物理方法、生态地球物理学、结晶学与结晶化学、矿物学、岩石学、地球化学、生态地球化学、工程地质学、土质学与人工岩石原因、生态地质学、地球冰岩学、水文地质学、水文地球生态学、石油天然气地质学与地球化学、煤与页岩地质学、石油天然气生态地质学、地球信息学、经济地质学、地质构造、生态学与自然资源利用、地球生态学和自然资源利用等。博士研究生专业有地球化学、水文地质学、古生物学、地质学及有用矿物勘探、有用矿物勘探的地球化学方法、地质学及石油天然气矿床勘探、沉积学、岩石学、海洋地质学、普通地质学与区域地质学、地质学及固体可燃矿物勘探、矿物学与结晶学、地球物理学。

5.3.3.1　本科学习

地理学院提供学士和硕士培养计划，政府资助学生（无学费）150 名，与莫斯科大学签约的付费培训生有 80 名。俄罗斯藉学生根据国家考试成绩选拔进入莫斯科大学学习，地理学院为高中生举办莫斯科大学地理竞赛，对于全俄和国际地理竞赛获奖者无需考试直接进入莫斯科大学学习。本科学习主要包括授课、研讨、实验、自然人文科学野外训练 4 大块。涉及以下课程：人文学课程（经济学、历史、哲学、政治科学、法律、社会学、外语等）；基础课程（数学与计算机科学、物理学、化学、生物学、生态学和生物信息学）；地理学基础课程（地质地貌、气象气候学、水文学、生物地理学、土壤地理学、景观学、人口统计学、世界与区域自然经济地理、地形制图、遥感与地理预测、地理科学史等）；专业课程由系根据专业方向制定。

5.3.3.2　研究生教育

从莫斯科大学学院毕业的学生可以选择继续学习。在三年期间，Ph.D 学生在教授指导下，从事研究科研课题研究，撰写 Ph.D 论文。Ph.D 专业类有：自然地理学、生物地理学、地球化学学、土壤地理学、经济社会地理学、地貌学与地形演化、水文学、水资源学、水文化学、海洋学、气象学、气候学和农业气象学、冰冻岩石学和冰川学、制图学、地理信息学和地质生态学。

5.3.3.3　业余学习

业余学习课程目的在于提高学生素质、扩充专业和经历。包括实训、研究生班和面授，重点进行环境管理、可持续发展、城市地理学、旅游和信息技术等领域。其主要特色有：综合教育、理论与实践结合、个人训练计划、实训和团体组织、国际资格获取、就业指导等。

5.3.3.4　地理学院陆地水文系

地理学院设置生物地理系、地貌和古地理系、世界经济地理系、景观地球化学与土壤地理学系、陆地水文系、制图学和地质信息系、气象学和气候学、海洋系、自然管理与环境地质系、休闲地理与国际旅游系、外国国家经济与社会地理学系、世界自然地理与环境地质系、俄罗斯经济与社会地理系。

陆地水文系由 Sergey D. Muraveysky 创建于 1943 年，起初称水文与水文地理系。先后有 Sergey D. Muraveysky 教授（1943—1950 年）、E.V. Bliznyak 教授（1950—1958 年）、V.R. Orlov 教授（1959—1963 年）、G.P. Kalinin 教授（1963—1975 年）、B.D. Bykov 教授（1975—1982 年）、Vadim N. Mikhalov 教授（1982—1988 年）、Valery M. Evstigneev 教授（1988—1995 年）和 Nikolay I. Alekseevky 教授（1995）等任系主任。2005 年，陆地水文系有教授 6 人，副教授 7 人和 20 多个全职副研究员，是俄罗斯最大的水文教育计划系之一。提供与水相关的课程学习，第一年学习基础课程，以后陆续开设水文专业课程。

主要学习河流水文学、湖泊学、水文测量、水质、水力学、水文预报、流体过程、水文物理、水文地质、水管理和水生态等。二年级学生参加伏尔加流域、莫斯科河流域和阿尔泰山脉高加索地区河流野外实践，3 年级和 4 年级学生在堪察加半岛、黑龙江流域、贝加尔湖和科拉半岛等地的水文机构、国家公园工作 2~3 月。该系拥有先进的计算机、水文水质野外测量设备、水化学分析实验室，学生可以使用水文动力模型、水信息和河道演变分析软件。

研究领域主要进行俄罗斯许多流域和湖泊研究。在"联邦专项计划-伏尔加流域保护"中，研究成果发表在 Nikolay I. 1997 年 Alekseevsky 主编的《加流域小河流》专著中。在联邦专项计划"世界海洋"中，俄罗斯南部最大河流下游山口出流径流机理获得了许多重要的理论与实践研究成果。为了比较俄罗斯南部地区灾难发生的强度和数量，以及对居民的安全的影响，学者们发展了有效水资源管理方法，水资源时空分布、泥沙、可溶粒子、热量、生物径流等的研究。为了支撑国家变化环境下 Arctic 地区径流估算与海岸过程项目的 Arctic 地区水资源评价，创建了区域水文气象数据库，比较了俄罗斯各地水文事件的风险与构成，估算了 Arctic 地区大河流的盐碱化等。上述成果总结在《俄罗斯 Arctic 海岸地质条件和水资源安全管理》。近年来，在变化环境下的极值水文过程课题支持下，莫斯科大学完成了水文特征值空间分布电子图。

近年，地理学院数学物理、地理信息课程增加较多，学院装备一批计算机室、自然和社会经济模型计算室。除授课、研讨外，培养计划还包括学院基地夏季野外实习，以及公司科研机构实习。高分学生可获得奖学金、优秀学生获得一系列奖项。

本科培养发展方向是：①发展自然资源管理、环境监测、区域政策、旅游和城市化等创新教育计划；②发展继续教育（GIS，聚居生态学，景观设计等）；③完善学生野外学习和试验站现代化；④开办外国学生训练课程；⑤加强高中生训练计划和远程教育发展。

5.3.3.5 地质学院

莫斯科大学自 1755 年建校起就进行地质教育，拥有俄罗斯和世界著名的地质学院。蒙古、中国和伊朗等国家的学生来该学院学习。

地质学院设置系有：矿床成矿地质学与地球化学、石油气体地质学与地球化学、水文地质系、工程与生态地质系、地震与海底系、地球地壳探测地球物理方法系、动力地质学系、岩性与海洋地质系、地球化学系、岩石学系、晶体学与结晶化学系、矿物学系、区域地质与地球历史系、俄罗斯地质系、古生物学系和冻土学外语系。

水文地质系提供 4 年制水文地质与工程地质学士学位、5 年制水文地质学、水文地理学专门人才文凭、6 年制水文地质学、水文地理学硕士学位。核心课程有：水文地质学、流体动力学、水文地球化学、地下水资源勘查与开发、区域水文地质学、水文地理学等。授课教授有 V.A.Vsevolozhsky、V.M.Shestakov、K.E.Pityeva、R.S.Shtengelov 和 A.V.Lekhov；副教授 S.P.Pozdnyakov、A.A.Kuvaev、M.S. Orlov 和 C.O.Grinevsky 等。Zvenigorod 提供水文地质、工程地质和冰川等野外实习。

5.4 俄罗斯水文水资源创新教育

俄罗斯开办水文学水资源专业的高校具有百年以上的历史，虽然经历了政治经济形势下滑和政治不稳定时期，但是，他们仍然为国家输送了大批专业人才，在曲折发展的历史中形成了独具的特色办学模式。

5.4.1　追求学术自由，改革教育理念

俄罗斯高等教育起始于 17 世纪。18 世纪后，由于西欧国家工业革命发展和西方教育的影响，许多学校坚持探索具有俄罗斯特色的高等教育之路，成立教授委员会管理大学，坚持大学是完全自治的，拥有学术自由。

俄罗斯高等教育是随着国家的需要而发展。苏联时期，高等教育是以满足国家和社会的需要为理念，教育的总体目标是培养全面发展人才和社会主义积极建设者（刘玉霞，2007）。目前，俄罗斯除坚持培养具有扎实基础的专门人才外（黄容霞，2010），重视普通知识学习，实行文理渗透和教育国际化的教育理念。现阶段新型教育模式服务于知识经济和俄罗斯社会的创新性发展、培养学生创造性和终身学习能力的要求（潘恒，2011）。

5.4.2　独具一格的学业水平认证

2003 年 9 月，俄罗斯正式签署了《博洛尼亚宣言》，加入欧洲统一高等教育认证制度（孟令霞，2007）。学业水平认证分为 Bakalavr 学位、Magistr 学位、Kandidat Nauk 学位和 Doktor Nauk 学位制度，世界上独具一格的学业水平认证制度。Bakalavr 学位 4 年制，也称大学第一级别学位，相当于美国和西欧国家的学士学位。经过两年学习，学生可以获得 Magistr 学位（连同学士学位计算，共需 6 年），相当于美国和西欧国家的硕士学位。硕士学位获得后，学生可以继续攻读博士学位，分为 Kandidat Nauk 学位（第一级，相当于西方的 Ph.D.）和 Doktor Nauk 学位（第二级，最高级别，相当于教授）二级。

5.4.3　学科积累雄厚，历史上涌现了一批国际著名的水文科学家

苏联开展水文高等教育较早，新中国成立后 20 世纪 50—60 年代，我国一些院校的水文专业硕士研究生培养大都吸收了苏联模式。在那个时期，苏联涌现了一批国际著名水文科学家，水文水资源研究与美国基本接近。1884 年，A.N. 沃叶意柯夫出版“世界气候与俄国气候”，第一次提出了“河川是气候的产物”的科学论断，即河道是水流冲出来的，而水流是降水所供给的；水文学研究必须首先研究降水现象。A.N. 沃叶意柯夫后来被尊称为苏联的第一位水文学家。水文学地理方向创始人 B .Γ 格鲁什科夫提出了水文学的地理研究方向（李德美，1987），他认为天然水体是地理环境的一部分，应当通过自然地理各要素的相互联系、相互制约研究，揭示水文现象和过程的因果关系和时空变化规律性。之后，M.И.李沃维奇发展了水文学的综合地理方向研究，建立了水平衡六要素方程式体系，定量研究了全世界和苏联国内各地区的水资源状况，撰写了第一部有关世界水资源专著，编制了世界上第一幅水资源图（李德美，1987）。著名水文学家加里宁和米留柯夫于 1958 年提出特征河长概念，并以此为基础导出河段汇流曲线，至今被广泛地应用于河道径流预报。卡明斯基提出了地下水非稳定流问题的有限差分求解方法，著有《地下水动力学原理》《地下水状态》《地下水普查与勘探》等。还有其他许多著名的水文地质学家（E.Zaltsberg，赵腊平，1989），如宾得曼、鲍切维尔、考诺普列昂采夫、科夫列夫斯基、列别捷夫、米诺年科、托尔斯基汉、西斯塔科夫。这些科学家为苏联水利建设和人才创新教育做出了杰出的贡献，是国家和大学水文水资源高等教育的主要支撑力量。

5.4.4　课程门数多，学生学习强度大

许多大学认为大学是高深层次学问研修的场所，不是一般职业的培训基地。因此，长期以来，俄罗斯重视雄厚的基础教育，也实施“通才”教育。大学期间，学生本科课程安排紧凑，基础课程门数较多，课程学时设置较长，大都超过其他国家的学时数，大学生的学习强度很大。在苏联时期，本科 5 年制，教学课程固定，所有课程为规定必修课，从讲课、实验和野外实习全面教学。教学进度按照循序渐进和逻辑进程安排，从数学、物理等基础知识一直延续到专业课程学习。每门课程教学均从基础或者初学者从低年级向高年级水平进行（E.Zaltsberg、赵腊平，1989）。这是俄罗斯高等学校教学的特色之一。

5.4.5　注重科学思维方式训练

长期以来，俄罗斯高等学校非常重视水文水资源研究进展，注重学生科学精神的培养。院系定期举办学术报告会和学术讨论会，师生交流学术研究结果，辩论激烈，畅所欲言，不仅开阔了学生的思维和学术视野，而且培养科学思维方式的训练。苏联时期夏令训练营（Summer Training Camp，野外实习）是人才培养的重要组成部分，要求学生实习结束提交实习报告。另外，与我国相同，毕业前必须完成毕业设计论文，并在特别委员会举行的毕业设计论文答辩会上进行答辩，特别委员会认可后，授予学士学位，相当于北美大学的理工硕士学位（E.Zaltsberg、赵腊平，1989）。学生拥有较多的水文学、水文地质和地质等实习基地和科研项目参加机会，如莫斯科大学的伏尔加流域、莫斯科河流域、阿尔泰山脉高加索地区流域、堪察加半岛、黑龙江流域、贝加尔湖和科拉半岛等地的水文机构、国家公园等。所有这些为学生提供了良好的创新研究平台。

5.4.6　学生具有坚实的基础和广博的专业知识

俄罗斯高校课程门数和学时较多，大大地加强了学生坚实的基础和广博的专业知识培养，使学生能够应用专业原理和理论解释水文现象。但是，这种培养模式没有花费的足够时间训练学生的实践能力培养，造成在应用实践方法解决水文实际问题方面存在欠缺。

第6章　英国水文水资源方向教育

英国是世界上最早的资本主义国家,其崛起和发展曾经对世界历史和文明的发展产生过巨大的推动作用,英国的教育制度也对世界上很多国家的教育制度产生了较大的影响。英国在本科阶段专门开设水文与水资源工程专业的高等教育机构不多,但是研究生阶段设置有众多的水文与水资源相关方向研究。本章引用英国几个代表性高校的资料,介绍英国水文水资源方向高等教育。

6.1　英国的高等工程教育

英国的高等教育距今已有800多年的历史,一般是指可考取学位或职业资格的课程。根据高等教育的性质、特点和学位授予情况的不同而分为不同的类型教育。目前,英国共有高等教育院校176所进行学士、硕士或博士学位教育,其中,英格兰137所,苏格兰21所,威尔士14所,北爱尔兰4所(许青云,2012)。学士学位为第一级学位,通常授予完成3年大学学习的学生。学士学位分为两种类型:荣誉学士和普通学士。荣誉学士学位的级别高于普通学士学位。硕士学位则分为授课型硕士学位(Taught)和研究硕士学位(Research)。授课型硕士学位课程一般为一年,完成规定的学时课程,每学期写出规定篇幅的论文,年终递交最后的毕业论文。研究型硕士学位,通常需要两年的时间,主要在导师指导下从事论文研究工作。在硕士研究生阶段,没有完成毕业论文的学生可获得学校颁发的研究生文凭(Postgraduate diploma)。研究生文凭也是为没有资格申请硕士学位的学生提供过渡性文凭。博士学位是培养已获得学士学位和硕士学位的申请者。博士学位有Ph. D和高级博士学位两种类型。大部分的学科领域颁发的博士学位为Ph. D。一般需要经过3年的课程学习和研究,并提交学位论文,有时也需要书面考试。在医学学科对应的博士学位为MD或DM或者外科博士Ch. M或M. Ch。另一种为高级博士学位(如文学博士Dlitt、理学博士DSc、法学博士 LLD),这种类型的博士学位授予那些在特殊学科领域内做出了突出贡献的人。高级博士学位获得者通常在学术方面有独到之处的高水平专家,并曾出版过大量的学术著作。另外,英国在一些学院和高等教育学校开设两年全日制或三年全日制的专业课程。两年全日制课程完成后,学生考试合格,可获取高等教育文凭证书(Diploma in Higher Education),学生毕业后,如果申请本科生课程,其两年全日制所学课程有可能被录取大学认可。三年全日制课程主要为工业界培养职业人才,学生毕业后,可获得高等文凭证书(Higher Diploma)(张志辉,2012)。

早在12—13世纪,英国就创建了牛津、剑桥两所大学。15—16世纪以后,苏格兰的圣安德鲁斯大学、格拉斯哥大学、阿伯丁大学和爱丁堡大学也相继创建。19世纪初,英国接受高等教育还只是富家子弟的特权,受高等教育人数仅占人口总数的1%,全国只有10所大学,且受到牛津和剑桥大学办学传统的影响,大学内部重文轻理、重学轻术、强调精英教育和绅士教育，以进行“博雅教育”为荣，注重学术型人才的培养。随着 1963 年《罗宾斯报告》的发布，英国高等教育的内涵被重新定义为所有中学后的大学、教育学院、高级技术学院所提供的教育。高等教育不仅包括正规的学位（Degree）教育，也包括非正规的专业文凭（Deploma）和证书（Certificate）课程教育。至 20 世纪 80 年代，英国已经形成了包括古典大学、近代大学、技术学院、教育学院、继续教育学院和开放大学的多层次多规格大众高等教育体制。1992 年，英国通过《继续教育与高等教育法案》，把技术学院升格为大学，技术大学可以自主设立学位，大众化教育阶段加强工程教育和继续教育已成为英国共识（蒋石梅、王沛民，2007）。历经多年发展，英国高等教育发生很大变化，已经从精英教育转化为大众化教育，大学不再是少数精英的学习场所，开始冲破牛津、剑桥大学的传统体制和办学模式，使重视教育机会平等、重视成人教育、重视提高国民素质的理念深入人心。现在的英国高等教育已经实现了大众化，并向普及化迈进。同时英国商务创新技能部、教育部联合发布英国教育全球战略《国际教育：全球增长和繁荣》，强化英国高等教育的国际化战略，通过招收国际学生来支持自身高等教育的发展。目前，英国高等教育产业化趋势明显，高等教育国际化战略清晰、进展迅速，输出高等教育已成为政府行为（柳清秀，2011）。

在英国的工程教育系统中，既有大学颁发的学术学位（academic degree），又有工程专业协会颁发的专业头衔（professional title），仅有学术学位的人不能签署任何工程专业的官方文件。英国工程教育的主要目标是取得专业头衔和专业资格（professional qualification），学位只是获得专业资格的必要条件。英国的许多专业都有各自的专业协会。早在 1771 年，英国就成立了第一个工程协会——土木工程师协会，现阶段的专业协会已发展成融“学习团体”（传播知识并鼓励研究）和“资格团体”（为想进入本专业团队的个人设立入门标准）为一体的专业协会，并各自依据其章程颁发资格证书。1962 年，英国成立了工程协会联合理事会（EIJC），1965 年改名为工程协会理事会（CEI），并获皇家特许，其成立标志着英国工程各专业团体良好合作的开端。1981 年底，英国工程理事会（EngC）经皇家特许正式成立，取代了 CEI，正式启动了英国工程与工程教育的综合改革。2001 年底通过学术界、协会、工业界和政府所有工程相关组织的共同合作，以注册慈善团体身份成立了新的机构—工程与技术局（ETB），EngC 成为其附属机构，改称“工程理事会（UK）”（简称 ECUK）。经过多年的发展，英国的专业资格已经把学术资格和职业资格融为一体，严格的入门要求、多样化的候选资格加上灵活的注册路线，既保证了专业资格的质量，又使不同年龄和不同类型与层次资格的候选人都有可能通过终身学习，在工程专业生涯中晋级，最终从整体上提高了英国的工程能力，增强了国家竞争力，并有利推动学习型社会的建设（蒋石梅、王沛民，2007）。

在英国的 170 余所大专院校中，大多工科院校实行“三明治”式教学大纲，即第一、第二、第四学年在校学习，第三学年为工程实践。各学校可以在满足统一要求的前提下自由设置相关课程，可以是学分制也可以是模块制。如英国 57 所设立土木工程专业的高校，一般三年期间总学时为 3600（每周 41 学时），其中一半左右为课内学时（1885 课时，即每周 21 课时），另一半左右为课外学时，用于辅导、实验、自学（有指导和独立的）（蒋永生、单建，2001）。其主要目标是培养应用型人才，第一学年和第二学年第一学期课程覆盖一系列的工程学科，要求打下较宽的基础，学生则必须通过这一系列课程以后才能进入下一阶段的学习，随着年级的升高，所学内容逐渐专业化，如水资源与气候变化、水资源工程、结构工程、环境工程等专业方向。各专业方向所含课程分为核心课程与选修课程，核心课程为必修课。在计划中工程实践和能力的培养占相当比重，除在“三明治”模式中有为期一年的工程实践外，还包括三年在校期间的实验、设计和实习等诸多环节，部分高校还规定在校学习阶段，应在工业培训中心实习两个月或利用暑假在工程实习（蒋永生、单建，2001）。还有一些大学在本科教学计划外，开设一年工程硕士课程，学生毕业后，可授予相应的硕士学位，通常学生修完第二年课程后，根据成绩进行筛选。工程硕士（MSC）学制一般为一年，课程设置较为宽泛，一般为 9 个月的课程学习和考试，还有 3 个月的毕业论文环节。

英国工程教育十分重视专业或专业方向的设置，教学改革与国家发展的需求密切结合，多以培养职业工程师（应用型人才）为目标。在本科教学阶段，注重基础课和基本原理的学习，选修课比例较小。而在硕士学习阶段，多提供较丰富的专业选择。英国工程教育的另一个特点是重视能力培养，通过多种渠道全方位提升学生能力。如上课学时少，学生自由支配的时间相对较多，这就为教师个别辅导、因材施教和学生自主学习创造了有利条件，而且作业在最终成绩中所占的比例较高。在校学习包括诸多实验、实践、实习、课程设计等环节，对提高学生的动手能力、分析和解决问题的能力起到重要作用。部分高校规定学生应去工业培训中心实习两个月和暑假的生产实习，还有“三明治”课程中为期一年的有指导的结合工程实践实习环节，更能调动学生自主学习的积极性，增强学生对所学专业的认知度和认同感（彭熙伟等，2013）。

6.2　英国的水文水资源方向教育

英国高校的本科教育面向大学科基础，大多数高校没有在本科阶段独立开设水文与水资源相关的专业，但是部分专业的课程设置中涉及了与水相关的学科方向课程，比如伯明翰大学的环境地质学专业开设水污染和洪涝灾害的内容教学，二年级开设水文地质学课程，三年级开设应用地质学课程，涉及了地下水污染的教学内容。诺丁汉大学的研究生化学工程、环境工程专业开设水处理和水处理工程课程。伦敦大学学院四年全日制本硕地质学专业在大三开设地下水科学选修课，在大四开设水文地质学和地下水资源课程。曼彻斯特大学没有开设专门的水文与水资源专业，但是其所开设的环境和资源地质学、地理学和地质学等专业开设有水文地质学课程。杜伦大学本科阶段开设水文水资源方向的课程。如环境地球科学专业开设水和气候、水文地质和地质力学课程。

研究生阶段的课程涉及了较多的水文与水资源课程，有的学校设有专门的水研究中心。如伯明翰大学的河流环境及其管理中心开设地下水与地表水交互、地表水文学、河流生态学、流水地貌学、水科学进展、河流修复、水质管理、河流管理等课程学习与研究。邓迪大学在硕士阶段开设可持续性和水安全方向、水法方向、水灾害风险和适应能力课程。赫里奥特瓦特大学开设水与环境管理的硕士方向，水管理研究型硕士方向。布鲁奈尔大学开设水工程硕士方向，开设的课程主要有：可持续项目管理、GIS 和数据分析、水利基础设施工程、风险和金融管理、水文和水力学、水处理工程、研究方法。利兹大学土木和环境工程本科专业第四年除开设水资源管理和污水自然处理及回用课程外，研究生阶段开设有水、卫生设施和卫生工程、基于 GIS 的流域动态管理以及环境工程和项目管理三个涉水方向研究，与水相关的研究主要分布在地理学院的流域过程与管理研究小组和Water@Leeds研究中心两个机构。流域过程与管理研究小组的主要研究方向包括：①水文和水力学，包括山坡水文学、土壤水、河流水力学、突发洪水、浅层地下水；②地貌学，包括土壤侵蚀、山坡和流域沉积物通量、冰川动力学、冰川地貌；③生物地球化学，包括碳氮循环、金属、新兴污染物（药物、激素等）；④水生生态系统，包括生物多样性、生态系统功能、入侵物种、大型无脊椎动物、欧盟水框架。Water@Leeds 是全球大学中最大的跨学科水研究中心之一，包括了物理、生物、化学、社会经济科学、工程以及艺术诸多学科领域。根据汤森路透在 2013 年的评估结果，与全球 7 个研究机构（加州大学伯克利分校、美国国家航空和宇宙航行局、中国科学院、瓦赫宁根大学、美国地质调查局、俄罗斯科学院）相比，Water@Leeds 在以下 7 个领域都有高质量的论文：水和大气（排名第一）、水和土地（排名第一）、水和政策（排名第二）、泥炭地（排名第二）、水和气候变化（排名第四）、沉积物流（排名第四）、水污染（排名第五）。格拉斯哥大学校拥有一个水问题研究中心 Water@Glasgow，重点研究水相关的问题。兰卡斯特大学硕士阶段则进行可持续水管理方向研究。

6.3 英国代表性高校的水文水资源方向培养方案

本节列出英国代表性高校的水文水资源方向培养方案。

6.3.1 纽卡斯尔大学水文与水资源相关方向

纽卡斯尔大学是位于英格兰东北部泰恩河畔的一所一流研究型大学，创建于 1834 年，也是英国著名的罗素大学集团的成员和英国公认最好的二十所大学之一，办学历史悠久。

纽卡斯尔大学开设水文与水资源相关课程。土木工程和地球科学学院本科阶段开设有 3 年全日制土木工程本科专业、4 年全日制土木工程和地球科学专业本硕连读课程。3 年全日制土木工程本科专业课程见表 6-1。4 年全日制土木工程和地球科学专业本硕连读课程分别见表 6-2 和表 6-3。

表 6-1 纽卡斯尔大学 3 年全日制土木工程本科专业必修模块课程设置

第一学年	第二学年	第三学年
可持续工程系统设计 1	可持续工程系统设计 2	可持续工程系统设计 3
人类系统需求和影响	面向土木工程的统计和数值方法	建筑管理
环境系统	给排水处理	工程伦理和可持续性
工程地质学	土工技术	研究项目
结构力学	结构分析	岩土工程设计
工程材料	钢筋混凝土结构学	建筑系统设计
流体力学	建筑材料	计算工程分析
工程测量 1	陆地交通和高速公路	交通和基础设施设计
地理信息系统	水力学	水文系统工程
工程数学 1	工程测量 2	

表 6-2　纽卡斯尔大学四年制土木工程本硕连读课程设置

学 年	课程名称
第一学年	必修模块：可持续工程系统设计 1，人类系统的需求和影响，环境系统，工程地质学，结构力学，工程材料，流体力学，工程测量 1，地理信息系统，工程数学 1
第二学年	必修模块：可持续工程系统设计 2，面向土木工程的统计和数值方法，给排水处理，土工技术，结构分析，钢筋混凝土结构学，建筑材料，陆地交通和高速公路，水力学，工程测量 2
第三学年	必修模块：可持续工程系统设计 3，建筑管理，工程伦理和可持续性，可持续工程系统设计课程设计，岩土工程设计，建筑系统设计，计算工程分析，交通基础设施设计，水文系统工程
第四学年	必修模块：建筑项目管理，公共政策-气候变化和基础设施，调查性研究项目。 选修模块（选修 20 学分）：全球工程（国际化设计和建筑的挑战），硕士阶段的职业发展，科学和工程界的商业企业。 专业课程选修 40 学分。分环境工程、地质工程、交通工程和水资源工程方向。 （1）环境工程方向：固体废物管理，面向发展中国家的环境工程，空气污染，土地污染。 （2）地质工程方向：土地勘测（设计、原则和实践），土地改良技术，土壤建模和数值方法，土地污染。 （3）交通工程方向：可持续的交通和环境管理，道路安全，交通流及其控制，智能化的交通系统。 （4）水资源工程方向：气候变化-地球系统未来情景和挑战，水文系统建模，流域综合管理，洪水建模和预测

表 6-3　纽卡斯尔大学四年全日制地球科学专业本硕连读课程设置

学 年	课程名称
第一学年	必修模块：环境和土地资源，环境和土地资源野外实习，环境系统，解决地球科学基础问题的自然科学技能，地球表面材料，沉积学简介，地质学和 GIS 野外实习，地理信息系统，遥感原理，测绘学学习技能，测量基本原理 1
第二学年	必修模块：项目规划和管理，空气水和土壤污染，地球资源-转变和适应，岩石材料（岩浆岩、沉积岩和变质岩）构造地质学，全球元素循环，地质学野外绘图，地质资源，地理信息系统原理和应用，遥感应用和图像处理
第三学年	必修模块：环境影响评价，生物地球化学，环境污染研究方法，地球科学小组项目，国际野外实习或高级 GIS 野外实习。 选修模块（选修 20 学分）：空气水和土壤污染，地质灾害和地球变形，环境信息学，职业规划，科学和工程学界的创新和市场研究
第四学年	必修模块：环境商学，地球科学研究项目。 专业课程选修模块（选修 50 学分），分为环境咨询方向、石油地球化学方向、工程地质学方向、水文和水管理方向、环境科学方向。 （1）环境咨询方向。地下水污染和修复，土地调查设计原则和实践，水地球化学，污染物的源头和消减控制，土地污染。 （2）石油地球化学方向。化合物的分子标记，有机质分析，环境中的石油，有机质沉积 1，有机质沉积 2。 （3）工程地质学方向。地质力学，土地调查设计原理和实践，土地改良技术和岩土工程设计，工程和应用地质学，土地污染。 （4）水文和水管理方向。气候变化-地球系统未来情景和挑战，地下水评价，流域综合管理，气候变化-脆弱性影响和适应对策，地下水建模。 （5）环境科学方向。定量化技术，实验设计和数据分析，土地资源-认识、分析和评价，环境和栖息地评价野外实习，气候变化和土地利用-科学政策和行动，水土交互

硕士培养主要有一年全日制水文地质和水管理、洪水风险管理、水文和气候变化、水文信息学和水管理硕士方向，其中必修模块有：工程定量化方法、气候变化（地球系统、未来情景和挑战）、水文系统过程和管理、地理信息系统、井的设计施工和运行、地下水评价、综合性流域管理、地下水建模、水地球化学、与水资源相关的硕士课题和毕业论文。选修模块包括地下水污染和修复、污染的土地等。

洪水风险管理硕士方向必修模块有：工程定量化方法、气候变化（地球系统、未来情景和挑战）、综合性流域管理、水文系统过程和管理、地理信息系统、水文系统建模、洪水风险管理的措施和途径、洪水管理（监管、规划和项目评价）、洪水建模和预测、气候变化（脆弱性、影响和适应性对策）。水文和气候变化硕士方向必修模块有：工程定量化方法、气候变化（地球系统、未来情景和挑战）、地理信息系统、水文系统过程和管理、水文系统建模、综合性流域管理、气候变化（脆弱性、影响和适应性对策）、洪水建模和预测、水资源研究课题和毕业论文。选修模块有：发展中国家的环境工程、水文信息系统建设（或者选择地下水评价和地下水建模）。洪水风险管理教学型硕士必修模块有：洪水管理（监管、规划和项目评估）、洪水建模和预测、气候变化脆弱性影响和应对措施。其他模块有：工程定量化方法、气候变化（地球系统未来情景和挑战）、地理信息系统、水文系统过程和管理、水文系统建模、洪水管理措施、洪水建模、实时洪水预报和预警系统、洪水建模和预报、水资源方向的研究项目和毕业论文、流域综合管理等。水文和气候变化教学型硕士方向必修模块有：洪水建模、洪水建模和预测、水资源方向的研究项目和毕业论文。选修模块有：面向发展中国家的环境工程、水文信息系统开发（或者选择地下水评价和地下水建模）。

水文信息学和水管理教学型硕士方向必修模块有：数学和物理、水文和水力学、数值和计算流体力学、水和水生环境管理、水文信息学和水资源综合管理、常用软件介绍、数据库和 GIS、软件工程、面向网络和工程协作。选修模块有：城市水文建模方法、给排水处理方法、水行业和经济和法律环境、项目管理和沟通、基于免费软件的地表水地下水耦合建模、几何建模和展示方法、复杂水文信息软件系统的建模和开发、监测数据获取和归档、内陆地表水建模方法、水文学建模和预测、流域管理和规划、高级地表水水文观测和数据获取、人工神经网络在决策支持系统中的应用、洪水风险概念在流域管理中的应用、城市洪水风险管理决策支持系统、灌溉渠道河流和水库的实时控制和运行。

另外，该校还招收水资源方向的博士。博士生的主要研究方向有：流域水文学和可持续管理、洪水风险和海岸带管理、气候变化影响和应对措施等。博士生的培养主要依托以下几个中心：可持续研究中心、水资源系统研究实验室、地球系统工程研究中心、土地利用和水资源研究中心。

6.3.2　布里斯托大学涉水专业

布里斯托大学始建于 1876 年，位于英格兰西南部第一大城市布里斯托市，是世界 50 强顶尖名校和全英大学十强之一。布里斯托大学工程学院土木工程系和理学院地球科学系开设有涉水专业。土木工程系开设 4 年全日制本硕土木工程专业（毕业后获工学硕士学位）、3 年全日制本科、4 年全日制本硕班、4 年全日制 1 年海外经历本硕班、4 年全日制 1 年欧洲大陆经历本硕班等涉水专业。理学院地理科学系还开设有 3 年全日制本科地理学专业、4 年全日制本硕地理学专业（MSci），4 年全日制带创新模块的地理学本硕专业。

土木工程系 4 年全日制本硕土木工程专业（毕业后获工学硕士学位）课程设置见表 6-4。3 年全日制本科土木工程专业课程设置见表 6-5。一年海外或欧洲大陆学习经历的 4 年全日制土木工程专业课程，其课程设置与 4 年全日制土木工程专业类似，其区别是第三年须在海外或欧洲大陆学习一年。地球科学系 3 年全日制本科地质学专业（毕业后获理学学士学位）其课程设置见表 6-6，4 年全日制本硕连读地质学专业（毕业后获理学硕士学位）课程设置见表 6-7。

表 6-4　布里斯托大学 4 年全日制本硕土木工程专业课程设置

学 年	课程名称
第一学年	工程数学 1，材料的特性 1，结构工程 1，土工技术 1，流体力学 1，系统和测量 1，设计和计算 1，四选一课程（工程热力学，语言 1，电子设备应用，可持续发展）
第二学年	工程数学 2，结构和材料 2，土工技术 2，水力学，专业研究 A，土木工程设计 2，计算机建模 2，三选一课程（智慧城市系统组成和技术，灾害和基础设施，特定用途语言 2）
第三学年	结构工程 3，土工技术 3，水工程 3，土木工程系统 3，专业研究 B，水资源项目 3，方案设计 3，科研项目 3，五选一课程（地震分析 3，滑坡和大坝 3，可持续建设，物理和人类系统建模，开放模块）
第四学年	结构工程 4，土工技术 4，水资源风险管理 4，土木工程系统 4，设计项目 4，九选四课程（地震工程 4，建筑环境工程，创新创业和企业，21 世纪的发电，土与结构共同作用，可持续系统，风电的工程设计，滑坡和大坝 4，环境建模）

表 6-5　布里斯托大学 3 年全日制本科土木工程专业课程设置

学 年	课程名称
第一学年	工程数学 1，材料的特性 1，结构工程 1，土工技术 1，流体力学 1，系统和测量 1，设计和计算 1，四选一课程（工程热力学，语言 1，电子设备应用，可持续发展）
第二学年	工程数学 2，结构和材料 2，土工技术 2，水力学 2，专业研究 A，土木工程设计 2，计算机建模 2，三选一课程（智慧城市系统组成和技术，灾害和基础设施，特定用途语言 2）
第三学年	结构工程 3，土工技术 3，水工程 3，土木工程系统 3，专业研究 B，水资源项目 3，方案设计 3，科研项目 3，五选一课程（地震分析 3，滑坡和大坝 3，可持续建设，物理和人类系统建模，开放模块）

表 6-6　布里斯托大学 3 年全日制本科地质学专业课程设置

学 年	课程名称
第一学年	地质学，环境地球科学，面向地球科学的计算方法，地球科学野外实习技巧介绍，面向地球科学的物理和化学
第二学年	地球成像和绘图，地生物学，矿物学和岩石学，地质学技能 1，野外绘图基础，构造地质学，沉积学，地球化学，环境地球化学，地质学野外技能 1
第三学年	独立野外项目，地质学野外技能 2，地质学野外工作，十选一课程（生物圈进化，海洋学，油气沉积学，物理化学地球动力学，水文地质和污染物运移，经济地质学，寒武大爆发，环境放射学，火山和地质流，地球微生物学）

表 6-7　布里斯托大学 4 年全日制本硕连读地质学专业课程设置

学 年	课程名称
第一学年	地质学，地球科学，面向地球科学的计算方法，地球科学野外实习技巧介绍，面向地球科学的物理和化学
第二学年	地球成像和绘图，地生物学，矿物学和岩石学，地质学技能 1，野外绘图基础，构造地质学，沉积学，地球化学，环境地球化学，地质学野外技能 1
第三学年	独立野外项目，地质学野外技能 2，地质学野外工作，十选一课程（生物圈进化，海洋学，油气沉积学，物理化学地球动力学，水文地质和污染物运移，经济地质学，寒武大爆发，环境放射学，火山和地质流，地球微生物学）
第四学年	地球科学研究项目，地质学野外工作，地球科学前沿，十二选一课程（地震学，地球物理流体动力学，地层深处矿物学和岩石学，脊椎动物古生物学和进化，自然灾害中的 GIS 和遥感技术，岩石学相平衡，初级环境建模，自然灾害和风险评价，地球系统追踪和观察，微古生物学，生物力学和功能形态学，类地行星的形成和演化）

理学院地理科学系 3 年全日制本科地理学专业、4 年全日制本硕地理学专业（MSci），4 年全日制创新模块的地理学本硕专业其课程设置分别见表 6-8 至表 6-10。

表 6-8　布里斯托大学 3 年全日制本科地理学专业课程设置

学 年	课程名称
第一学年	自然地理学，社会地理学，地理学实习，地理学方法，两门选修课
第二学年	空间建模 2，六选三方向（冰冻圈，水圈，环境变化，历史文化地理，政治经济学，哲学社会理论和地理学），二选一课程（自然地理学的研究方法，自然地理学的研究和野外调研技能，人文地理学的定性研究方法，人文地理学的研究和野外调研技能）
第三学年	论文和研究技能，根据第二年的方向选择以下课程（冰冻圈，水圈，环境变化，历史和文化地理学，政治经济学，空间建模 3），跨学科的方向（环境影响和政策，政治生态学，人类和地球）

表 6-9 布里斯托大学 4 年全日制本硕连读地理学专业课程设置

学 年	课程名称
第一学年	4 个核心课程（自然地理学，人文地理学，地理学实习，地理学方法），两门选修课
第二学年	空间建模 2，选择三个研究方向（冰冻圈，水圈，环境变化，历史和文化地理学，政治经济学，哲学，社会学理论和地理学），二选一课程（自然地理学的研究方法，自然地理学的研究和野外调研技能，人文地理学的定性研究方法，人文地理学的研究和野外调研技能）
第三学年	论文和研究技能，根据第二年的方向选择下面的课程（冰冻圈，水圈，环境变化，历史和文化地理学，政治经济学，空间建模 3），跨学科的方向（环境影响和政策，政治生态学，人类和地球）
第四学年	根据第二年和第三年的方向选择下面的研究方向：水文建模，地域的时间和时机，文化景观调查，空间建模 4，人文地理学的当代争论

表 6-10 布里斯托大学 4 年全日制带创新模块的地理学本硕专业课程设置

学 年	课程名称
第一学年	自然地理学，人文地理学，三选二课程（危机中的世界？旅行-探索世界提升自己，数字作为社会科学的证据可信吗？），设计和系统-创新思维，跨学科的小组项目 1：人类
第二学年	八选四课程（冰冻圈，政治经济学，哲学社会学理论和地理学，自然地理学的研究方法，人文地理学的定性研究方法，流域洪水、径流和侵蚀，地球系统），超人文地理学-生态文明和动物地理方位，过去现在和未来，跨学科的小组项目 2：解决他人问题，20 学分的开放模块
第三学年	十二选三课程（冰、海洋在全球碳循环中的作用，历史上的极端气候，历史上的海平面变迁，未来气候，流域科学，历史和文化，食物地理学，批判政治经济学的高级话题，人类和地球，环境风险管理和政策，政治生态学，殖民和后殖民时代地理学），创造和创新，企业案例，跨学科的小组项目 3：做一些前所未有的事情
第四学年	七选二课程（水文建模，冰冻圈，环境变化，地理学实验方法，地域的时间和时机，影响技术和生物政治学，理论社会和空间），研究项目，创业，野外生存，跨学科的小组项目 4：锻炼成为一个助教

除此之外，布里斯托大学工程学院开设一年全日制给排水工程硕士方向和水与环境管理硕士方向，这两个方向的核心课程有：研究技能、环境管理政策和规定、陆地水文气象学、地表水文学和地下水文学、MATLAB 在环境统计中的应用简介、MATLAB 在数值分析中的应用。选修模块有：环境系统和生态系统服务、流域综合管理、水资源工程。另外顺利毕业还需要提交一篇研究性的毕业论文。

6.3.3 帝国理工学院水文与水资源相关方向

帝国理工学院（简称帝国理工）位于英国伦敦，成立于 1907 年，是英国罗素大学集团成员、金砖五校之一、欧洲 IDEA 联盟成员，是一所享誉全球的顶尖高等学府，与剑桥大学、牛津大学、伦敦政治经济学院、伦敦大学学院并称为“G5 超级精英大学”，研究水平被公认为英国大学的三甲之列，并以工程、医科专业、商学而著名。英国教育界素有“三足鼎立”说法，文科牛津，理科剑桥，而工程当属帝国理工学院。帝国理工提供本科和研究生教育，共有五个学院：工程学院、医学院、自然科学院、生命科学院和商学院。

帝国理工学院四年全日制本科专业土木和环境工程中涉及了部分水文与水资源相关的选修课，如给排水处理工程、水资源工程。研究生阶段涉及了若干个水文专业，如水文和水资源管理、水文和工商管理、水文和可持续发展。水文和工商管理专业、水文和可持续发展专业不必选修以下课程：环境分析、控制工程、高等给排水处理、水文测验、专题设计、灌溉、气象学和气候变化、地下水流和水质建模、课程设计，但是水文和工商管理专业需额外选学微观经济学、会计原理、项目管理、商务环境和建筑法课程，水文和可持续发展专业需额外选学可持续发展课程。

6.3.4　伦敦大学学院水文测量硕士方向

伦敦大学学院位于伦敦，简称 UCL，建校于 1826 年，是一所誉满全球的世界顶尖名校，也是伦敦大学联盟（University of London，简称 UOL）的创校学院，享有英国政府最多的财政预算。UCL 是第一个在招生上不论种族、宗教和政治信仰的英国大学，被称为是英国教育平权的先锋。伦敦大学学院有教学及研究人员共 4000 多名，教授 648 多位。其中 46 名为英国皇家学会院士，10 名为英国皇家工程院院士，55 名不列颠人文与社会科学学院院士，99 名英国医学科学院院士。在 UCL 的学者及研究人员中，有 32 位诺贝尔奖得主与 3 位菲尔兹奖得主，其中有 15 名是诺贝尔生理学或医学奖得主。

UCL 开设的水文测量硕士方向是由 UCL 和伦敦港口管理局共同开设，综合了 UCL 世界一流的科研教学水平和伦敦港口管理局世界一流的测验仪器。该课程被国际水文组织、国际测量师联合会、国际制图组织认定为 A 类（Category A）课程，大大加大了毕业生被国际一流公司录用的概率（UCL，2013）。

该课程时间跨度为 12 个月，分为三个学期，第一学期从 9 月至 12 月，在次年 1 月进行考评。第二学期从次年 1 月至 3 月底，在 4 月底或 5 月初进行考评，第三部分为从次年 5 月至 9 月的科研项目。第一学期的课程模块包括：数据分析、GIS 原理和技术、测量的原理和实践、制图科学。第二学期的课程包括定位、海洋和海岸带管理、水道测量应用、管理或小组科研项目（UCL，2013）。

学生能否顺利毕业取决于三部分的成绩，顺利毕业的最低要求为：所有教学模块的平均成绩要达到 50 分；低于 50 分课程的学分综合不能超过 30，不允许有低于 40 分的课程；毕业论文最低要达到 50 分。中等毕业生（MSc Merit）要求为：全部模块的平均成绩在 60 分以上；论文要达到 65 分以上；没有课程的成绩在 50 分以下，且全部课程不能有重修，且均应为唯一一次考试的成绩。优秀毕业生（MSc Distinction）的最低要求为：全部模块包括毕业论文的平均成绩要达到 70 分；论文的成绩最低为 70 分；没有课程的成绩在 50 分以下，且全部课程不能有重修，且均应为唯一一次考试的成绩。

每个模块的考评方式为课程作业、书面考试或二者相结合。每个模块的考试方式见表 6-11（UCL，2013）。

表 6-11　伦敦大学学院水文测量硕士方向课程模块考评方式表

课程名称	课程学分	考评方式
GIS 原理和技术	15	100%课程作业
地图科学	15	100%考试成绩
数据分析	15	100%课程作业
测量原理和实践	15	50%考试成绩和 50%课程作业
海洋和海岸带管理	15	60%考试成绩和 40%课程作业
小组项目	15	50%考试成绩和 50%课程作业
水文测量及其应用	15	60%考试成绩和 40%课程作业
定位系统	15	50%考试成绩和 50%课程作业

6.3.5　拉夫堡大学涉水专业

拉夫堡大学是位于莱斯特郡拉夫堡的一所英国顶尖名校和 M5 大学联盟创始成员之一。

拉夫堡大学的历史可以追溯到1909年建立的拉夫堡学院，1966年晋升为大学。经过一个世纪的发展，拉夫堡大学已成为英国的顶尖名校。

拉夫堡大学也开设有一年全日制给排水工程和水与环境管理方向（MSc in Water and Environmental Management）。它们的培养目标是：①能够从全球角度理解水资源、供水、排水等相关问题；②能够进行给排水规划和管理（重点是在中低收入国家）；③培养学生面向公众的水与环境管理方面的特长。学生毕业后能够：①采用跨学科的知识来进行供水、排水和环境管理；②理解水资源管理中的主要问题；③明晰国际发展和水循环管理和环境规划策略的关系；④采用社会管理方法和工业管理途径来实现可持续的供水和排水，同时使其对环境的影响最小化。该方向的课程设置见表6-12。

表6-12 拉夫堡大学给排水工程和水与环境管理方向课程设置

课程代码	课程名称	课程学分	课程代码	课程名称	课程学分
CVP201	给排水管理	15	CVP219	固体废物管理	15
CVP202	水与环境卫生	15	CVP223	水务管理	15
CVP204	水源地建设	15	CVP227	数据收集分析和研究	15
CVP212	环境开发	15	CVP228	小组项目	15
CVP215	小规模给排水工程	15	CVP240	短期项目：专题评审	15
CVP218	综合水资源管理	15	CVP241	短期项目：专题评审	15
CVP292	研究性毕业论文（20周）	60	CVP293	研究性别用论文（72周）	60

另外还提供诸多远程学习课程，见表6-13。

表6-13 拉夫堡大学远程学习课程表

课程代码	课程名称	课程学分	课程代码	课程名称	课程学分
CVP251 *	水与卫生管理	15	CVP269 *	固体废物管理	15
CVP252 *	水与环境卫生	15	CVP272 *	低成本排水工程	15
CVP253 *	数据收集分析和研究	15	CVP273 *	水务管理	15
CVP262 *	环境评价	15	CVP278 *	案例分析	15
CVP265 *	低收入国家的水问题	15	CVP296 *	研究性毕业论文（两年）	60
CVP268 *	综合水资源管理	15	CVP298 *	研究性毕业论文（一年）	60

6.3.6 谢菲尔德大学水工程方向

谢菲尔德大学，简称谢大，位于英格兰的谢菲尔德市，是世界百强名校和英国顶尖学府。谢菲尔德大学建校历史可追溯到1828年，教学质量与科研水平享誉全球，共培养出了五位诺贝尔奖获得者，其工程学院更是与剑桥大学、帝国理工大学并成为英国工学领域的顶级代表。

谢菲尔德大学的土木工程专业本科阶段涉及了水处理课程，在其研究生阶段开设有众多的水文与水资源方向，如在土木和结构工程学院开设有2年全日制和3年非全日制水工程方向硕士学位（MSc in Water Engineering），要顺利毕业需要完成8个课程模块（5个必选模块和3个选修模块）和一个研究型毕业论文。其核心模块有：工程水文、高等流体力学、水文地质学及其研究技能、水质处理、水工程计算方法。选修模块有：地下污染物运移、海岸工程、可持续发展策略和绿色建筑、洪水风险管理、河流动力学、风险和极端事件、给排水管网设计、地下水污染修复。另外还有一个高级工程研究项目。

水工程方向重点面向防洪工程、水污染治理工程和水利基础设施。该模块包括教学和论文两个环节，其中教学从 9 月开始到次年 6 月结束，论文是次年 6 月到 9 月。其第一学期开设的课程有：水文学、水力学、水文地质学、建模方法，主要是为后续的学习和研究奠定基础。第二学期开设的课程有：城市排水、地下水修复、明渠水流，主要是应用性的课程。其核心课程（类似于我国的必修课）有：工程水文学、高等水力学、水文地质学和研究技术、水质学、水工程计算方法，选修课程有：污染物地下运移、海岸工程、可持续发展和绿色设施、风险和极端事件、河流动力学、给排水管网设计、地下水污染修复。其中的教学环节有：讲课，主要由在校教师和企业从业人员讲授，实验环节、野外实习、课程设计和毕业论文。评价手段有：课程作业、考试和学术会议报告。学习方式比较灵活，可以是一年的全职，也可以是两年的在职。

6.3.7　伯明翰大学

伯明翰大学始建于 1825 年，是世界百强名校和英国名校联盟“罗素大学集团”创始成员。从建校至今 100 多年，凭着高质量、多领域的研究得到了国内外的认可，该校曾培养了英国首相内维尔·张伯伦与斯坦利·鲍德温，并有 8 人获得了诺贝尔奖。我国著名地质学家李四光先生 1931 年毕业于伯明翰大学，获得自然科学博士学位。

伯明翰大学在地理地球和环境科学学院开设有一年全日制水文地质学硕士方向（MSc Hydrogeology），该方向推荐有较好数学基础的地球科学、工程学、物理学、数学、化学、生物科学和环境科学专业的学生申请。其开设的课程丰富，涉及了钻孔和井的设计、含水层测试及分析、实验室测试分析、地下水流、水文地球物理学、地下水无机化学、地下水有机物污染、土地污染和修复、地下水建模、污染物运移、水文和地下水资源评价等。具体开设的课程有：地下水水力学（20 学分）、地下水和地表水交互（10 学分）、钻孔设计施工和维护（10 学分）、环境地球物理学（10 学分）、地下水管理和开采（10 学分）、无机化学和地下水（10 学分）、地下水有机污染物和修复（20 学分）、区域地下水流建模（10 学分）、污染物运移建模（10 学分）、水资源研究（10 学分）。学生顺利毕业还要参加诸多野外实践环节，还要参加一个研究项目并在 9 月提交一个研究报告。

6.3.8　南安普敦大学

南安普顿大学创办于 1862 年，是世界百强名校和英国顶尖学府，1902—1952 年期间，作为伦敦大学的一个学院颁发学位，于 1952 年获得皇家特许正式改名为南安普顿大学。学校重视研究，教育水平高，多次获得十大最佳高校荣誉。南安普敦大学无本科相关专业。其研究生阶段设置有水资源管理方向，其课程设置见表 6-14。

表 6-14　南安普顿大学水资源管理方向课程设置

课程类型	第一学期	第二学期
必修课	淡水生态系统	科研项目训练
	环境污染	河流渔业修复
	自然资源管理	

续表

课程类型	第一学期	第二学期
选修课	沿海和海洋工程与能源	废物资源化管理
	海岸带地貌动力学	海岸带防洪
	可持续资源管理	给排水处理工程
	环境管理体系	环境法规与管理
	地理信息系统	
	流域管理	

6.3.9 东安格利亚大学

东安格利亚大学（University of East Anglia，简称 UEA，又译作东英吉利大学，东英格兰大学），位于英国诺里奇（Norwich）。从 1963 年创校至今，东安格利亚大学特别在传媒、文学、艺术人才的培养方面获得杰出成就，培养出了较多著名的作家、记者、评论家和电影家等。

东安格利亚大学本科阶段没有水文与水资源的相关课程，研究生阶段在国际发展学院开设有水安全和国际发展方向，主要的必修课有：水安全—理论和概念、水安全—工具和政策，选修课有：全球环境变化、流域水资源管理、环境与发展的政治生态、发展的气候变化政策、全球化的农业和食品系统。该学校还有一个专门的水安全研究中心，该中心整合了国际发展学院和环境科学学院的主要力量，运用世界一流的自然和社会科学来研究变化环境下的水安全问题相关的理论、实践和政策。

6.4 英国代表性高校水文与水资源方向相关课程教学大纲

本节叙述英国代表性高校《洪水建模与预测》《水文系统建模》《流域综合管理》等课程的教学大纲。

6.4.1 纽卡斯尔大学《洪水建模与预测》教学大纲

以下叙述土木工程和地球科学学院 Vedrana Kutija 博士《洪水建模与预测》教学大纲。

6.4.1.1 课程目标

介绍当前洪水风险预测、洪水建模与预测的最新理论和实践，使学生掌握目前广泛使用的行业软件。本课程首先介绍洪水风险分析和洪水建模的不同理论框架，包括统计方法建模和物理模型建模，并将这些方法运用到洪水风险管理的实践中。最后，介绍如何运用行业标准的洪水估计和建模技术，以及了解当前洪水实时预报的最新理论和实践。

6.4.1.2 课程主要内容

课程主要内容见表 6-15。

表 6-15 《洪水建模与预测》课程主要内容

教学内容	实践环节
绪论	
洪水灾害估计的统计学方法	洪水灾害估计
洪水建模——一维、二维模型的构建	Noah1D，CityCat 软件，降水预测（降水、雷达测雨），降水模型

续表

教学内容	实践环节
英国环境署的国家防洪系统	
英国环境署和英国气象办公室联合建立的英格兰和威尔士的洪水预报中心，Morpeth 洪水：物理和应急反应方面的介绍，预测的不确定性及其在提高决策水平方面的应用	
数据同化	一场虚拟洪水及其预警练习
海岸带洪水：风暴潮和海啸	

6.4.1.3　教学活动

教学活动见表 6-16。

表 6-16　《洪水建模与预测》课程教学活动

分类	活动	次数	学时	学生应投入时间	备注
有指导的学生自主学习 1	复习和考试	1	1.5 小时	1.5 小时	考试
有指导的学生自主学习 2	复习和考试	20	0.5 小时	10 小时	复习
有指导的学生自主学习 3	复习和考试	1	21 小时	21 小时	完成课程报告
课堂教学	课堂学习	20	1 小时	20 小时	
教学实践	实践环节	4	3 小时	12 小时	水文频率曲线绘制和河流模型的开发
有指导的学生自主学习 4	独立学习	1	35.5 小时	35.5 小时	基础阅读、课程资料的精度及其理解
合　计				100 小时	

6.4.1.4　课程成绩评定方法

课程补考方式由考试委员会议定。课程成绩评定主要有考试和其他测试。

（1）考试。学生在第二学期参加 90 分钟的闭卷书面考试（占总成绩的 50%）。

（2）其他测试。学生在第二学期提交一份关于水文频率曲线绘制、一维或者二维河流洪水预报模型的课程报告，报告内容不超过 10 页（占总成绩的 50%）。

（3）不同测试方式之间的关系。洪水建模和洪水实时预报基础理论和最新实践的理解由闭卷考试来评定。课程作业用来测试学生将基础理论应用在实践中的能力，包括若干方法的使用和软件的应用，还可以用来测试学生的创新性。另外还有两个实践环节的测试：水文频率曲线的绘制和河流水文建模。

6.4.2　纽卡斯尔大学《水文系统建模》教学大纲

以下叙述土木工程和地球科学学院 Geoffrey Parkin 博士《水文系统建模》教学大纲。

6.4.2.1　课程目标

介绍常用的水文系统建模方法，包括自然流域、河流和水利工程的建模方法。深刻理解并掌握水文系统建模所用的方法和技能。运用不同的建模方法来解决实际问题。本课程介绍不同建模方法和理论的历史背景，建模的对象包括自然流域、河流和人工修建的水利工程。建模方法涵盖简单集总式模型和复杂物理模型，学生还要掌握当前行业内广泛使用的建模软件。

6.4.2.2　课程主要内容

课程主要内容见表 6-17。

表 6-17　《水文系统建模》课程主要内容

教学内容	实践环节
绪论	
建模的目的和原理；模型的种类（物理模型、概念模型、随机模型、管理模型）；典型模型简介（降水模型、河流模型、流域模型等）；建模过程（模型校正、验证和不确定性分析）	简单降水径流模型的校正、验证和不确定性分析
时间序列模型（马尔科夫、泊松和 NSRP 等过程）	时间序列和简单的降水模型
流域模型 1-2（传递函数、单位过程线、水箱模型、Topmodel 等）	单位过程线、降水径流模型
流域模型 3［有物理基础的分布式模型（MIKE SHE、SHETRAN）］	SHETRAN
河流建模（一维河流水动力学模型详解、二维模型简述）	NOAH 1D 模型构建和校正
城市水文模型（城市雨洪模型简介、给排水管网模型、城镇雨洪模型）	

6.4.2.3　*教学活动*

教学活动见表 6-18。

表 6-18　《水文系统建模》课程教学活动

分类	活动	次数	学时	学生应投入时间	备注
有指导的学生自主学习 1	复习和考试	1	1 小时 15 分钟	1 小时 15 分钟	1 小时考试和 15 分钟阅读
授课	课堂教学	20	1 小时	20 小时	
有指导的学生自主学习 2	复习和考试	20	0.5 小时	10 小时	复习
有指导的学生自主学习 3	复习和考试	1	21 小时	21 小时	课程作业——数值分析
自主学习	小组学习	12	1 小时	12 小时	教程练习
有指导的学生自主学习 4	独立学习	1	35 小时 45 分钟	35 小时 45 分钟	基础阅读、课程资料的精度及其理解
合 计				100 小时	

6.4.2.4　*课程成绩评定方法*

课程补考方式由考试委员会议定。课程成绩评定主要有考试和其他测试。

（1）考试。学生在第一学期参加 75 分钟的闭卷书面考试（占总成绩的 30%）。

（2）其他测试。学生在第一学期提交一份关于数值分析的课程报告，报告内容包括 10 页左右的正文和附件（占总成绩的 70%）。

（3）不同测试方式之间的关系。学生对基础理论和知识的理解和掌握程度由闭卷考试来评定。关于数值分析的课程报告用来测试学生解决问题的能力、计算机熟悉程度和写作能力，其中要求学生使用流域和河流建模软件来完成定量分析、环境评价和决策支持等方面的练习。

6.4.3　纽卡斯尔大学《流域综合管理》教学大纲

以下叙述土木工程和地球科学学院 Enda O'Connell 教授《流域综合管理》教学大纲。

6.4.3.1　*课程目标*

全球人口增长导致对水的需求也在日益增长，因此，迫切需要对流域实行可持续的综合管理，另外，气候变化也已经引起了全人类的广泛关注。本课程介绍如何实现可持续的流域综合管理，考虑流域内相关群体和部门的诸多需求，如供水、防洪、排污等。重点研究综合利用技术和社会经济手段来解决这些矛盾和冲突，实现全流域的可持续综合管理。水资源综合管理的三个目标包括：经济效率、社会公平和环境可持续性。课程目标为：了解并掌握流域综合管理的实现方法和途径；掌握如何平衡多个互相冲突的经济效率、社会公平和环境可持续性的目标；使学生了解全球范围内实现可持续流域综合管理的实例。

6.4.3.2　课程主要内容

课程涵盖了气候变化、水资源、水质和洪水风险管理等诸多相关问题以及基本的社会经济准则。包括英国环境署的专家专题讲座和专门的实践环节，使学生掌握如何用建模和决策支持工具来解决实际问题。该课程还包括一个由六个小组完成的综合练习，其具体内容为全球六个主要的国际性流域实现流域综合管理的目标、进程和其他相关事宜。学生需要划分小组充分利用互联网等资源来完成本课程小组练习（表 6-19）。

表 6-19　《流域综合管理》课程主要内容

时间	主要内容
第一天	综合流域管理简介；组织框架和欧盟水框架指令；流域综合管理框架；各行各业的用水需求；水行业监管；小组课程作业
第二天	可持续城市；气候变化和水资源；可持续性和可持续发展；成本效益分析简介；环境的经济效益评价；环境和社会成本效益分析；小组课程作业
第三天	水资源规划的多准则分析；水资源综合管理；水资源规划（案例分析和计算机实习）；小组课程作业
第四天	环境署的专家谈环境管理；非点源农业污染；示范流域经验介绍；地下水保护；公共设施管理规划；水资源保护和用水需求管理；流域洪水管理规划；小组课程作业
第五天	分组汇报环节：为流域综合管理设定一个日程；反馈环节

6.4.3.3　教学活动

主要教学活动见表 6-20。

表 6-20　《流域综合管理》课程教学活动

分类	活动	次数	时长	学生应投入时间	备注
有指导的学生自主学习 1	复习和考试	1	5 小时	5 小时	个人汇报
有指导的学生自主学习 2	复习和考试	1	9 小时	9 小时	小组汇报
有指导的学生自主学习 3	复习和考试	18	0.5 小时	0.5 小时	复习
有指导的学生自主学习 4	复习和考试	1	1.5 小时	1.5 小时	考试
授课	课堂教学	18	1 小时	18 小时	
教学实践	实践环节	1	1.5 小时	1.5 小时	
有指导的学生自主学习 5	小组活动	4	2 小时	8 小时	小组活动
有指导的学生自主学习 6	独立学习	1	35 小时 45 分钟	35 小时 45 分钟	基础阅读、课程资料的精度及其理解

6.4.3.4　课程成绩评定方法

课程补考方式由考试委员会议定。课程成绩评定主要有考试和其他测试。

（1）考试。学生在第二学期参加一个 90 分钟的闭卷书面考试（占总成绩的 50%）和一个 30 分钟的口头报告（占总成绩的 25%）。

（2）其他测试。学生在第二学期提交课程报告，报告内容包括图表约 5 页（占总成绩的 25%）。

（3）不同测试方式之间的关系。学生对基础理论和知识的理解和掌握程度由闭卷考试来评定。口头报告测试学生组织阐述主要内容的能力。

6.4.4 纽卡斯尔大学《气候变化-地球系统、未来情景和挑战》教学大纲

以下叙述土木工程和地球科学学院 Hayley Fowler 教授《气候变化-地球系统、未来情景和挑战》教学大纲。

6.4.4.1 课程目标

介绍和描述地球气候系统，包括过去、现在和未来的气候变化。学习气候建模方法及其未来的情景输出，特别强调未来气候情景对基础设施和社会的挑战，以及典型工程应用的气候情景及其不确定性。本课程包括气候科学基础知识、地球系统和气候变化的成因和证据。进而介绍气候变化对地球系统（包括自然系统和人为系统）的影响，过去和现阶段所观测到的数据将会被用来进行建模，掌握气候模型的工作原理及其本质，并将其运用到以后的研究和工作中。

6.4.4.2 课程主要内容

课程主要包括以下内容：

（1）气候变化概述，有关气候变化的若干争论和疑问。

（2）自然气候变化原理（大气环流、大气和海洋、冰冻圈、温室效应）。

（3）实践环节 1。阅读相关文献了解有关气候的疑问及其争论。

（4）全球生物地球化学循环的机理及其联系。

（5）实践环节 2。阅读相关文献了解显著的气候变化事例（包括其显著性和不确定性）。

（6）有观测数据的变化和人为驱动，陆面和大气变化（温度、降水），逐渐加强的温室效应，温室气体的源头及其所占比例。

（7）历史上的气候变化，海洋气候系统的极端模式、古气候、间接的非实测的记录。

（8）实践环节 3。气候变化的若干争论。

（9）气候模型 1。全球气候模式和区域气候模式——其作用、原理和局限性。

（10）实践环节 4。气候模型及其应用。

（11）气候模型 2。模型评价、不确定性和组合使用。

（12）气候模型 3。统计降尺度概述，UKCP09 数据的使用和天气发生器。

（13）实践环节 5。情景构建——利用 UKCP09 数据进行影响评价。

（14）能源、全球增长和气候变化。

（15）气候变化、挑战、社会和工程方面的应对措施。

6.4.4.3 教学活动

教学活动见表 6-21。

表 6-21 《气候变化-地球系统、未来情景和挑战》课程教学活动

分类	活动	次数	学时	学生应投入时间	备注
有指导的学生自主学习 1	复习和考试	24	0.5 小时	12 小时	复习
有指导的学生自主学习 2	复习和考试	1	2 小时	2 小时	考试
授课	课堂教学	24	1 小时	24 小时	
教学实践	实践环节	3	3 小时	9 小时	
授课	分小组教学	2	1 小时	2 小时	专题报告
有指导的学生自主学习 3	独立学习	1	35 小时 45 分钟	35 小时 45 分钟	基础阅读、课程资料的精度及其理解

6.4.4.4　课程成绩评定方法

课程补考方式由考试委员会议定。学生在第一学期参加一个 120 分钟的闭卷书面考试（占总成绩的 100%）。

6.4.5　纽卡斯尔大学《水文系统工程》教学大纲

以下叙述土木工程和地球科学学院 James Bathurst 博士《水文系统工程》教学大纲。

6.4.5.1　课程目标

启发和引导学生了解水资源工程的机遇，使学生掌握水文循环过程及其在水资源工程方面的应用，引导学生放眼全国乃至全球的水资源工程实践。本课程首先介绍全国乃至全球与水相关的工程实践，主要包括水资源工程、防洪工程等。最后，引入模型作为定量分析的方法，包括水库设计和调度、洪水和干旱的重现期分析、非恒定流、地下水流、供水系统、城市排水和河流工程。全部课程教学由理论讲解、事例介绍和案例分析等组成。

6.4.5.2　课程主要内容

课程主要包括以下内容：

（1）绪论。从工程的视角看水资源、水文、洪水和河流流域系统，全国和全球的案例分析。

（2）通过数学模型量化水循环的各个环节，模型分类。

（3）洪水演进与河道洪峰预测。

（4）水库防洪调度和溢洪道设计。

（5）洪水和干旱频率分析，基于水文数据确定洪水和干旱重现期。

（6）水库设计，水库库容和特征水位的确定。

（7）水库运行调度，水库运行调度规则。

（8）非恒定流（基本原理和基本方程，洪水模拟和相关图件的绘制）。

（9）地下水流（井流方程和降深、井的设计）。

（10）供水系统（水源地和供水管网、管道尺寸和供水管网设计）。

（11）城市雨污管网设计，洪水风险最小化的城市排水系统设计。

（12）河道工程（沉积物运移和河道形态学、河道疏浚、河道整治）。

（13）综合概述，综合流域管理。

6.4.5.3　教学活动

教学活动见表 6-22。

表 6-22　《水文系统工程》课程教学活动

分类	活动	次数	学时	学生应投入时间	备注
有指导的学生自主学习 1	复习和考试	16	0.5 小时	8 小时	复习
有指导的学生自主学习 2	复习和考试	2	5 小时	10 小时	课程作业
有指导的学生自主学习 3	复习和考试	1	2 小时	2 小时	考试
授课	课堂教学	16	1 小时	16 小时	
教学实践	实践环节	1	1.5 小时	1.5 小时	在线测试
授课	分小组教学	8	1 小时	8 小时	专题报告
有指导的学生自主学习 4	独立学习	1	10 小时	10 小时	复习

续表

分类	活动	次数	学时	学生应投入时间	备注
有指导的学生自主学习 5	独立学习	1	44.5 小时	44.5 小时	基础阅读、课程资料的精度及其理解

6.4.5.4 课程成绩评定方法

课程补考方式由考试委员会议定。

（1）考试。学生在第一学期参加一个 120 分钟的闭卷书面考试（占总成绩的 75%）。

（2）课程作业。学生在第一学期完成一个 1000 字左右的课程作业（占总成绩的 10%）。

（3）在线测试。学生在第一学期完成一个计算机在线测试（占总成绩的 15%）。

（4）不同测试方式之间的关系。学生对基础理论和知识的理解和掌握程度由闭卷考试和课程作业来评定。计算机在线测试主要测试学生对所有教学内容的掌握程度。

6.4.6 纽卡斯尔大学《地下水评价》教学大纲

以下叙述土木工程和地球科学学院 Geoffrey Parkin 博士《地下水评价》教学大纲。

6.4.6.1 课程目标

阐明地下水系统分析的基本原理，地下水资源量评价的基本原理和方法，地下水水质评价的基本方法。本课程帮助学生理解地下水资源评价的背景、原理和方法。课程从水文地质填图开始，讲述包括地下水补给强度、根据钻孔数据确定含水层特性、地下水化学等内容。本课程还包括地热及其应用。

6.4.6.2 课程主要内容

课程主要包括以下内容：

（1）绪论——地下水系统和地下水资源评价简介。

（2）含水层。

（3）水文地质填图。

（4）含水层边界和地表水地下水交互。

（5）初步估算和调查。

（6）地球物理。

（7）钻孔和通过抽水试验确定含水层特性。

（8）地下水补给量评价。

（9）无机水文地球化学，数据的解释。

（10）地下水采样和监测策略。

（11）地热能的基本原理。

6.4.6.3 教学活动

教学活动见表 6-23。

表 6-23 《地下水评价》课程教学活动

分类	活动	次数	学时	学生应投入时间	备注
有指导的学生自主学习 1	复习和考试	1	21 小时	21 小时	案例研究报告
有指导的学生自主学习 2	复习和考试	14	0.5 小时	7 小时	复习

续表

分类	活动	次数	学时	学生应投入时间	备注
有指导的学生自主学习 3	复习和考试	1	1.5 小时	1.5 小时	考试
授课	课堂教学	14	1 小时	14 小时	
教学实践	实践环节	4	3 小时	12 小时	
有指导的学生自主学习 4	独立学习	1	44.5 小时	44.5 小时	基础阅读、课程资料的精度及其理解

6.4.6.4　课程成绩评定方法

课程补考方式由考试委员会议定。

（1）考试。学生在第二学期参加一个 90 分钟的闭卷书面考试（占总成绩的 50%）。

（2）课程作业。学生在第一学期完成一个 8 页左右的案例分析报告（占总成绩的 50%）。

（3）不同测试方式之间的关系。本课程包括了特殊技能的实际应用环节、地下水评价的相关知识、能力和技能。学生对基础理论和知识的理解和掌握程度由闭卷考试来评定。课程作业测试学生综合运用相关知识和技能的能力。

6.5　英国水文与水资源方向创新教育

英国的水文与水资源教育始终坚持以“学生为中心”“教育服务社会”的教育理念，在创新教育方面也取得了一些经验。本节概述英国高校的教育理念、办学体系、教学质量保障体系和水文与水资源方向学生创新能力培养。

6.5.1　高等教育创新的政策

英国高度重视创新和教育的结合。早在 1993 年，英国政府就发布了白皮书《实现我们的潜力：科学、工程与技术战略》，在肯定通过科技创新提升国家实力的基础上，呼吁社会各部门充分发挥科学、工程和技术的潜力。2004 年，英国政府进一步发布了《科学与创新投资框架 2004—2014 年》，以加大公共财力对创新的投资力度，在国家层面上制订了未来十年英国政府在科技和创新活动上的投资战略。在该投资框架内，对各层次人才的培养进行了统一部署，并对高等教育创新活动进行了具体的规划和思考。2008 年英国政府发布了《创新国家》白皮书，号召全社会协力将英国建成一个创新的国家，该白皮书专章论述了如何推进高层次的人才培养，并在“后续计划”中对大学提出了明确的要求。2011 年，英国政府发布了报告《增长的创新和研究战略》进一步重申创新的重要性，报告明确了大学在整个创新系统中的重要地位，并决定将采取具体措施进一步激发大学的创新潜力。国家政策层面的推动促使了英国在 2009 年发布了战略规划《高教雄心：知识经济中的未来大学》，该规划着眼于高科技人才的培养，倡导英国大学在大学、科研、教学三个领域继续保持世界领先。该报告要求各大高校加强对教学的重视程度，其中一项重要举措就是鼓励高校设置专门的教学型教授。由这一系列文件可以看出，英国政府将创新作为国家战略，不断强调和提高其地位与重要性，同时也对整个教育部门提出了更高的要求（唐一鹏，2013）。

6.5.2 先进的教育理念

高等教育的理念是高等教育的理想，是建立在高等教育规律基础之上的，它反映了高等教育的本质和时代特征，指明了高等教育前进的方向。高等教育的理念在很大程度上决定了办学特色和办学思路。“以学生为中心”的教学理念强调学校不仅是学生学习的地方，更是学生成长、生活的地方。因此，英国高校特别注重对大学生自在、自为意识和创新能力的培养，注重集合学校所有资源为学生成长和成才服务。高校的教学过程特别注重且强调“以学生为中心”。课堂上，老师特别重视与学生的互动和学生对活动的反馈，一般在课堂上会抽出相当时间来通过提问和讨论的方式与学生互动交流，在课堂讨论或分组讨论中，几乎人人都有机会发言，这样学生能够改变被动学习的局面，充分发挥自己学习的主动性，而且可以将自己的观念与老师和同学们进行交流，通过交流、辩论和讨论达到提升的目的。教师则会根据学生在课堂的表现情况判定平时成绩，学生大都在上课前查阅大量资料，以此获取更多的发言机会。另外，为了方便老师和学生之间的交流，部分课程实现小班教学，在课堂组织时没有固定的讲台，且教室内的桌椅可以随意移动，按照课程的需要进行组合。这一方面拉近了老师和学生的距离，同时也方便学生进行分组讨论（郑丹等，2011）。

在每一门课程的大纲中，老师们都会列出每一节的参考书目，学生能够可以根据自身情况进行选择和阅读，这样扩大了学生的知识面。教师在课堂授课时会针对课程重点问题进行详细阐述，并针对具体问题与学生一起进行深入的讨论。课后老师们布置的作业也不仅仅局限于课堂所讲授的内容，因此，学生们为了能顺利作业并积极参与到课堂讨论中去，不仅上课要认真听讲，还需要在课外花费大量的时间查阅并研读相关资料。这也从另外一方面促进了学生的自主学习，避免了学生由于知识量和水平参差不齐而影响课堂教学的效果，同时也可以培养优秀学生的自由探索精神，提高他们利用资料寻找和解决问题的能力，增强学生独立思考和解决问题的能力（郑丹等，2011）。英国高校还特别强调学生的自主学习能力，教师的主要任务是为学生提供学习指导和咨询，通常选择具有前沿性或实用性的内容授课，很少指定教材，只是推荐与课程相关的参考文献，布置的作业大部分只是给出题目，文章的方向、架构和内容完全由学生自主决定（刘铁雷，2011）。

另外，英国大学的教师在课堂教学中非常重视学生对所讲授知识的掌握程度，在教学中注意学生的眼神和肢体语言，并据此判断学生的接受程度并及时调整自己的讲课速度和内容。同时在教学活动中广泛使用各种学生喜欢的方式（Twitter、Facebook，Blackboard 等）来与学生进行交流和回答问题。另外，对于学生的作业，老师们都会采用 Turnitin 在线防剽窃软件系统来检测学生作业的原创性，并有效防止学生剽窃。通过这些技术可以充分调动学生的学习积极性（郑丹等，2011）。老师特别注重培养学生思考问题的独立性和解决问题的创造性。课堂上鼓励学生各抒己见，只要论点清晰、论据充分就可认为回答正确，因此问题没有唯一答案。作业中对有独到见解的作业通常都给分很高，以鼓励学生的创新精神（刘铁雷，2011）。

团队合作精神的培养始终贯穿于教学全过程。学生经常以自由组合或指定的方式组成小组，开展讨论、活动和学习。如研讨会上，学生小组的成员首先各自提出意见，在经过讨论后，最终形成统一结论。教师通常是在总体评价的基础上，给出个人成绩。通过团队合作，学生的领导能力、协调能力、交流能力以及协作精神得到了培养和锻炼。另外，教师鼓励学生对理论和实践的内涵和外延进行全面考证，对其适用范围和局限性进行客观评价，进而提出有效质疑，并经假设推论，寻求合理结论。强调透过现象看本质，不仅要总结可行因素，还要深究其可变性和风险性。教师甚至要求学生对自己思维所基于的理论、假设和论证的架构进行自我挑战。这种批判性思维的培养目标不是为了否定，而是进一步优化和提高（刘铁雷，2011）。

6.5.3　成熟的办学体系

英国的高等教育在世界上一直名列前茅，教育质量举世公认，不仅拥有牛津、剑桥等历史悠久、闻名世界的高等学府，还有一批虽然建校时间短，但发展迅速、富于创新、并已跻身于世界名校行列的新型大学。其重要原因之一就是其成熟的办学体系。多年以来，英国已经形成了一个以保证和提高教学质量为核心，以培养和造就社会经济发展需要的人才为宗旨，及时跟踪世界科学技术的发展动态，以科技创新促教学，以国际标准为尺度，以服务社会为宗旨的成熟的办学体系。英国教育的办学体系具有以下特点：有法律法规的保证、政府的高度重视、权利制衡的管理体系、强烈的市场意识、经费来源广泛、与企业紧密合作、学制多样化、重视质量的提高、专业多维的学生服务等特点（许青云，2012）。

6.5.4　理论-实践-理论的三明治教育模式

在英国部分涉及水文与水资源方向教育的专业采用“理论—实践—理论”的“三明治”人才培养模式。这种模式的课程体系结构为：大一学习数学、物理等自然科学及相关专业的基础课，注重知识广博，大类专业课程相同或类似，学生通过一年级的学习来明确自己的专业特长，避免学生过早盲目地选择专业，有利于学生后面的学习和职业生涯的规划。大二学习专业方向的基础课程，为进一步的专业发展奠定坚实的基础。三年级学生要到国内外的企业进行为期 45 周的实习，通过理论与实践的有机结合，加深对专业的认识，使学生的实践能力得到极大提高。进入四年级学习，学生回到学校继续学习相关课程并完成毕业设计。这种理论与实践相互结合的教育模式使理论与实践在学生层面有机结合，所培养的学生的综合素质和实践能力都较强。“三明治”教育的特点：理论与实践相结合，加深了学生对所学专业的认识，提高学生学习的主动性和积极性；企业实习，加深了学生对社会的认识，在团队合作、交流等方面的技能得到提高；为学生提供了考察自己能力的机会，也提供了提高自己环境适应能力的机会，学生将接受职业指导、经受职业训练，拓宽知识面；通常是带薪企业实习，减轻学生经济负担；通过实际工作锻炼，学生掌握了工作技能，提高了责任心和自我判断能力；通过企业实习，有些学生带回了毕业设计课题。他们有优先被雇主录取的机会，通过“三明治”教育模式毕业的学生比全日制学生的就业率要高，前者为 70%，而后者只有 55%。学生企业实习期间，实行“双导师”，教师有机会与企业界接触，促进教学与生产实际结合。学校能根据企业反馈信息调整专业结构、更新教学内容，从而增强学校的应变能力。工学结合的“三明治”教育模式百年不衰，归功于它切合实际的理念：以职业为导向，以提高学生就业竞争力为目的，以市场需求为运作平台，使得学校教学和课程紧跟市场需求，帮助学生学以致用，实现素质培养、综合应用能力提升的人才培养目标（彭熙伟等，2013）。

6.5.5 有效的教学质量保障体系

英国高校的学生可以参与管理和课程设置制定，课程设置突出了以学生为中心。在课程设置的制定过程中教师要与学生进行足够的讨论，充分尊重学生的意愿。这样在课程设置中可以体现学生的意愿，学生在后续的课程学习过程中会更加的主动和积极，教师在教学活动中更多地扮演引导者的角色（郑丹等，2011）。

英国高校课程学生的成绩评定方法和途径多种多样，涵盖了课堂互动、课程作业、实践环节和书面考试。成绩评定由其他教师和部门的监督，所有涉及规定学分的试卷和论文在任课教师打分后，再进行抽样由社会“考试监督员”进行审查，最后确定分数等级，存入学业档案作为确定学位证书档次的唯一依据。多数课程的书面考试并不占成绩的主要部分，主要依靠平时成绩、课程论文、实践环节的表现来判定成绩。英国高校对学生学习效果的考核采取形成性和终结性评价相结合的方法，即对学生平时课堂表现、完成作业或实验情况，以及课程结束时的考试成绩进行综合评价。形成性评价一般占总成绩的 50%左右，同时，只要这两项评价中有一项不及格，该门课程就无法通过。因此，学生靠突击往往不能及格。部分高校没有补考环节，因此，不及格就意味着拿不到毕业证书（刘铁雷，2011）。任课教师也不用考虑课程通过率或者其他因素而降低考核标准，有效保证了课程成绩评定的真实和客观。在学生完成所有课程的学习达到毕业要求后，学校会根据其成绩来对学位进行等级的划分，一般将学位证书分为四个等级：一等（A first class degree）、二等甲（Upper second class degree）、二等乙（Lower second class degree）和通过（Pass）。不同等级的学位证在社会上和业界的认可程度也不一样。一等学位可以保送直读研究生且更受就业单位的青睐，而通过等级的学位在就业时可能会有些困难。这种分等级颁发学位证书可以使学位证书和学生在校学习成绩关联起来，可以起到鼓励学生学习的目的，也可以避免学校因担心毕业率而降低考核的要求（郑丹等，2011）。

英国还有高等教育质量保障署（QAA：Quality Assurance Agency）来进行教学质量评估，QAA 的主要考察内容有：学校内部用于保证教学质量的结构和机制是否有效；用于保持合理的学术标准和提高研究生的研究课程质量的各项措施是否有效；基于内部外部信息和反馈对提高教学质量所采取的措施是否有效；学校发布有关学历学位的信息是否准确和完整等。其评价的主要目的不是直接评价高校的教育质量，而是评估其内部质量保障机制的有效性。这样学校可以根据自身的特点在质量评估体系下，坚持自己的办学思路和办学特点建立自己的教学质量保障体系，而不会为了故意迎合教学评估而改变自身的教学理念和教学方法（郑丹等，2011）。

6.5.6 实用高效的教学实践

英国高校的教师无论职位高低都有担任导师的义务。许多学校将新生与导师交流作为强制性规定纳入教学计划。导师不仅要帮助学生建立学业发展规划、选修课程，还要对学生的学习和生活进行咨询和引导。导师对学生的指导都要求记录在案，并接受检查。双方的交流是民主而开放的，既有利于对学生的因材施教，同时也开拓了教师的视野，达到教学相长的目的。英国高校的课程一般由大班授课、小班辅导、实验操作和自学学时组成。每学期通常设有 3 ~ 5 门必修课和 1 ~ 2 门选修课，周课时一般不超过 20。由于安排有大量的自习时间，总课时总体充足。课程设置密切结合社会和行业需求，课程的涵盖面比较广。同时，注重课程之间的整合，以避免相同内容在不同课程中重复出现，同时保障了教学内容的连贯性（刘铁雷，2011）。

6.5.7　以学生为中心的辅助设施

英国高校还普遍提供众多的以学生为中心的辅助设施，如课程指南、图书馆、网络辅助教学系统和无线网络等。每门课程都配备有专门的课程指南，包括课程的主要知识点、概念、参考文献和学习要求等内容。让学生特别是新生和国际学生能够更快地适应环境，有针对性地投入到课程的学习中去。另外，英国高校普遍重视图书馆的建设，特别是图书资源和电子资源的建设，图书馆藏书丰富，包括各种书籍、文献、报纸和光盘视频资料等。图书馆设施完善，提供有 24 小时机房供学生学习和查阅资料用，并设置专门的培训和讨论场所，定期面对全校师生提供相关的讲座，如文献查阅课程培训、参考文献引用培训、网络资源应用培训等等。图书馆全天开放，可以实现图书的自动借出和归还，还提供自助扫描复印等设施，为学生提供方面，极大地满足了全校学生的学习需求。除了课堂教学，几乎所有高校都有自己的网络辅助教学系统，系统由教师和专门的技术人员共同完成，教师提供素材和思路，然后借助系统方便快捷的各种功能将之转换为友好的操作界面，学生可以在校内外随时登陆并使用这些辅助教学系统。英国高校都有覆盖所有工作和生活区的无线网络覆盖，学生可以通过网络中心提供的账户随时随地访问无线网络。且部分高校之间实现了账号的互通互联，学生在其他高校也可以使用自己的账号来访问无线网络，极大地提高了各高校学生之间互相访问和交流的便利性。

第7章　水文与水资源工程专业创新人才综合能力提升培养模式

如前所述，美国、加拿大、澳大利亚、俄罗斯和英国在水文水资源高等教育取得了许多成功经验，造就了一批国际一流的水文学家，创新人才培养成效突出。本章主要进行中外水文与水资源工程专业创新人才综合能力对比与提升模式研究。

7.1　中外水文与水资源工程专业创新人才综合能力对比

本节主要从学术诚信、实践能力、表达交流能力和创新思维等方面进行中外水文与水资源工程专业创新人才综合能力对比。

7.1.1　学术诚信

国外大学学生入学指南和课程教学大纲都严格规定学术诚信规定，纪律严明，处罚严重。在校期间，学生都非常认真、诚实学习，很少有抄袭作业、研究报告和实习实验等现象，校园学习气氛浓厚，人人勤奋努力。课堂上很少有学生睡觉、玩手机和做与课程无关的事情。课程测验和期末考试一般由任课老师监考或一名监考老师，没有作弊现象发生。即使有些考试回家答题，也很少有抄袭，一旦发现作弊，立即做出严格处理。这种重视学术诚信，体现学生自己发奋工作，培养了科学研究的必备品质。毕业后，学生也遵纪守法、认真工作，很少有作弊现象发生。

我国部分学生受校外环境影响，缺乏专业目标正确的认识，学习努力不够，各校仍然需要加强正确的人生观、追求科学和崇尚真理的大学精神文化、学术诚信教育，培育学生扎扎实实的工作态度。在教学中，补充一些国际著名水文学学家探索水文科学的历程和国家使命感讲授内容。

7.1.2　实践能力

由于国外开办水文与水资源教育方向的大学强调“以学生为本”的教学方法，培养了学习主动性和创新性思维激发。大学期间，学生学会了试验设计、各种制作技术、使用水文仪器操作和计算软件、调查技术和团队合作等，动手能力较强，他们能够很快进入设计和研究过程，自制和加工仪器，这些都体现了他们具有较高的动手能力。

我国水文于水资源工程专业学生具有宽广、扎实的基础理论课程学习经历，其中许多专业基础、专业课程是国外硕士阶段的学习课程，也是国外许多大学非常看重和认可的优势。但是，由于过多地重视了理论课程学习，一些学校由于教学条件限制，学生实习、参加各种水文水资源工程设计、研究机会较少，遇到一些工程设计和研究问题，往往依赖于老师、范例，进入设计和研究过程较慢，自制和加工仪器困难重重。因此，需要进一步加强学生实践能力培养。

7.1.3　表达交流能力

国外水文与水资源教育方向的大学课堂气氛活跃，教师为学生讨论问题创造机会，师生互动效果好。几乎每一门课程都有课题研究方案（project），除完成课题研究报告外，学生需要进行 10~15 分钟的发言和回答问题。这些举措培养了学生较强的口头表达和交流能力。

我国水文与水资源专业课程门数和学时较多，学生规模较大，一般 60 人左右为授课标准班，教师把大量的教学时间花费在理论知识讲解，学生以听课为主，课堂讨论和发言的时间安排较少。另外，虽然学生在校期间经过课程设计、毕业设计和毕业论文、各种研究计划等经历，但是，这些训练大多数以提交书面报告为主，学生缺乏口头汇报和交流环节训练。因此，一些学生在公众场合如何充分地展示自己、表达自己观点以及与对方交流等方面需要进一步加强训练。

7.1.4　创新思维

国外学校也会为学生提供"本科生研究计划（Undergraduate Research Program）"，鼓励本科生参加工程设计和研究项目。国家土木工程学会、国家水文学会等组织暑期培训班，学校与一些工程公司合办"暑期研究伙伴（Summer Research Fellowship）"，吸引本科生参加夏季学期项目研究。许多系定期举办研究项目 Poster 展示，并进行优胜者奖励。对于一项课题或设计，学生结合成小组，自行查阅文献，拟订方案和实施步骤，小组成员工作努力，培养了学生积极创新思维的能力。

我国水文与水资源工程专业也有参加老师各种工程设计和研究项目、各种大学生创新研究计划等训练。一些学生在校期间课程学习任务较多，学校虽然设立了各种奖励机制，但是，这些活动没有计入学分。学生普遍在这些工程设计和研究项目方面花费时间较少，课题或设计大多数按照范例和前人的思路和方案完成，缺乏创意性的思维。因此，创新思维的能力培养仍需进一步加强。

7.2　水文与水资源工程专业创新人才综合能力提升培养模式

根据创新人才内涵，结合我国高校实际和水文水资源学科发展，吸收国外先进的水文水资源教育思想，提出以厚基础、重视工程实际和科研训练、具有国际化视野等为支撑条件的创新人才培养总体框架，如图 7-1 所示。

7.2.1　培养方案

培养方案包括培养目标体系、基本要求、主干学科及相关学科、核心课程、实践教学环节、学分分配、学制、学位与毕业条件。

7.2.1.1　教育理念与培养目标

教育理念：思想品格教育与水文水资源工程专业教育并重，实行高校、水文水资源科研院所与行业企业联合，产学研合作、文理结合、开拓国际视野、接受不同教学风格、求实创新、多元校园文化和以学生学习为中心的教育理念。

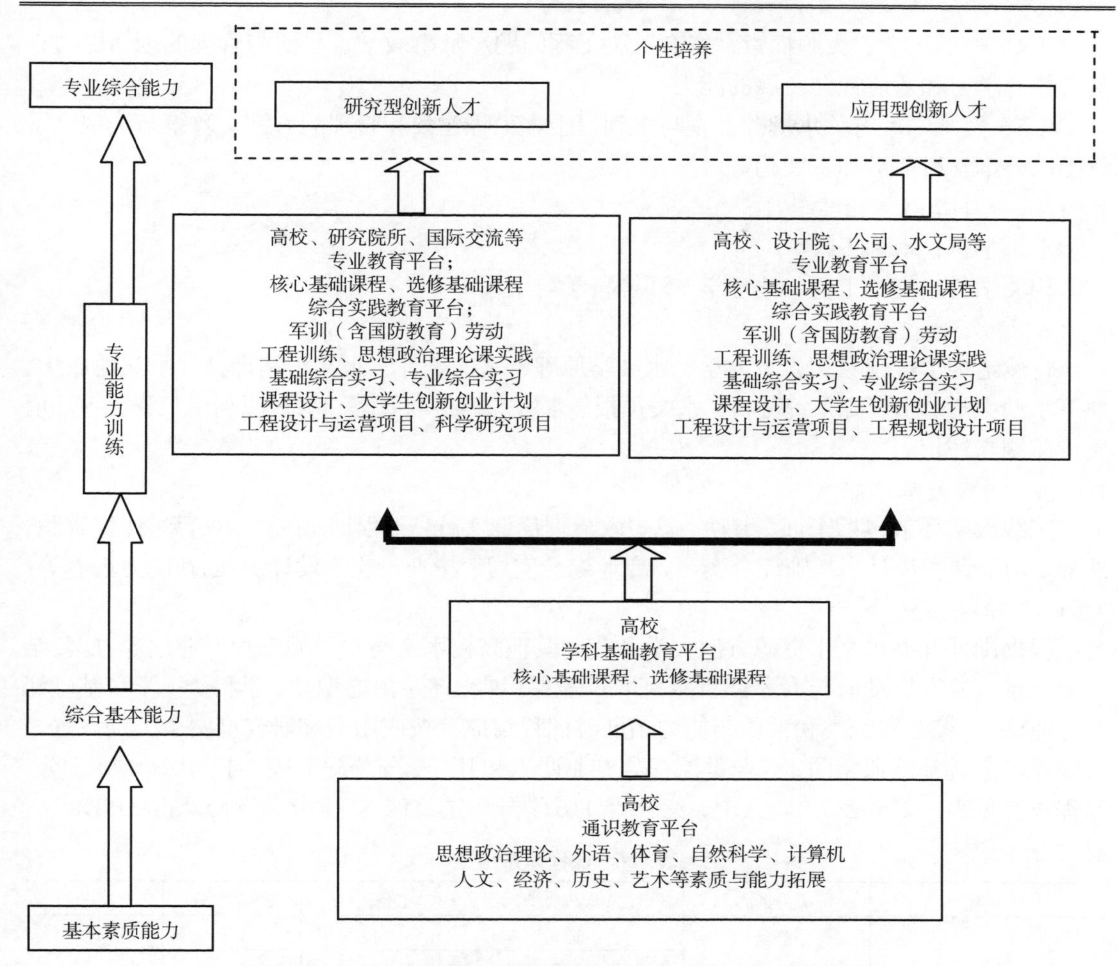

图 7-1　水文与水资源工程专业创新人才综合能力提升培养模式

培养目标：培养具有水文学、水资源学和水环境学理论与技术，掌握自然科学与人文科学知识的研究型与工程应用型高级复合型专业人才。毕业生能够在水利、土木、农业、林业、环境、教育和研究等部门从事工程勘测、规划、设计、管理、教学与科学研究工作。具备身心健康、崇尚科学、追求真理和国家使命感、知识结构合理、国际视野和团队合作精神；具有解决工程问题、从事教学、科研与管理的开创能力。

7.2.1.2　基本要求

主要学习水力学与水文学、水文水资源及环境信息的采集与处理、水文地质、水资源调查评价与规划、水资源开发利用工程、水资源保护与管理方面的基本理论与技术。接受信息技术、实验测试等基本技能训练，具有从事本专业生产、科研与管理的能力。

（1）热爱祖国，遵纪守法。具备扎实的自然科学基础知识，熟练应用计算机解决实际问题，具备开展国际合作交流、良好的科学素质和学术诚实。

（2）掌握水文水资源试验、水资源规划管理、水环境保护和水灾害防治的基本理论与技术。

（3）具备宽厚的水利工程学科基础，熟悉土木工程、环境工程方面的基本方法及技能。

（4）遵循科学，大胆探索，富有解决工程问题、从事教学、科研与管理的创新能力；具有终身学习和适应社会发展的能力。

（5）熟悉国家有关水资源开发与水利、土木工程建设和管理的方针、政策与法规，了解国内外本学科前沿和发展趋势。

7.2.1.3　主干学科及相关学科

主干学科：水利工程。

相关学科：土木工程、地理学、环境科学与工程。

7.2.1.4　核心课程

自然地理学、气象学、水力学、水文学原理、水文统计、水文水利计算、水文地质学、地下水动力学、水资源系统分析、水文预报、水资源评价与管理、水资源利用工程、水环境质量监测与评价。

7.2.1.5　实践教学环节

实践教学环节包括军训、劳动、思想政治理论课实践、工程训练、社会实践、课程实验、课程实习、课程设计、基础综合实习、专业综合实习、毕业论文（设计）、创新能力培养等。

7.2.1.6　学分分配

根据国外开办水文水资源方向大学和我国其他高校水文与水资源工程专业培养方案，结合水文水资源发展动向与人才创新能力培养需要，课程体系由通识类、学科类（学科基础课和专业课）、综合实践类和素质与能力拓展类课程组成，按应用型和研究型两个类别设置，基础课与学科基础课相同，专业类课程分专业课Ⅰ和Ⅱ。学分分配见表 7-1，共计 170 学分，课程设置见表 7-2 至表 7-4。其中，必修课 116 学分，选修课 54 学分，选修课占 31.8%。

表 7-1　课程体系组成

分类	比例/%	课程类型	必修/学分	选修/学分	合计/学分
通识类	38.8	政治	12		12
		英语	12		12
		体育	4		4
		自然科学	25.5	2	27.5
		计算机	2.5	3	5.5
		通识类选修	1	4	5
		小计	57	9	66
学科专业类	35.9	学科基础与专业课	25	36	61
综合实践类	20.6	综合实践	26	9	35
综合素质类	4.7	素质与能力拓展	8		8
总计	100		116	54	170

课程设置与修订的依据有：

（1）根据国际和我国水文与水资源工程本科专业人才需求格局以及水文与水资源工程专业特点，本方案按研究型、应用型人才培养，突出个性培养。研究型人才主要面向科学研究单位、教学单位等，培养具有科学研究创新能力的人才。应用型面向工程设计单位、管理单位等，培养解决工程实际问题和管理的创新能力人才。

（2）水文水资源问题一般具有高维性和复杂性，是一个复杂的巨系统。定量描述这类问题是水文水资源工作者追求的目标，其复杂的模型是取得创新进展必备的条件。因此，本方案自然科学类课程增加了数理统计、计算方法、积分变换、数学物理方程和复变函数课程，为学生学习水文学原理、地下水动力学等课程打下坚实的数学基础，也为流域水文模型、流域水环境创新研究能力培养奠定基础，避免现有教学环节中只讲授控制方程求解思路，无法解释清楚求解过程。

（3）国外开办土木工程和环境工程专业的大学要求学生熟练应用 Mtalab 和 Fortran 语言。其原因是 Mtalab 采用矩阵为计算单元，具有丰富的计算函数库，包含了工科大多数计算的问题，算法稳定，方便于工程计算。另外，现有许多产流、汇流、水力学和水环境计算问题早先大多采用 Fortran 语言编写，具有计算速度快的优点。因此，本方案计算机类课程增加程序设计基础（Mtalab）、程序设计基础（Fortran），为学生解决复杂的工程水文问题仿真和模拟提供支撑。

（4）目前，国外的水文水资源工程和研究都以“3S”技术为平台。我国许多高校开设了遥感、地理信息系统等课程，他们之间是相互联系的。本方案学科基础类课程将这些课程合并，力求给予学生完整的体系框架。另外，鉴于水文模型需要计算下渗问题，现有课程缺乏动力学模型。本方案学科基础类课程增加土壤水动力学课程，为学生从事水文模型创新开发和研制打下基础。

（5）增加开设水文学原理、水文统计、水资源系统运行调度 3 门双语课程，以国外原版书籍为蓝本进行教学，条件较好的学校可以聘请国外教师授课，开拓学生国际视野。

（6）专业类课程根据研究型和应用型人才的特点设置。研究型主要掌握现代水文水资源原理技术和发展动态，掌握专业的基本原理和方法。本方案专业 I 研究型课程补充了遥感水文学、随机水文学、计算水力学、分布式水文模型、城市水文学、同位素水文学、湖泊湿地水文学、地下水流数值模拟、水文水资源专业英语阅读和水文水资源研究进展等课程。应用型基本上维持现有课程。

（7）与国外开办水文水资源方向大学的学生相比，我国学生课堂讲授偏多。考虑创新人才主动学习和培养创新能力的需要，本方案综合实践类课程增加了核心课程课程设计的门数，供学生自由选择，培养他们创新性解决工程实际问题的能力。

（8）通识类选修课可按武汉大学开设通识课选修，见表 7-2 ~ 表 7-4。

表 7-2　水文与水资源工程专业课程设置（一）

分类	课程类型	课程名称	学分	类型	备注
通识类	思想政治理论课	中国近现代史纲要	1.5	必修	必修课 12 学分
		思想道德修养与法律基础	2.5	必修	
		马克思主义基本原理	2.5	必修	
		毛泽东思想和中国特色社会主义理论体系概论	3.5	必修	
		形势与政策	2	必修	
	英语	大学英语	12	必修	必修课 12 学分
	体育	体育	4	必修	必修课 4 学分
	自然科学	高等数学	11	必修	必修课 25.5 学分 选修 2 学分
		线性代数	2.5	必修	
		概率论与数理统计	3	必修	
		大学物理	6.5	必修	
		大学化学	2.5	必修	

续表

分类	课程类型	课程名称	学分	类型	备注
通识类		计算方法	2	选修	
		积分变换	2	选修	
		数学物理方程	2	选修	
		复变函数	2	选修	
	计算机	大学计算机基础	2.5	必修	必修课 2.5 学分 选修 3 学分
		程序设计基础（Mtalab）	3	选修	
		程序设计基础（Fortran）	3	选修	
		程序设计基础（VB）	3	选修	
	通识类选修	新生研讨课	1	必修	必修课 1 学分 选修课 4 学分
		科技发展与文明传承	1	选修	
		文明对话与国际视野	1	选修	
		人文素养与人生价值	1	选修	
		自然环境与社会发展	1	选修	
		经济管理与社会科学	1	选修	
学科类	学科基础课	画法几何与工程制图	4	必修	必修课 22 学分 选修 27 学分
		水力学	4.5	必修	
		工程测量	2.5	必修	
		气象与气候学	2	必修	
		自然地理学	3	必修	
		水文学原理（双语）	3	必修	
		水文水利计算	3	必修	
		水文统计（双语）	2	选修	
		水文信息采集与处理	2	选修	
		理论力学	4	选修	
		材料力学	2	选修	
		水分析化学	3	选修	
		工程地质与水文地质	3	选修	
		土壤水动力学	2	选修	
		计算机绘图	1.5	选修	

表 7-3　水文与水资源工程专业课程设置（二）

分类	课程类型	课程名称	学分	类型	备注
学科类	学科基础课	工程结构	4.5	选修	
		3S 原理与应用	2	选修	
		水环境质量监测与评价	2	选修	
		水资源系统分析	2	选修	
		水利工程经济	2	选修	
		河流动力学	2.5	选修	
		地下水动力学	2	选修	
		水文地质勘察	2	选修	
		水利土木工程概论	1	选修	
		环境学概论	1	选修	
		生态学概论	1	选修	
		科研基本方法	1	选修	

续表

分类	课程类型	课程名称	学分	类型	备注
学科类	专业课 I 研究型	水利法规与工程伦理	1	选修	
		水资源评价与管理	3	必修	必修课 3 学分 选修 9 学分
		水资源系统运行调度（双语）	2	选修	
		灌溉排水工程学	2	选修	
		水文预报	2	选修	
		水环境保护	1.5	选修	
		水灾害防治	1.5	选修	
		水资源利用工程	3	选修	
		遥感水文学	2	选修	
		随机水文学	2	选修	
		计算水力学	2	选修	
		分布式水文模型	2	选修	
		城市水文学	1.5	选修	
		同位素水文学	2	选修	
		湖泊湿地水文学	2	选修	
		地下水流数值模拟	2	选修	
		水文水资源专业英语阅读	1	选修	
		水文水资源研究进展（高校、科研单位、外国专家讲座）	1	选修	
	专业课 II 应用型	水资源评价与管理	3	必修	必修课 3 学分 选修 9 学分
		水资源系统运行调度（双语）	2	选修	
		灌溉排水工程学	2	选修	
		水文预报	2	选修	
		水处理工程	2	选修	
		水灾害防治	1.5	选修	
		水资源利用工程	3	选修	
		水资源规划	1.5	选修	
		水文自动测报系统	1	选修	
		水务管理	1.5	选修	
		城镇供排水	2	选修	
		工程水文水资源问题（设计院、工程单位讲座）	1	选修	

表 7-4 水文与水资源工程专业课程设置（三）

分类	课程类型	课程名称	学分	类型	备注
综合实践	综合实践	军训（含国防教育）	2	必修	必修课 26 学分 选修课 9 学分
		劳动		必修	
		工程训练（乙）	2	必修	
		思想政治理论课实践	4	必修	
		基础综合实习	4	必修	
		专业综合实习	3	必修	
		毕业论文（设计）	10	必修	
		水资源评价与管理课程设计	1	必修	
		水文信息采集与处理实习	1	选修	
		水资源规划课程设计	1	选修	
		水文分析与计算课程设计	2	选修	

续表

分类	课程类型	课程名称	学分	类型	备注
综合实践	综合实践	水利计算课程设计	2	选修	
		水文预报课程设计	1	选修	
		水文信息采集与处理课程设计	1	选修	
		水利工程经济课程设计	1	选修	
		水灾害防治课程设计	1	选修	
		随机水文学课程设计	1	选修	
		水资源系统运行调度课程设计	1	选修	
素质与能力拓展			8	必修	必修课8学分

7.2.1.7　学制与学位

学制四年，获工学学士学位。

7.2.2　教学方法

根据国外开办水文水资源方向大学教学的成功经验，上述培养方案实际上是以“基础板块（通识类）”+“专业基础板块（学科基础类）”+“专业板块（专业类）”+“专业交叉与素质板块（素质与能力拓展）”为课程体系。该方案实施必须贯穿于整个大学四年的教学过程，是一个学生、教师、学校和社会等组成的系统工程。根据这一特点，本项目在大量调查和分析的基础上，提出以下教学方法。

（1）实施小班研讨式教学。我国学生规模较大，课堂班级一般有2个班60人左右，有的学校甚至3~4个班90~120人。希望每个学生发言讨论，需要占去很多时间，无法完成教学内容，难以进行研讨式教学，无法启发学生思维。因此，根据我国实际情况，学科基础课和专业课程必须克服教师、教室不足等各种困难，实施不超过30人的小班教学。

（2）减少教师的教学工作量。我国高校大多数教师每年要讲授3~4门课程，教学任务十分繁重，缺乏足够的时间准备教学材料，难以开展启发式和研讨式教学，这也是影响创新人才培养的原因之一。因此，我们要减少教师的教学工作量，一名教师一个学期一门课程，给予足够的时间进行教学设计，特别是有利于激发学生思维的方法。

（3）核心课程实施以“工程实例-科学问题-理论方法-工程实践-实地应用”为理念的教学方法。水文与水资源工程专业核心的课程有自然地理学、气象学、水力学、水文学原理、水文统计、水文水利计算、水文地质学、地下水动力学、水资源系统分析、水文预报、水资源评价与管理、水资源利用工程、水环境质量监测与评价等。与国外不同，我国有这些课程统编的教材，方便了学生学习。但是，长期以来，这些教材附有一些简单的习题，各题之间相互独立，是学生考试的法宝。教师课堂讲授原理，课后布置作业，虽然有利于各章节内容学习和复习巩固知识，但是，缺乏系统联系，与实际问题距离较大，难以培养学生解决工程实际问题，也缺乏创新能力的培养。国外开办水文水资源方向大学的教师在讲授中给出他们当地水文水资源问题，包括研究目的、研究区存在科学问题和技术难题，目前取得进展，研究思路，采用的主要方法技术，取得的主要结果以及在实际中的应用情况。实际上，它是一个工程实际应用或科学研究实例，体现了“工程实例-科学问题-理论方法-工程实践-实地应用”为理念的教学方法，把讲授课程内容和其他课程知识有机地联系在一起，引导学生如何研究和解决实际问题，鼓励学生想象，提出新的思路。因此，本方案建议以流域或区域问题为背景，使用国外大学的这种教学方法进行本专业核心课程教学。通过这种模式，使学生掌握立题、查阅文献、制订方案、收集资料、设计或研究、撰写报告和汇报等过程。

1）编写课程工程实际应用或科学研究实例。核心课程实施教学团队或课程小组讲授，组织力量，搜集与课程有关的工程应用和研究材料，编写工程实际应用或科学研究实例。

2）讲解课程工程实际应用或科学研究实例。按照课程进度，分批讲解课程工程实际应用或科学研究实例。鼓励学生质疑、大胆思维、发现问题，并把学生表现纳入课程成绩考核，激发学生学习的积极性和创新性思维。

3）增加课题方案（project）环节。与国外不同，我国高校有课程设计，课目很有限。因此，课程教学团队或课程小组应准备足够的研究背景、数据、研究材料。划分小组（2~3人），每小组课题题目不同，避免作弊现象发生。课题方案完成后，提交书面报告，并进行课堂发言汇报和回答问题。

4）改善现有课后学习。把现有课本后的习题作为思考题或练习题。要求教师结合科研和工程设计问题编写作业，作业内容经常变动，根据教学进度，增加布置一定数目的中文和外文阅读文献和参考书目，并把阅读文献和参考书目纳入课程考核，多方位营造学生主动性学习，培养他们创新能力。

5）加强国际交流。充分利用暑期海外访学计划、联合培养计划等，聘请外教授课，开拓学生国际视野，提供学生更多的学习经历。

6）实施工程设计、科研和公司等单位与高校合作培养，为应用型和研究型人才提供优质的培养平台。

（4）完善现有课程设计。课程设计是我国水文与水资源工程专业教育的特色，培养了学生综合运用知识解决工程实际问题的能力。但是，大多数学校的课程设计题目、背景和内容多年一成不变，随着时间推移，这些工程所在区出现了许多新问题。另外，全班学生统一一个题目，学生经常借用高年级设计作为参考，难以克服作弊现象。学生只需提交书面报告，没有汇报、回答和讨论问题。因此，建议课程设计题目和内容经常变化，或增加设计题目和内容，按小组分配不同的题目和内容。课程设计完成之后，增加发言汇报、回答和讨论问题，计入课程设计成绩考核之中。

（5）做好大学生各种科技创新项目工作。我国高校有许多大学生科技创新资助项目，对于学生集中时间进行科技创新尤为重要。建议增加奖励制度，鼓励学生积极参与，培养他们的科技创新能力，营造浓郁的创新与学术气氛。

（6）做好大学生毕业设计或毕业论文环节。毕业设计或毕业论文是我国水文与水资源工程专业教育的特色。目前，由于就业压力，一些学生在毕业设计或毕业论文花费时间不够。因此，需要积极引导学生参与教师科研或工程设计项目，保证毕业设计或毕业论文质量。

（7）完善成绩考核办法。我国高校非常重视教学质量，建立了各种督查教学机制。许多学校规范考试试题和课程考试办法。如试题 4~6 种题型（名词解释、填空题、选择题、判断题、简答题、论述题、计算题、改错题、设计题），客观题一般不超过 40 分。建议增加测验、课堂参与表现和课题方案考核，课程总评成绩由测验、期末考试、作业、课堂参与表现和课题方案组成，各项权重根据各校实际确定，但需满足平时权重大于期末考试，避免学生过分地追求考试成绩，把更多的时间放在平时进行兴趣问题的探讨。

7.3　水文与水资源工程专业创新人才综合能力评估体系

我国从 20 世纪 80 年代中期开始倡导培养创新型人才。目前，普遍认为创新型人才强调个人应该具备创新精神、创新思维，拥有创新能力，能够创造性地解决问题。创新型人才与技能型人才、应用型人才、研究型人才等一样，创新是这类人才的基本特征（韩瑜，2010；徐源，2013；曹丽娟，2010、2013；王慧慧，2012；杨金保，2015）。

7.3.1　水文与水资源工程专业创新人才综合能力评估指标体系

水文与水资源工程专业创新人才综合能力评估是一个复杂的系统工程，涉及学生、教师、学校等。本节根据创新人才的内涵，遵循以下原则进行创新人才综合能力评估指标选择（韩瑜，2010；徐源，2013；曹丽娟，2010、2013；王慧慧，2012；杨金保，2015）：

（1）科学性原则。指标定义明确，计算方法简便，尽可能全面、客观地反映和描述创新型人才。

（2）可获取性原则。评价指标尽可能满足可操作和指标的可度量性，能够从现有调查和资料方便获取。

在参照国内一些学者研究的基础上（韩瑜，2010；徐源，2013；曹丽娟，2010、2013；王慧慧，2012；杨金保，2015），评估指标体系见表 7-5。

表 7-5　水文与水资源工程专业创新人才综合能力评估指标体系

目标层	指标	指标说明
基础素质	道德品质	世界观、价值观、人生观
	学术道德	考试作弊、学术不断行为
	心理健康	辨别是非，正确对待挫折，坚强的毅力
	外语水平	听、说水平；水文与水资源工程专业文献阅读能力和写作能力
	程序设计	阅读和编写专业问题计算机求解程序能力
创新意识	兴趣	对待水文水资源工程设计或科学研究问题热衷兴趣
	追求科学	崇尚科学、善于发现水文水资源问题和积极思维
创新精神	主动性	独立性、钻研水文水资源科学问题精神
	团队合作	团队合作研究水文水资源问题和集体活动
知识结构	素质教育类	通识类选修（人文、社科、艺术、经法等）课程平均成绩
	自然科学类	自然科学类课程平均成绩
	计算机类	计算机类课程平均成绩
	学科基础类	学科基础类课程平均成绩
	专业类	专业类课程综合平均成绩
	综合实践类	综合实践类课程平均成绩
创新表现	工程设计	主持工程设计项目数×20+参与工程设计项目数×10
	科研项目	主持科研项目数×20+参与科研项目数×10
	发表论文	SCI 论文数×40+ EI 论文数×20+一级期刊论文数×20+核心期刊论文数×10+ 其他论文数×5
	出版专著	国外出版专著数×60+国内出版专著数×30
	工程报告	独立撰写报告数×20+参与撰写报告数×10

续表

目标层	指标	指标说明
创新表现	研究报告	独立撰写报告数×20+参与撰写报告数×10
	专利	发明专利数×40+实用新型专利数×20+外观设计数×20
	成果应用	成果转化数目×100 +管理部门采纳建议数目×50
	获奖情况	省部级以上获奖数目×100+学校、社会团体获奖数目×50
	学术交流	学术会议数×20+国内学术会议数×10

7.3.2　水文与水资源工程专业创新人才综合能力人工神经网络评价模型

人工神经网络（Artificial Neural Network，ANN）的形式很多，本节根据水文与水资源工程专业创新人才综合能力评价研究问题的特点，选用 BP 网络作为 ANN 建模的基本网络。

BP 网络是一种多层前向神经网络。图 7-2 所示为一典型的三层（输入层、输出层和一个隐含层）ANN 结构示意图。图中输入层由 n 个单元（神经元或结点）组成，x_i（i=1, 2,⋯, n）表示其输入；隐含层由 p 个单元组成，输出层由 q 个单元组成，y_k（k=1, 2, ⋯, q）表示其输出。

用 w_{ij}^h（i=1, 2,⋯, n；j=1, 2,⋯, p）表示从输入层到隐含层的连接权，用 w_{jk}^o（j=1, 2,⋯, p；k=1, 2,⋯, q）表示从隐含层到输出层的连接权。一般地，一个 ANN 若有 m 个隐含层，且每个隐含层均由 p 个单元组成，则可将其表示为 ANN（n, m, p, q）。在图 7-2 所示的 ANN 中，用 z_j^h 表示隐含层的输出，则其算式为

$$z_j^h = f(s_j) = f(\sum w_{ij}^h x_i + \theta_j) \quad (i = 1,2,\cdots,n; j = 1,2,\cdots,p) \tag{7-1}$$

式中：f（s_j）为生物神经元特性的 S 函数（Sigmoid 函数），亦称响应函数或激活函数；s_j 为 j 单元的输入；θ_j 为阈值。对输出层，式（7-1）中的 $i \to j = 1,2,\cdots,p$；$j \to k = 1,2,\cdots,q$。当隐含层为 m 层时，式（7-1）中的 h=1，2，⋯，m，且当 h >1 时，i=1，2，⋯，p。具体应用时可用 tansig（s_j）、logsig（s_j）等函数。

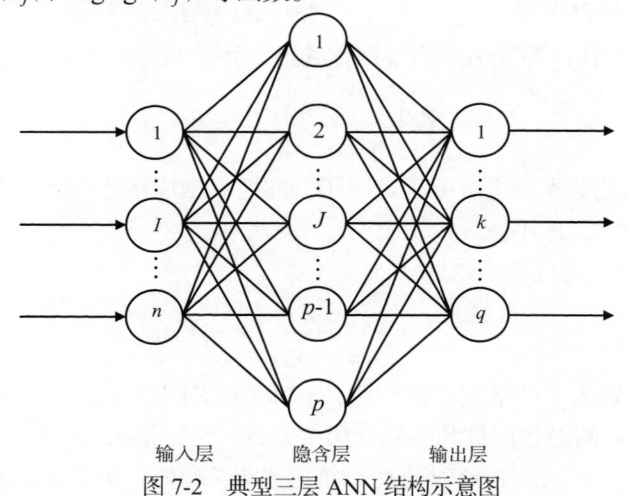

图 7-2　典型三层 ANN 结构示意图

其中：

$$\text{tansig}(s_j) = \tanh(s_j) = \frac{e^{s_j} - e^{-s_j}}{e^{s_j} + e^{-s_j}} \tag{7-2}$$

$$\text{logsig}(s_j)=\frac{1}{1+e^{-s_j}} \tag{7-3}$$

当给定一组学习（输入）模式 x_t（i=1, 2,⋯, N），并给定 ANN 结构，即可用适当的算法对 ANN 进行训练，使其输出 $\hat{y}_i$ 与实际输出 y_i 之间的误差 E 小于等于一限定值 E_o，即 $E \leqslant E_o$，则训练结束，相应的 ANN 及其参数便构成所求问题的 ANN 模型。这是现行的误差控制准则，即

$$E=\frac{1}{2}\sum_{i=1}^{n}(y_i-\hat{y}_i)^2 \tag{7-4}$$

7.3.2.1　模型的基本形式

设水文与水资源工程专业创新人才综合能力评价指标序列为 x_{ij}，评价等级序列为 y_i，i=1, 2,⋯, N；j=1, 2,⋯, m，N、m 分别表示指标序列容量和评价指标数目。则有

$$y_i=f(x_{ij}) \tag{7-5}$$

式（7-5）表明，ANN 模型的输入层有 m 个单元（x_{ij}；j=1, 2,⋯, m），输出层有一个单元（y_i）。

7.3.2.2　模型建立步骤

模型建立的步骤如下：

（1）根据水文与水资源工程专业创新人才综合能力评价等级标准，见表 7-6。采用随机技术模拟生成足够数量的评价指标序列，以这些指标生成序列和其所属的评价等级值构成建模序列。设第 k 个评价等级中评价指标取值的下限和上限分别 b_j^k 和 a_j^k，y_i^k 为其相应的评价等级值（其中，i=1, 2,⋯, n_k；j=1, 2,⋯, m；k=1, 2,⋯, K, n_k 为按第 k 个评价等级生成指标序列容量，m 为评价指标数目，评价等级数目为 K），则评价指标随机模拟公式为

$$x_{ij}^k=\text{RAND}(x)*(b_j^k-a_j^k)+a_j^k \tag{7-6}$$

通过式（7-6），对于第 k 个评价等级可生成 n_k 组（x_{ij}^k, y_i^k）。对所有（x_{ij}^k, y_i^k），k=1, 2,⋯, K，重新编排下标，可得序列（x_{ij}, y_i），i=1, 2,⋯, N；j=1, 2,⋯, m。

（2）评价指标和评价等级值序列规格化处理。评价指标按下式进行规格化处理。

$$x'_{ij}=\frac{x_{ij}-x_{\min}^j}{x_{\max}^j-x_{\min}^j}\alpha+\beta \tag{7-7}$$

式中：α 和 β 为规格化数据的上下限限定因子，即把数据规格化在[β,α]之间；$x_{\max}^j$ 和 $x_{\min}^j$ 分别为第 j 个指标的最大、最小值。

评价等级值按下式进行规格化处理：

$$y'_i=\frac{y_i-y_{\min}}{y_{\max}-y_{\min}}\alpha+\beta \tag{7-8}$$

式中：$y_{\max}$ 和 $y_{\min}$ 分别为 y_i 的最大、最小值；α 和 β 意义同前。

（3）选取 ANN 的隐含层数和各隐含层单元数，给定输出与实际输出之间的误差限定值 E_o。根据序列（x_{ij}, y_i），对 ANN 进行训练。当 $E \leqslant E_o$ 时，则训练结束。相应的 ANN 结构参数、权重和阈值便构成水文与水资源工程专业创新人才综合能力评价 ANN 的模型。

（4）水文与水资源工程专业创新人才综合能力。设水文与水资源工程专业创新人才综合能力评价指标值为 x_{ij}（其中，i=1, 2,⋯, n；j=1, 2,⋯, m；n 为评价区指标序列容量，m 为

评价指标数目）。将 x_{ij} 代入式（7-7）进行规格化处理，并以规格化处理化后的值 x'_{ij} 作为 ANN 的输入值，按上述训练获得的 ANN 结构参数及权重和阈值，通过计算得到输出的规格化值 y'_i。由式（7-9）可得评价等级值 y_i，即

$$y_i = \frac{(y'_i - \beta)(y_{\max} - y_{\min})}{\alpha} + y_{\min} \tag{7-9}$$

表 7-6　水文与水资源工程专业创新人才综合能力指标评价等级标准

序号	评价指标	评价等级		
		1 级	2 级	3 级
1	道德品质	≥85	[70，85）	<70
2	学术道德	≥85	[70，85）	<70
3	心理健康	≥85	[70，85）	<70
4	外语水平	≥90	[70，89）	<70
5	程序设计	≥85	[70，85）	<70
6	兴趣	≥85	[70，85）	<70
7	追求科学	≥85	[70，85）	<70
8	主动性	≥85	[70，85）	<70
9	团队合作	≥85	[70，85）	<70
10	素质教育类	≥90	[80，90）	<80
11	自然科学类	≥90	[80，90）	<80
12	计算机类	≥90	[80，90）	<80
13	学科基础类	≥90	[80，90）	<80
14	专业类	≥90	[80，90）	<80
15	综合实践类	≥90	[80，90）	<80
16	工程设计	≥20	[10，20）	<10
17	科研项目	≥20	[10，20）	<10
18	发表论文	≥20	[10，20）	<10
19	出版专著	≥30	[10，30）	<10
20	工程设计报告	≥20	[10，20）	<10
21	科学研究报告	≥20	[10，20）	<10
22	专利	≥20	[10，20）	<10
23	成果应用	≥50	[10，50）	<10
24	获奖情况	≥50	[10，50）	<10
25	学术交流	≥20	[10，20）	<10

取随机生成样本数 5000，代入上述人工神经网络模型，经网络训练，有输出层阈值为 2.2489，其他见表 7-7 至表 7-14 的权重和阈值。

表 7-7　输入层至第一隐含层权重值（一）

序号	结点 1	结点 2	结点 3	结点 4	结点 5	结点 6	结点 7	结点 8	结点 9	结点 10	结点 11	结点 12	结点 13
1	-0.0113	1.4279	-0.6474	1.6981	0.6365	-0.9939	-0.1966	1.0702	-1.3718	-0.1035	1.4213	2.4198	-1.3296
2	0.3210	2.1238	-0.6140	-1.0444	-1.2854	-1.4013	0.5857	0.6607	-1.8062	-1.5697	-0.1472	-2.2811	1.4314
3	-0.1713	2.0279	2.2242	-1.8894	-0.4418	0.2836	-0.8590	-1.8800	-2.2009	0.1932	1.8940	0.5306	0.6847
4	-1.0150	-0.5062	-2.1565	-0.9704	-1.0617	-0.7605	-0.5594	-0.0258	-1.2406	-2.2385	0.3705	-0.5792	-0.0683
5	2.7738	0.3908	1.2317	1.3658	2.0851	-1.0217	-1.3608	-1.7419	1.6114	2.3068	-1.0067	1.8722	-0.4945
6	-2.0042	-0.1863	0.5604	0.8590	-1.2979	-2.4168	-2.0469	-1.0057	-0.2330	-1.7290	-1.6971	-0.5647	0.6598

续表

序号	结点 1	结点 2	结点 3	结点 4	结点 5	结点 6	结点 7	结点 8	结点 9	结点 10	结点 11	结点 12	结点 13
7	-0.8777	0.7943	0.7632	-0.3524	-1.0229	-0.6446	-1.7473	-1.6476	-0.2510	2.6178	-0.9947	0.0520	1.4809
8	-1.1296	0.5563	-0.0093	-2.4837	-0.0590	0.2278	-2.3719	0.9550	0.0160	-1.0152	-1.0999	-1.4666	1.6949
9	-0.0407	-0.8916	-0.6334	0.8463	1.6832	-0.5112	-1.9873	0.2917	-1.5767	-0.9621	0.2892	0.9080	0.8240
10	-0.7736	-1.1154	-0.8894	-1.3742	-0.9439	-2.1190	-1.4237	-1.6174	-2.8976	-0.9624	0.3298	-1.4374	-1.2652
11	0.9682	0.6242	-0.7317	1.9268	0.9941	-0.4862	-0.6077	-0.1430	0.5131	-0.6168	-1.2265	1.5802	2.6159
12	-0.8660	-0.4644	1.8057	0.3650	0.9003	-0.0530	-1.8839	-1.3099	-0.5370	-0.6186	2.1941	-1.3759	0.3225
13	-1.5978	1.3010	-1.4918	-2.5088	-0.1830	-1.3071	0.1898	0.1716	0.9306	-1.3135	-0.4558	-0.0141	-1.8469
14	-0.1230	1.5128	-1.3046	-0.5057	-1.3089	-1.3628	1.5669	-1.5373	0.6601	1.9502	1.0712	0.3507	2.0640
15	-1.5893	0.6019	0.1773	2.0307	1.3592	-1.0822	0.5556	-0.9577	0.7998	-0.1248	-1.6578	0.5710	-0.4763
16	-0.8707	0.0953	-0.9910	-1.6726	1.2135	0.2654	1.2213	-1.2663	-1.0221	0.6433	1.0233	2.1561	-1.2849
17	1.6156	1.3951	-1.7372	-0.7315	0.4830	2.3432	0.2309	0.1973	0.4650	-1.5180	-0.3438	-0.3999	1.1002
18	0.2456	-1.8161	-1.8012	-1.7775	-0.2161	1.2060	-0.4425	0.1993	-0.7510	-0.9421	1.9873	-1.7621	-1.9488
19	-1.4736	-1.0437	0.8794	-1.8584	-1.1290	1.7266	-1.4822	1.1279	-0.6026	-0.2285	-0.8428	-1.2562	1.2651
20	1.1106	0.8713	0.0579	0.4924	0.5928	0.2661	-0.5737	0.7292	1.9481	2.1199	1.9813	2.1713	0.7239
21	-1.6833	2.4817	-0.1021	-2.1247	-0.1088	-2.0537	1.5103	-0.4699	-0.0745	0.1521	-0.9667	1.2513	1.7117
22	1.4225	1.8081	-2.0227	-0.1486	0.9869	1.5757	-1.0187	-0.2398	-1.2042	0.7209	0.6127	-0.4675	1.2781
23	-0.7799	1.1150	0.2377	-2.1398	1.0159	0.0610	1.1368	0.9987	-0.8067	-0.2459	2.1353	-0.1870	-0.0582
24	1.5874	-0.7660	1.1211	-1.5835	2.5044	-0.6402	1.3248	0.9050	-0.1021	-0.9510	1.0752	1.0242	-0.6283
25	-2.3358	0.1682	-1.8520	0.2926	-0.1048	1.8521	0.2880	-1.1406	0.4494	1.8708	0.3448	-1.0622	0.9226
26	1.1757	0.6127	0.9481	-1.1188	-0.3821	-2.2680	-2.1116	-1.3202	-1.1948	1.4713	0.0070	-0.8506	0.6161
27	-1.6268	0.3489	0.0318	1.2364	0.6469	-0.0452	-1.0822	-0.6945	-2.3471	-0.0663	-1.6410	-2.2950	0.4291
28	1.8140	-0.3134	1.6942	-1.8953	-0.9440	-0.7536	1.1581	1.4063	0.8242	1.3685	-0.8108	1.0735	1.8073
29	-0.0070	-2.0887	-2.6728	-1.3344	-0.3723	0.8382	-1.8789	-1.3259	0.7178	-1.6269	-1.9287	-0.7646	0.4529
30	1.7828	1.6434	-1.0786	1.0859	1.8649	0.1435	0.3648	1.9472	0.1857	0.8299	2.0113	1.8708	0.7216

表 7-8　输入层至第一隐含层权重值（二）

序号	结点 14	结点 15	结点 16	结点 17	结点 18	结点 19	结点 20	结点 21	结点 22	结点 23	结点 24	结点 25
1	-1.0141	2.4523	1.2697	1.9268	1.6949	-0.4623	1.0969	-1.8475	-0.8596	-1.1161	-0.4542	0.4537
2	0.3982	0.4278	0.3147	1.5162	-1.0721	-1.9810	1.7744	0.0276	-1.1557	0.7910	-1.9330	-0.6809
3	-0.8632	0.3482	-0.0698	2.1625	-0.4866	1.3350	-0.6720	1.9000	-2.0156	1.5818	-0.3095	-0.7094
4	1.5118	0.5099	-1.3700	1.0610	-1.9856	1.7079	2.2782	1.5561	2.3289	-0.4005	1.0982	2.0702
5	0.7435	0.6661	-0.8175	0.1220	-0.6276	0.2884	-1.8962	-2.2082	-0.2273	-0.3780	-1.3805	-0.4207
6	1.0227	-0.5657	1.8713	-0.3301	1.5878	0.1896	-0.4419	-0.7746	-0.9098	1.1945	0.0982	2.1903
7	0.2832	-0.1719	-2.3177	-3.8741	-1.3420	-2.1248	-2.8277	-1.7284	-3.1759	-0.2294	-2.0009	-2.8012
8	1.5388	-0.3629	-1.0052	-0.7642	2.8850	1.9001	0.9306	-0.6041	-0.1730	2.8279	2.6541	2.2276
9	-0.4866	-1.3559	-0.3513	-0.8126	1.8562	-1.6107	1.8192	0.3536	-1.6891	-2.1210	-0.1138	2.3787
10	-0.5334	-1.9559	-1.2559	-0.7030	-2.1881	-0.8460	-0.4923	-0.2188	0.6787	-0.9014	-1.3634	-1.0719
11	-1.4100	-0.5712	1.5533	-0.8679	-1.2209	0.0808	-1.0150	-1.7579	-1.5498	-1.6214	-0.3051	0.9084
12	-1.0043	0.7846	-1.4975	-1.0707	0.7784	0.4584	-1.6217	-2.2208	-2.0502	-1.4590	0.4120	1.7798
13	0.3334	-0.9164	-1.3125	1.1791	-0.7170	-0.4560	0.1585	-1.6150	-1.5788	2.1099	0.8596	0.4140
14	-0.7005	0.8075	-0.6139	-1.2070	1.6716	-0.4864	-2.2831	-1.7754	0.5564	1.0068	0.0615	0.9839
15	-1.1661	-1.9594	1.2368	-1.8392	-0.4437	0.1246	1.1049	2.0679	1.8254	2.9280	1.1356	-0.3388
16	0.1635	-0.1750	-2.2872	-1.5426	0.7341	0.8878	-1.4465	-1.6653	1.7370	0.6902	0.6409	0.7602
17	0.5064	1.5207	-1.8020	-0.6058	-0.5020	-1.1545	-0.5671	1.9004	-2.1054	-1.0190	1.1022	-2.5424

续表

序号	结点 14	结点 15	结点 16	结点 17	结点 18	结点 19	结点 20	结点 21	结点 22	结点 23	结点 24	结点 25
18	-1.5562	0.3663	1.1658	-2.1714	0.3905	1.5515	0.1225	0.7851	1.3374	-2.2041	0.1945	-0.2053
19	0.4264	0.2029	-0.5514	1.3757	-1.7516	-0.9733	1.8682	1.8331	1.0206	-1.9517	-1.2963	-0.7955
20	0.3431	-0.9226	-0.5214	-1.3071	0.2523	-1.3304	-0.4538	0.1867	2.0210	-0.8910	-1.5018	-2.0935
21	-0.1825	0.9616	3.3880	0.7646	2.2586	2.0207	1.9953	1.0683	2.0393	0.6358	0.4336	2.3835
22	0.4578	1.8514	-0.6921	-1.1227	1.3240	0.3674	-0.6329	-1.7692	1.0826	-2.4837	1.0004	-0.8679
23	2.2741	1.2493	-1.7908	-1.3863	2.5502	-0.0023	-1.7756	2.0915	0.1046	0.7012	-1.9908	-0.6976
24	0.0705	0.5222	1.4424	1.3372	-2.5177	-1.5257	0.9993	0.7488	-0.2195	-2.7507	-1.2694	0.4116
25	-3.0486	0.2805	-1.1238	-1.4493	1.5991	1.8773	0.4743	-1.4821	0.8677	-0.1991	2.1253	-0.5765
26	-1.1297	1.3320	0.9011	-2.6253	0.4055	-1.4826	-0.3106	0.4743	0.3890	1.1921	-1.5989	0.3378
27	0.5214	2.1488	0.8922	0.4203	1.8362	-1.7568	1.2131	1.0024	2.0104	1.1771	0.7360	1.4317
28	1.7900	-1.3560	0.7432	1.1960	0.3989	-1.9077	-1.6651	0.6475	-1.2958	-0.8739	-1.2737	-0.6445
29	-1.2270	0.1071	-0.7461	2.1389	1.9485	-1.0648	-1.1623	-1.5657	1.3520	2.3942	-0.2476	-0.0001
30	0.3519	0.4363	1.6582	-0.4981	-1.7522	-1.0514	1.8006	-1.9364	1.4424	0.1209	-1.2331	1.2325

表 7-9 第一隐含层至第二隐含层权重值（一）

序号	结点 1	结点 2	结点 3	结点 4	结点 5	结点 6	结点 7	结点 8	结点 9	结点 10
1	0.6528	1.9383	0.6210	1.3833	-0.2218	-0.2736	-1.1663	-1.8989	1.8118	0.6985
2	-0.7020	-1.3918	-0.3982	1.9861	-1.3236	0.6013	-0.5391	-1.6339	-0.5050	-0.3762
3	-1.5198	-0.5929	1.5182	0.1801	-1.4086	-1.3196	-1.2982	-1.0997	-0.3065	0.2068
4	-0.7860	-1.1066	-0.2387	0.4344	0.7747	0.0747	-5.6041	2.5546	0.3218	-0.1934
5	1.7400	-1.4416	-1.5093	-0.4524	-0.3057	0.0516	-0.6827	-1.1065	-1.1446	0.2188
6	0.1301	-0.7677	-1.9633	-1.2999	-0.0992	0.0403	-0.7156	1.5415	1.1273	0.6372
7	-1.2689	-0.1832	0.8026	1.3373	1.8174	0.3979	-1.3790	-1.8889	1.5800	-1.1662
8	-0.2467	1.7594	1.8543	1.5696	-1.9395	1.3106	-1.6104	-1.4992	0.2931	-1.3327
9	1.6725	0.6773	0.2111	1.8511	1.0538	-0.9316	-0.6690	2.0116	-0.0432	-0.5714
10	-0.7975	-1.5475	-0.7084	-1.5614	-0.2798	-0.6001	-2.1036	1.0464	1.4351	0.8137
11	1.1241	0.0556	-0.5358	-1.5031	0.3294	-0.3900	-1.4368	-1.0749	-1.5152	-1.4101
12	0.4774	-1.4039	-0.8175	-0.1911	-0.5240	-1.5951	-0.1683	-1.8168	1.7407	0.4120
13	-0.1035	-1.1245	-1.1870	0.2012	-0.7857	-0.6030	0.5349	0.5231	1.3688	-1.0710
14	0.9231	-1.5448	-1.3210	-0.8845	-0.4728	-1.2977	1.2885	-0.2569	1.5265	-1.2687
15	0.5530	0.6675	1.7035	1.5630	1.6911	-2.3298	0.4354	-0.1404	-0.2042	-1.0113
16	0.5607	-1.1114	1.7831	-2.1170	-1.4242	-1.9277	2.9099	-1.1158	-1.6403	1.4011
17	-0.6269	1.0618	-0.2488	-0.0709	0.9255	0.8656	-1.6811	0.7361	0.4776	0.1438
18	0.9571	-1.8780	-1.8960	-1.5543	-1.8317	-1.6272	-0.1346	-0.2063	0.5894	-1.2888
19	1.9854	-1.3146	1.8784	-1.1678	-0.0341	0.1865	1.1413	-0.0099	-1.5734	-1.6580
20	1.3639	-1.5114	1.3275	-0.5492	0.3854	-0.0236	-0.3312	0.4052	1.0448	-0.1697
21	1.7234	1.0533	-0.2868	0.7850	0.0477	1.0982	3.1164	-1.7796	1.0283	-0.3288
22	1.3966	-1.1420	1.2025	-0.1258	-0.4309	-0.1573	1.9640	0.1250	1.5581	-0.1855
23	1.8939	0.9695	-1.1300	0.2935	0.0867	-0.1063	-1.9807	0.9632	0.6360	0.8476
24	0.2238	1.0268	0.7449	1.5751	1.1237	-0.1180	0.2777	-0.3102	0.4302	-0.0271
25	1.7022	-0.6733	0.8559	-2.1615	-0.0629	-2.7700	-0.6223	-1.6957	0.7891	-7.0317
26	-1.4382	0.5076	1.9160	-1.2328	-2.0064	0.4101	-0.1351	-0.6533	-2.0861	-0.1857
27	0.0708	0.0172	-1.3930	0.0740	-0.3612	-0.9642	2.3989	-1.0118	0.0135	-0.8301
28	-0.4223	-1.4483	0.9743	-0.4284	-0.0913	-0.7351	0.8875	0.7214	-0.3516	0.7005
29	-0.7254	0.0619	-1.8726	-1.5661	0.2798	1.1596	0.4684	0.9480	-0.2488	-1.1841
30	0.9411	-1.7950	-0.7093	-1.8107	-1.2075	-1.6057	-0.7854	-1.3117	1.8461	-2.6037

表 7-10　第一隐含层至第二隐含层权重值（二）

序号	结点 11	结点 12	结点 13	结点 14	结点 15	结点 16	结点 17	结点 18	结点 19	结点 20
1	-1.1943	1.4551	1.6272	0.9510	0.8204	1.1454	0.6283	-0.6698	-0.5575	0.8504
2	0.7297	1.2354	2.1188	1.1750	1.0187	1.1691	-1.7192	-0.5259	1.1222	1.1210
3	1.3304	1.3212	-1.2861	1.4780	-1.4327	0.6531	1.0738	1.3109	1.2780	1.1821
4	-2.0533	-2.1526	-1.8714	0.9573	0.0383	0.5393	-0.1920	0.9355	-0.2357	-0.7833
5	3.1337	1.3755	-0.3432	-0.9238	-1.1400	1.3997	-1.6322	-0.8979	-0.9251	-0.4373
6	1.0779	-0.5990	0.6972	-1.6993	-1.1321	1.4660	-1.2572	-0.3678	-1.7884	-0.7183
7	-0.4826	-0.6146	-0.1739	-1.3683	1.6217	-1.2380	-0.9992	0.1374	1.0764	-1.5483
8	1.1925	-1.3795	-1.1382	-1.1205	-0.7799	0.8972	0.2791	0.0010	1.7078	-1.2001
9	0.7250	0.9652	0.5315	1.7661	0.3925	-1.2428	1.8066	-1.1437	-1.1908	1.1702
10	-0.2299	-0.9733	0.0915	1.4617	-1.4863	1.1518	0.7895	-1.0511	-0.9678	1.3753
11	-1.1194	1.6061	-0.8488	-0.1909	1.7168	0.5617	0.6015	0.3310	-0.6204	-0.5849
12	0.2971	-1.6934	-0.9966	0.3610	-1.5782	-1.4866	1.9993	-1.1839	0.9868	-0.7821
13	0.4720	1.2396	0.8393	-2.1721	0.6684	0.5244	1.7461	-1.0020	1.3511	-1.7680
14	0.9999	-0.8486	-1.0726	-0.5024	-0.5699	0.8637	1.0296	-2.0698	-0.2647	-1.0317
15	-0.0534	-1.3751	0.5117	-1.2526	-0.4494	1.4812	1.8459	-0.0513	-1.9128	-0.7482
16	0.5965	-0.4399	0.4533	-0.5645	1.0772	1.5574	0.5200	0.2969	1.1691	0.9816
17	-1.5892	1.4011	-1.6321	-1.1966	2.0642	1.1257	-0.0060	-1.2734	0.3147	-1.1676
18	0.3884	-1.7984	1.5737	0.7714	0.4954	0.0753	-0.1951	-0.9130	0.1095	1.5244
19	-1.2388	1.4774	-1.2905	1.1419	-0.2567	1.6364	1.2860	0.6092	-1.9170	-0.3150
20	-0.7713	0.1566	1.0855	1.0007	0.4992	-1.7781	0.1059	-1.4304	-0.0528	1.3669
21	0.0513	0.2545	1.7140	-2.0214	-0.0702	0.9750	0.1560	-0.6268	2.2166	1.3960
22	-1.5769	2.0736	-1.0219	1.8069	-0.5106	-0.8844	0.3535	1.6598	-0.9437	0.7287
23	-0.2514	-1.4282	-1.6866	-0.6639	1.1091	-1.3394	-1.1888	1.8824	0.9944	-1.3292
24	-0.2979	0.5784	-1.3047	-1.3280	-1.6663	-1.9665	0.9969	-0.4936	-0.1087	-1.2354
25	-0.9622	0.8775	-3.1504	0.7281	0.9722	-1.6764	-0.2760	-2.4886	0.2866	-0.6852
26	0.5996	-1.0404	1.3834	-1.5381	-0.4539	-0.7612	1.8919	-1.4459	-0.6451	0.0367
27	0.0891	2.4718	-0.5740	0.9959	1.8236	1.0931	1.2059	1.9529	-1.2185	-0.8650
28	0.9836	1.8110	-1.0339	1.4510	-1.1298	-1.4438	-1.7181	-0.5238	-0.5763	0.9963
29	-0.0924	-1.0533	0.1167	-2.0409	1.7924	0.2801	0.1409	-0.7936	-0.6175	0.1824
30	-0.8980	-1.0520	-0.7548	1.9831	0.8540	0.1186	1.5169	-2.1959	-1.7206	1.3107

表 7-11　第一隐含层至第二隐含层权重值（三）

序号	结点 21	结点 22	结点 23	结点 24	结点 25	结点 26	结点 27	结点 28	结点 29	结点 30
1	1.6302	0.8043	1.0519	1.6960	-1.6846	0.4816	0.9473	0.3249	-0.2146	-1.4634
2	-0.0062	1.9473	-1.0890	-0.7748	0.4257	1.7901	-1.1923	0.0216	1.4343	1.0246
3	-1.3655	0.2292	-0.2619	-0.5694	1.4645	-1.3269	-0.1121	1.6909	0.5331	-0.3992
4	4.6421	-1.6900	1.7284	-0.8180	-1.0509	-0.2737	2.0740	1.7111	1.2413	-1.3162
5	0.1650	1.1229	2.0903	1.2689	0.1412	1.1496	-0.5794	-0.0217	0.7383	-0.5900
6	1.3636	-1.5048	-1.3611	-1.7466	0.9531	0.7598	0.4707	0.1034	-1.1180	-1.8137
7	-0.1075	-1.4576	0.5489	-1.4928	0.4254	0.5148	1.4957	1.4589	1.2277	-0.4557
8	1.7781	-0.8876	-1.0766	-1.7430	-0.4135	-1.1166	1.2963	-1.6026	-0.6894	1.1848
9	-0.6369	-0.0783	2.1734	1.0821	0.4454	2.0437	-0.3512	0.6472	-1.3163	0.7872
10	0.6028	1.4948	0.8979	0.9891	-0.1089	1.1174	1.4652	-1.2644	1.1696	-1.5547
11	-1.3085	2.3852	0.1499	2.3167	0.6697	1.5901	-1.9559	1.3290	0.2914	0.8082

续表

序号	结点 21	结点 22	结点 23	结点 24	结点 25	结点 26	结点 27	结点 28	结点 29	结点 30
12	-1.5508	2.1049	-0.0834	1.4266	0.5683	0.9929	0.9088	-0.2068	1.2362	2.1303
13	-1.6703	1.0201	-0.0944	-1.2358	1.0726	-0.8205	-1.3241	-1.8626	-1.2566	1.1434
14	-0.7385	0.4047	-1.2088	1.7127	-1.7023	-0.1517	1.0476	0.0866	1.9182	-1.3978
15	-0.7731	-0.8145	0.2919	-0.3041	-1.7795	1.8266	-1.3768	-0.5179	-1.0713	2.0029
16	-2.1687	-0.1109	-1.0608	1.1718	0.2647	0.7371	-0.9792	-1.1396	-0.0170	-1.6155
17	0.7633	-1.3381	-0.3654	1.7531	-1.6466	0.7911	1.7827	-1.3430	-0.3636	1.1368
18	0.5466	-0.4678	-2.1581	-0.8585	1.6348	0.2847	0.8619	-1.9022	0.4243	0.5146
19	0.1374	1.3360	0.9664	-0.0019	1.6988	0.2331	-0.5370	-0.8725	-0.1138	-0.6465
20	1.9969	-1.4402	0.2168	-1.1805	0.6042	-1.3901	1.4810	-1.7526	1.6765	0.3856
21	-3.9260	-0.6925	1.4448	0.6025	1.8413	1.5309	-0.7570	-0.9537	-0.5371	0.9837
22	0.5336	1.4045	0.0156	-1.3573	1.4185	1.6449	1.9423	1.6062	0.2844	-0.6303
23	0.0808	-1.8992	-0.8997	-0.3495	1.2315	-0.9875	1.7901	0.5916	-1.8926	-0.0504
24	2.2479	-2.0647	-0.3332	1.3386	-0.2835	-1.5856	-1.2187	1.8117	0.3919	0.7966
25	-1.4655	2.3930	3.1716	-1.3064	-1.2985	0.0992	-1.0670	-0.0661	-1.8419	-1.2555
26	0.6900	-1.2729	-0.4883	2.1538	-0.1252	-0.1446	-0.1677	0.2862	0.8878	1.3850
27	0.6561	-0.1874	2.6048	0.6488	-0.8696	1.0174	-1.6793	2.1166	1.0745	-0.7570
28	-0.1937	0.2413	-1.3190	-0.5134	0.5876	1.7622	-2.0978	0.6455	2.0652	-1.7851
29	-0.6456	-0.9015	-1.8011	-1.1940	0.0010	0.7170	-1.7645	-2.2858	-2.0515	0.5656
30	0.3157	0.6503	1.4591	-0.1601	-0.4816	-1.7256	1.1579	0.8852	-1.4339	-0.8084

表 7-12　第二隐含层至输出层权重值

结点 1	结点 2	结点 3	结点 4	结点 5	结点 6	结点 7	结点 8	结点 9	结点 10
-0.0073	0.8652	1.4444	-7.0262	1.2776	1.1921	-1.0115	-1.1412	-0.3373	0.0374
结点 11	结点 12	结点 13	结点 14	结点 15	结点 16	结点 17	结点 18	结点 19	结点 20
-1.3417	0.6147	-0.0281	-0.0483	-0.6272	1.5967	-0.3460	-0.0069	0.3548	-0.0961
结点 21	结点 22	结点 23	结点 24	结点 25	结点 26	结点 27	结点 28	结点 29	结点 30
3.2168	1.3288	-0.7735	0.0561	-10.4225	0.0116	1.9228	-0.0163	0.0574	-2.1078

表 7-13　第一隐含层阈值

结点 1	结点 2	结点 3	结点 4	结点 5	结点 6	结点 7	结点 8	结点 9	结点 10
0.7539	1.0835	2.2269	3.5519	-2.0479	5.4881	8.9060	0.7901	-1.3499	11.1191
结点 11	结点 12	结点 13	结点 14	结点 15	结点 16	结点 17	结点 18	结点 19	结点 20
5.8992	5.5444	6.6894	0.8017	-4.5367	2.3504	2.8281	3.4355	0.1130	-1.8124
结点 21	结点 22	结点 23	结点 24	结点 25	结点 26	结点 27	结点 28	结点 29	结点 30
-5.4416	-1.4304	-2.0819	2.1247	-2.0772	5.2741	-4.0609	1.8238	5.6445	-2.8329

表 7-14　第二隐含层阈值

结点 1	结点 2	结点 3	结点 4	结点 5	结点 6	结点 7	结点 8	结点 9	结点 10
-7.5338	1.6755	3.5980	2.1934	0.3046	1.7384	1.9367	2.1375	-7.6102	0.2220
结点 11	结点 12	结点 13	结点 14	结点 15	结点 16	结点 17	结点 18	结点 19	结点 20
-1.9136	2.0583	0.5250	3.9635	-0.1167	2.6656	-2.5648	3.5810	-0.1904	-1.7121
结点 21	结点 22	结点 23	结点 24	结点 25	结点 26	结点 27	结点 28	结点 29	结点 30
-1.6955	-2.0747	3.4351	-0.6406	8.3037	-0.4668	-2.8692	-0.9010	4.0779	6.1432

7.3.3　模型应用

例：给定指标值

73.0537　79.6354　76.8633　88.1467　75.1160　74.3837　77.8111　81.5181
76.9286　80.1758　84.8748　87.1692　89.2819　80.8525　83.7680　15.9227
19.6930　17.7866　24.0319　19.1079　13.9865　14.8425　17.8521　44.4005
14.8691

代入模型，经计算有评价值 1.9945。

第 8 章　西北农林科技大学水文与水资源工程专业教育历史

西北农林科技大学是教育部直属全国重点大学，也是国家“985 工程”和“211 工程”重点建设并设有研究生院的高校之一，距今已有 80 年的办学历史。1934 年，著名爱国人士于右任先生、杨虎城将军在陕西杨凌（原杨陵）创办了国立西北农林专科学校。1936 年和 1941 年，学校分别开始招收本科生和研究生。1938 年更名为国立西北农学院，1985 年更名为西北农业大学。1999 年 9 月，经国务院批准，设在杨凌的原西北农业大学、西北林学院、中国科学院水利部水土保持研究所、水利部西北水利科学研究所、陕西省农业科学院、陕西省林业科学院、陕西省中国科学院西北植物研究所等七个科教单位合并组建为西北农林科技大学（李靖、马孝义，2014；西北农林科技大学，2009、2014）。

水利与建筑工程学院是西北农林科技大学办学历史最悠久的学院之一，始建于 1934 年。办学历史最早可追溯到 1932 年近代水利大师李仪祉先生开办的陕西水利专科班。目前，学院设有农业工程一级学科博士学位授权点及博士后流动站，水利工程一级学科博士学位授权点及博士后流动站，土木工程一级学科硕士学位授权点；农业水土工程、水利水电工程、水文学及水资源、水力学及河流动力学、水工结构工程二级学科博士学位授权点；岩土工程、结构工程硕士学位授权点；农业工程、水利工程、建筑与土木工程领域等 3 个专业学位授权点。学院下设农业水利工程系、水资源与环境工程系、水利水电工程系、土木工程系、动力与电气工程系、材料与结构工程系；开办农业水利工程、水文与水资源工程、水利水电工程、土木工程、能源与动力工程、电气工程及其自动化 6 个本科专业。到目前为止，水利与建筑工程学院已培养出 27 届 1200 多名水文与水资源工程专业本科毕业生（李靖、马孝义，2014；西北农林科技大学，2009、2014）。

8.1　专业发展历史

西北农林科技大学是我国最早开设水文学课程教学的高校之一。伴随着国家经济建设对水文水资源人才的需求，在吸收西方、苏联专业办学模式和河海大学水文与水资源工程专业模式的基础上，结合干旱区水文水资源特点，西北农林科技大学水文水资源教育走过了 80 年的发展历史。

8.1.1　1934 年至 1949 年

这一时期，观测试验设备简陋，研究条件较差，水文学教师缺乏，主要开设水文学和水文测验课程教育。水文与水资源方向的学生培养与科学研究主要由李仪祉先生、沙玉清先生倡导和领导，以陕西关中地区灌溉工程、学校试验农田为背景，进行水力、水文和农田水利的实地观测、试验和研究。

1932 年，为了适应陕西关中地区泾惠渠、引洛和引渭等工程建设的需求，近代著名水利大师李仪祉先生创办了陕西水利专科班，1934 年陕西水利专科班归并国立西北农林专科学校，设置西北农林专科学校水利组，水利专业开设《水文学》课程。1938 年，国立西北农林专科学校更名为国立西北农学院，1939 年后，原西北农林专科学校水利组更名为国立西北农学院农业水利系。1941 年，国民政府批准国立西北农学院招收研究生资格，开始了我校水文与水资源方向的学生培养与科学研究，是我国最早招收水利学科研究生的单位之一，先后有李仪祉、沙玉清等著名教授任教（李靖、马孝义，2014；西北农林科技大学，2009、2014）。研究生课程包含流体力学、高等水文学、水利机械、水质分析和黄河问题研究等。我国水工模型试验宗师、原中国水利水电科学研究院副院长、教授级高级工程师陈椿庭先生1937年毕业于中央大学工学院，同年受聘于国立西北农林专科学校任教。在1937年夏至1946年冬近 10 年中，陈椿庭先生先后讲授《水文学》《水土经济实验》等课程（陈椿庭，2012；李靖、马孝义，2014；西北农林科技大学，2009、2014）。1937 年，陈椿庭把我国长江、黄河、永定河、泾河和淮河的洪水流量，用对数正态分布和皮尔逊III型分布进行频率分析，是我国最早进行水文频率分析和应用的学者，其中，研究论文“中国五大河流洪水流量频率曲线之研究”发表在《水利》期刊 1947 年第 14 卷第 6 期，“绘制洪水流量频率曲线的简便新法”1951 年发表于《华东水利》第 1 卷第 1 期。陈椿庭先生在《七十五年水工忆述》中回忆道：“《大河流洪水流量频率分析》一文获 1947 年教育部学术论文奖，华东水利学院（河海大学）刘光文教授曾来函指教讨论，著名专家张含英和郑肇经在专著中大篇幅引用。”我国水利工程施工学与工程机械学奠基人、武汉水利电力学院创始人之一、武汉水利电力学院机械工程系创始人和首任系主任、著名水利水电工程专家余恒睦教授，1941—1945 年在西北农学院攻读硕士研究生，并获硕士学位（西北农学院水利系研究生部第一位硕士），1945—1947 年期间，余恒睦先生讲授《水文测验》课程。

8.1.2　1950 年至 1984 年

新中国成立后，随着国家经济建设，西北农学院农业水利系经历了多次调整、“文化大革命”动荡和“文化大革命”后恢复等阶段。新中国成立后，国立西北农学院农业水利系更名西北农学院农田水利系，1966 年，农田水利系更名为水利系。1950 年，兰州西北农业专科学校农田水利科和兰州大学水利系并入西北农学院农田水利系。1957 年，西北农学院农田水利系成建制地并入西安交通大学，仅留 10 余名教师坚守在西北农学院。1972 年，陕西工业大学水利系并入西北农学院水利系。1981 年，原陕西工业大学水利系又并入陕西机械学院水利水电学院（现西安理工大学水利水电学院），原西北农学院水利系教师继续留在西北农学院工作。在熊运章教授、朱凤书教授带领下，1982 年获批我国第一个农业水土工程硕士点。这一时期，在一批老前辈专家的辛勤工作下，在地下水利用和农田水分循环理论与实践取得了一系列研究成果，招收水文水资源方向研究生，发展和培育了一批教师，奠定了水文水资源教学科研的基地和平台（李靖、马孝义，2014；西北农林科技大学，2009、2014）。

1956 年，西北农学院农田水利系成立水文及水能利用教研组（刘祖典、余世煜、范正铨、张炳勋、蒋莞君、贾尚仁、李守章和陈景梁）。1979 年，设立水文水力学教研组（贺缠许、赵乃熊、迟耀瑜、沈晋、张炳勋、郭治国、范荣生、钱善琪、唐允吉、王丽波、刘桂珍、冯国章和吕宏兴）和地下水教研组（李佩成、赵尔惠、李琨、刘立明和马斌）。1972—1980

年，著名水文学专家沈晋教授在西北农林科技大学从事水文水资源教学与科研工作，在“黄土地区暴雨洪水产汇流规律”研究方面取得重要研究成果，是我国黄河流域水文有专门研究和重大影响的专家，为我校专业课程教学奠定了坚实的基础和平台。之后，荣获越南政府贡献奖的贺缠许教授、张炳勋副教授等老一辈专家长期致力于西北地区暴雨洪水分析计算，推动了我校工程水文学教学的建设。1966—1984 年，中国工程院院士李佩成教授在西北农林科技大学工作期间，提出了“潜水井群非稳定渗流计算-割离井”理论体系，为解决排灌井群工程设计中的重大难题做出了贡献，20 世纪 70 年代初，李佩成教授成功研制了符合黄土渗流机理的“黄土辐射井”，这一研究成果曾被推广到全国十多个省区，打破了“黄土不能成为含水层”的传统认知观念，获 1978 年全国科学大会奖（李靖、马孝义，2014；西北农林科技大学，2009、2014）。

8.1.3　1985 年至 1997 年

1985—1992 年，中国工程院院士李佩成教授在西北农林科技大学工作期间，招收水资源利用方向研究生，率领研究团队研究发明了灌排两用轻型井，获国家发明四等奖，主持国家“七五”攻关项目“黄土高原综合治理定位试验——枣子沟试区建设”等，取得了旱区地表、地下水联合调度和调控的重要理论和技术，为西北旱区农业生产做出了重要贡献，创建了我校地下水文学教学队伍与研究平台，1993 年，获国家科技进步一等奖。另外，20 世纪 80 年代，在熊运章、朱凤书、林性粹等教授的带领下，率先建起了全国高校最早、最大的灌溉试验站，在农业水资源高效利用、农田“四水”转换机理等取得了许多研究成果，奠定了农业水文学的研究平台。正是由于上述老前辈们的不懈努力，1985 年，在李佩成教授带领下，创办了我校“水资源规划与利用”专业，开启了我校进行水文与水资源工程的专业本科教育，面向经济社会发展需要，形成了以水资源评价与规划、水资源利用与保护为核心的水资源专业方向。同时，在熊运章教授、朱凤书教授带领下，1986 年获批我国第一个农业水土工程博士点，开始了我校招收水资源利用方向的博士研究生，培养了一支从事水文与水资源工程专业的教学团队。

8.1.4　1998 年至今

1998 年后，为了培养宽口径适应性强的复合型高素质人才，教育部把原有水文与水资源利用、水资源规划及利用和水文地质专业进行合并，合并后的专业名称为水文与水资源工程，较大幅度拓宽了专业内涵。1998 年，我校获批农业工程博士后流动站。1999 年 9 月，水利部西北水利科学研究所并入后，水文与水资源工程教学科研队伍壮大。2000 年，西北农林科技大学获农业工程一级学科博士授予权，2002 年至今农业水土工程学科获批国家级重点学科。所有这些为水文水资源工程专业人才培养和科学研究奠定了雄厚的基础。之后，在全国百篇优秀博士学位论文奖（2000 年）获得者冯国章教授、王纪科教授、魏晓妹教授、刘俊民教授、马耀光教授的带领下，完成了西北农林科技大学新版水文与水资源工程专业培养方案修改，制定了《工程水文学》《水资源评价》和《水资源规划》等专业核心课程的教学大纲，培养了一批年轻的教师，在旱区水文计算理论与方法、地表水与地下水联合调度方面取得进展。进入 21 世纪以来，学科和专业建设得到快速发展，学院设置水资源与环境工程系。2000年,在冯国章教授的带领下，获批水文学及水资源硕士点，2005年，在原水利与建筑工程学院院长蔡焕杰教授的带领下，获批水文学及水资源博士点。2008 年被评为陕西省特色专业建设点，2009年通过水文与水资源专业专业认证，2012年通过水文与水资源专业专业认证延期，2015年下半年通过了新一轮的水文与水资源专业专业认证。

目前，水文与水资源工程专业以水文学及水资源博士点、水利水电工程博士点和农业水土工程专业博士点、农业水土工程国家级重点学科、旱区农业水土工程教育部重点实验室、中国旱区节水农业研究院、旱区农业水土工程教育部重点实验室、农业部作物高效用水重点实验室、水利部西北水利科学研究所实验中心、陕西省水资源与环境水利研究中心、陕西省节水灌溉试验中心、陕西省水工程安全与建设研究中心、陕西省水利工程质量检测中心站、西北水利工程咨询有限公司、西北水利水电建筑勘察设计院、西北水利水电工程建设监理中心等科技创新研究及社会服务平台、国家级农业水工程实验教学示范中心、农业水利工程等2个省级人才培养模式创新实验区等为依托，产学研紧密结合，进行水文与水资源工程专业本科教育。拥有布局合理、功能齐全、条件完备的水资源与环境工程实验室、水力学及河流动力学实验室、力学结构与材料实验室、测量测绘实验教学中心等教学实验室和2个网络计算机室，实验室面积约4000余平方米，实验开出率达到100%。在校外有咸阳、千阳、益门镇水文站专业实习基地和三门峡、石头河、宝鸡峡等水利枢纽和灌区等12个综合实习基地；在校内有节水灌溉博览园、节水灌溉实验站、水工水力学试验大厅等实习基地。近几年该专业的高考自愿报考热门度（录取新生的第一自愿报考该专业的人数/计划人数）位于学校前列（李靖、马孝义，2014；西北农林科技大学，2009、2014）。

经过多年的发展，师资队伍的专业技术职务、学历、年龄和学缘等结构得到大幅度改善，队伍结构合理，专业教师的知识结构涵盖地表水、地下水、水环境等多个领域。水资源与环境工程系由27人组成，其中教授9人（中央组织部“千人计划”创新长期项目专家1人，特聘教授1人），副教授（高级实验师）6人，讲师10人，高级职称占教师总数的55.5%，中级职称占教师总数的37.0%。学历结构合理，其中，博士17人，硕士3人，具有博士学位占教师总数的74.1%。教师分别毕业于加拿大 Guelph 大学、美国亚利桑那大学、英国利兹大学、武汉大学、河海大学、中国科学院大学和中国地质大学等国内重点大学（李靖、马孝义，2014；西北农林科技大学，2009、2014）。

学校实行国际化办学战略，坚持“以外促内、开放办学”指导思想，积极拓展国际科技、教育合作与交流，先后与美国、英国、法国、日本、加拿大等34个国家和地区的著名大学建立了校际合作关系，与部分学校签署了本科生“2+2”和“3+1”优等生联合培养协议、短期访学计划协议等，选拔优秀本科生赴国外大学学习，每年有许多本科生申请到国外著名大学奖学金出国留学攻读学位，形成了学生出国多渠道派出的留学新格局（李靖、马孝义，2014；西北农林科技大学，2009、2014）。

近年来，在学校和国家留学基金委的支持下，教学团队国际交流呈现良好的发展态势。先后有9人分别在美国德州农工大学、爱荷华州立大学、美国农业部农业研究与服务局南方平原农业研究中心、以色列本古里安大学沙漠研究所、犹他州立大学、英国利兹大学和澳大利亚联邦科工组织水土所等进行一年以上的公派留学合作研究或攻读博士学位。在学校重点外专引智项目和专业外籍教师项目的支持下，2013年和2016年国际著名水文学专家、美国德州农工大学水科学首席教授 Vijay P. Singh 博士两次来西北农林科技大学访问。教学团队同 Singh 教授就水文学教学和科研进行了深入的交流。2014 年美国内布拉斯加林肯大学 Michael W. Van Liew 博士来我校为本科生开设《工程水文学》《流域水文模型》《地面径流与水质模型》全英文课程。教学团队全程听课，吸收了美国大学教学理念和教学方法。通过上述努力，使教学团队国际交流和教学水平得到大幅度提升。

到目前为止,水利与建筑工程学院已培养出 27 届 1200 多名水文与水资源工程专业本科毕业生。

8.2 专业建设建议

西北农林科技大学水文学课程教学虽然历史悠久。长期以来,我们吸收和学习河海大学、武汉大学和其他一流大学办学模式,执行教育部《全国水文与水资源工程专业规范》以及《水文与水资源工程专业认证标准》，水文与水资源工程专业取得了一些成绩，但是，仍与国内一流大学的专业水平存在差距，在今后的工作中仍需不断地奋发努力工作。

（1）学习国内外水文与水资源工程教育的办学理念和模式，调整人才培养模式和方案，研究水文与水资源工程专业教学改革，提升教学改革成果水平，扩大专业影响力。

（2）树立“以学生为本”的理念，积极探索反映学科发展新方向的课程教学，发挥学生的主观能动性，加强创新能力和国际交流合作能力培养。

（3）着力提高教师队伍水平，鼓励专业教师参加基础、应用型学术研究和国内外学术交流活动，提高教师队伍国际化视野和科技能力水平。

（4）加大教学科研平台建设，提供充足、优质的科研实验资源向学生开放，鼓励学生参与科技创新活动，促使科研成果在教学中应用。

参考文献

曹丽娟. 引进高层次创业创新人才评价指标体系研究[J]. 科技管理研究, 2010,（5）：45-46.

曹丽娟. 校企合作办学创新人才评价指标体系研究[J]. 洛阳理工学院学报（ 社会科学版），2013，28（1）：64-67.

查强，朱健，王传毅，等.加拿大大学均衡性和产学合作教育的发展[J]. 高等工程教育研究，2015(5)：101-107.

陈家琦.论水资源学和水文学的关系[J].水科学进展，1999，10（3）：215-218.

陈椿庭.七十五年水工忆述[M].北京：中国水利水电出版社，2012.

陈明仁，郑惠儀，颜清连. 由大学开授水利本科课程变化回溯检讨建议水利工程教育[R].西安：第十八届海峡两岸水利科技交流研讨会，2014：665-669.

陈元芳，芮孝芳，董增川. 国内外水文水资源专业教育比较研究[J].河海大学学报（社会科学版），1999，1（4）：67-70.

陈元芳，李贵宝，姜弘道. 我国水利类本科专业认证试点工作的实践与思考[J]. 科教导刊，2013（2）：25-27.

陈元芳，董增川，任立良，等. 水文与水资源工程专业教学改革初探[J].河海大学学报（社会科学版），2001，29（2）：20-22.

陈玉林.澳大利亚的高等教育及其质量管理[R]. 陕西杨凌：西北农林科技大学，2012.

程琳，刘金清，张葆华. 中国水文发展历程概述（I）[J]. 水文，2011，31（1）；17-21.

程琳，刘金清，张葆华. 中国水文发展历程概述（II）[J]. 水文，2011，31（2）；15-19.

E.Zaltsberg，赵腊平. 苏联水文地质人才的培养一瞥[J]. 世界地质，1989，8（1）: 149-154.

范世森. 加拿大高等职业教育特点及其启示[J]. 扬州大学学报（高教研究版），2009,13（6）:54-57.

高淑贤，岑文袁，馨香. 澳门高等教育的现状、问题及前瞻[J]. 现代教育论丛，2000（1）：28-30.

高等学校水利学科教学指导委员会. 普通高等学校水文与水资源工程本科专业规范[R]. 2006.

关心. school,faculty,college 辨[J]. 英语知识，1989（4）：18-19.

郭涛. 中国古代水利科学技术史[M]. 北京：中国建筑工业出版社，2013.

韩瑜，邵红芳，薄晓明，等. 省属高校拔尖创新人才评价指标体系研究[J]. 山西医科大学学报（基础医学教育版），2010，12（4）：445-448.

洪世梅, 方星. 关于学科专业建设中几个相关概念的理论澄清[J]. 高教发展与评估，2006，22（2）：55-57.

胡宗培，刘金清，张瑞芳，等. 苏联水文事业发展简介[J].水文，1988（5）：61-65.

胡宗培. 苏联水文学进展：全苏第五届水文代表大会文集[M].北京：测绘出版社，1989.

黄慧民，骆洁嫦. 澳大利亚高等教育概况[J]. 世界教育信息，2000（11）：13-18.

黄伟纶."水文学"词源初探[J].水文，1994（5）：56-58.

黄容霞. 俄罗斯国家教育理念的传承与创新[J]. 大学（学术版），2010（8）：63-67.

贾仰文，王浩，彭辉.水文学及水资源学科发展动态[J].中国水利水电科学研究院学报，2009，7（2）：81-88.

姜弘道，李玉柱，谈广鸣，等. 水利学科专业发展战略研究报告[R]. 南京：河海大学，2005.

姜弘道，周海炜. 21 世纪初中国水利高等教育的改革与发展[J]. 中国水利，2000（10）：18-19.

蒋石梅, 王沛民. 英国工程理事会：工程教育改革的发动机[J]. 高等工程教育研究, 2007.
蒋永生, 单建. 从英国土木工程教育的现状和发展趋势中得到的几点启示[J]. 高等建筑教育, 2001.
金光炎.水文频率分析述评[J].水科学进展，1999, 10（3）：319-327.
丁广举. 世界近代后期文化教育史[M]. 北京：中国国际广播出版社，1996.
雷彦兴，王德林. 美国当代学位制度的特征[J] .学位与研究生教育，2002 （9）:38- 41.
李建超. 香港高等教育和高校内部管理体制的特点与启示[J]. 中山大学学报（社会科学版），2006，46（1）：118-123.
李靖，马孝义. 西北农林科技大学水利与建筑工程学院院史[M]. 陕西杨凌：西北农林科技大学出版社，2014.
李国立. 苏联解体前后的俄国高等教育改革[D].南京：河北大学，2005.
李德美.M.И.李沃维奇与苏联水文学的地理方向[J]. 地理译报，1987（2）: 10-12.
李建林，黄首晶. 为行业服务的水利学科特色办学研究-以三峡大学为例[M]. 武汉：华中师范大学出版社，2013.
梁忠民. 水文水资源学科联合培养研究生模式的探索与实践[J].河海大学学报（社会科学版），2005，7（1）：75-77.
林风，李正. 美国高等工程教育的历史沿革与发展趋势[J]. 理工高教研究，2007，26（5）：37-39.
刘光文先生百年诞辰纪念文集编委会. 刘光文先生百年诞辰纪念文集[M]. 南京：河海大学出版社，2010.
刘建华. 中国近代水利教育发展初探[J]. 华北水利水电学院学报（社科版），2012，28（6）：16-20.
刘念才，程莹，刘少雪. 美国高等院校学科专业的设置与借鉴[J]. 世界教育信息，2003 （ Z1）：27-44.
刘铁雷. 英国高等教育的特点及思考[J]. 沈阳工程学院学报（社会科学版），2011.
刘玉霞. 论俄罗斯高等教育的个性化和人文化改革[J]. 黑龙江高教研究,2007（1）：28-31.
柳清秀. 英国高等教育大众化对我国的启示[J]. 教育学术月刊，2011.
陆宏生.近代水利高等教育的兴起与早期发展初探[J]. 山西大学学报（哲学社会科学版），2001，24（6）：103-106.
孟令霞. 转型期与新时期的俄罗斯高等教育[J]. 黑龙江高教研究，2007（1）：31-34.
潘恒. 现代俄罗斯高等教育面面观[J]. 现代教育科学，2011（3）：123-129.
彭熙伟，徐瑾，廖晓钟. 英国高等教育“三明治”教育模式及启示[J]. 高教论坛，2013.
琼斯，林荣日，潘乃榕.加拿大高等教育—不同体系与不同视角（扩展版）[M].福州：福建教育出版社，2007.
区维伏拉，何家濂. 苏联的水文事业[J].人民水利，1950（2）：71-76.
邵南，罗明东. 美国大学课程体系与教学管理及其对我国高教改革的启示[J].云南师范大学学报， 1999，31（1）：4-8.
沈百先. 中华水利史[M]. 台北：台湾商务印书馆，1979.
单春艳. 俄罗斯高等教育创新活动探微[J]. 现代教育管理，2000 （4）: 104-107.
司晓宏，侯佳. 澳大利亚高等教育发展特征探析[J]. 高等教育研究，2012，33（3）：102-109.
宋孝忠. 中国水利高等教育百年发展史初探[J]. 华北水利水电学院学报（社科版），2013，29（4）：1-5.
水利部水文司. 中国水文志[M]. 北京：中国水利水电出版社，1997.
水利部人事劳动教育司.中国水利教育 50 年[M]. 北京：中国水利水电出版社，2000：75-77.
孙伦轩陈・巴特尔.加拿大大学治理: 传统与变革[J]. 高教探索，2013（4）:57-60.
唐一鹏. 英国高等教育创新的政策与实践及其启示[J]. 国家教育行政学院学报，2013.

王延年. 英国高等教育创新型人才培养及启示[J]. 河南教育（高教），2014 （2）: 3-4.
王英杰. 美国高等教育发展与改革百年回眸[J]. 高等教育，2000（1）：31-38.
王慧慧，李向旭，聂伟，等. 河南省医学科技创新人才工程考核指标评价体系构建研究[J]. 河南医学研究，2012，21（4）：475-478.
王浩，王建华，秦大庸，等.现代水资源评价及水资源学科体系研究[J].地球科学研究进展，2002，17（1）：12-17.
王浩，严登华，贾仰文，等.现代水文学水资源学科体系及研究前沿和热点问题[J].水科学进展，2010，21（4）：479-489.
王英杰. 美国高等教育发展与改革百年回眸[J]. 高等教育，2000（1）：31-38.
王锦生，黄伟纶. 中国水文事业简史[J]. 水文，1998（1）；1-7.
吴巨慧，申玮，徐向阳，等. 香港高等教育理念及启示[J]. 当代青年研究，2007（4）：50-53.
西北农林科技大学.水利与建筑工程学院 2014 版本科生培养方案[R]. 陕西杨凌：西北农林科技大学，2014.
西北农林科技大学.水利与建筑工程学院水文与水资源专业专业认证自评报告[R]. 陕西杨凌：西北农林科技大学，2009.
许青云. 英国高等教育的特点与启示[J]. 经济研究导刊，2012.
徐源，薛惠锋，崔剑. 基于层次分析法的创新人才评价指标体系研究[J]. 价值工程，2013（1）：244-246.
杨金保. 应用型创新人才软实力评价指标体系的构建[J]. 鸡西大学学报，2015，15（7）：16-19.
杨胜天，赵长森. 遥感水文[M]. 北京：科学出版社，2015.
杨胜天，王志伟，赵长森，等. 遥感水文数字实验[M]. 北京：科学出版社，2015.
叶水庭. 地下水水文学发展的历史与现状[J]. 河海大学科技情报，1987（2）: 1-13.
叶冬青.加拿大高等教育特色的分析及其启示[J]. 教育探索，2010（8）: 156-157.
易任. 纪念西农水利系沙玉清主任（2007）[OL]. http://xyh.nwsuaf.edu.cn/alumni/infoSingleArticle.do?articleId=1204
愚夫. 苏联两位水文地质学专家来我院讲学[J]. 河北地质学院学报，1991（4）: 398.
余森，章丽娜. 赴俄罗斯国立水文气象大学访问总结[J].气象科技合作动态，2012（4）：11-13.
于海潮. 美国大学水文地质专业设置和从业领域[J]. 水文地质工程地质，2003 （3）：109-110.
袁凤杰. 俄罗斯的水文气象发展及气象教育[J]. 气象软科学，2006（1）：87-96.
詹道江，叶守泽. 工程水文学[M]. 北京：中国水利水电出版社，2000：1.
赵海燕，关辉. 加拿大高等教育的特色及其启示[J]. 江苏高教，2007（4）：141-143.
张金辉. 美国社区学院副学士学位制度分析[J]. 教育与职业，2005（2）：52- 54.
张俊平，禹奇才，童华炜，等. 创建基于大工程观的土木工程专业人才培养模式[J].中国高等教育，2012（6）：27-29.
张志辉. 试论二战以来英国高等教育的发展特点——兼论对我国高等教育的启示[J]. 现代教育科学，2012.
郑丹，刘明维，王俊杰. “以学生为中心” 的英国高等教育理念浅析[J]. 教育教学论坛，2011.
郑金娥，祝湘陵. 中国与美国学位制度比较初探[J]. 长春教育学院学报，2010，26（2）：56-57.
钟阳春，赵正. 美国大学学分制概述[J]. 湖南科技学院学报，2005，26（9）：265-267.
中国社会科学院语言研究所词典编辑室. 现代汉语词典[M]. 第 5 版. 北京：商务印书馆，2006：468.
姚纬明，谈小龙，朱宏亮，等. 中国水利高等教育 100 年[M]. 北京：中国水利水电出版社，2015.
中国水利教育协会高教分会. “十二五”水利高等教育研究规划课题成果汇编[M]. 南京：河海大学出版社，

2014.
中国水利教育网.中国水利高等教育发展 60 年[OL]. 2009. http://www.cahee.org.cn/show.aspx?id=1695
中科院中国现代化研究中心. 中国现代化报告[OL]. 2015. http://news.sciencenet.cn/htmlnews/2015/6/320410.shtm
朱晓鸿. 西学东渐与中国近代水利高等教育[J]. 华北水利水电学院学报（社科版），2013，29（4）：6-8.
祝宗泰. 香港高等教育的历史和现状[J]. 扬州大学学报（高教研究版），1998（1）：16-18.
左其亭.水科学的学科体系及研究框架探讨[J].南水北调与水利科技，2011，9（1）：113-117.
左其亭，窦明，马军霞. 水资源学教程[M]. 北京：中国水利水电出版社，2008.
左其亭，李宗坤，梁士奎，等. 新时期水利高等教育研究[M]. 北京：中国水利水电出版社，2014.